持続可能な社会を創る環境教育論

次世代リーダー育成に向けて

小澤紀美子編著

東海大学出版部

目次

はじめに

東海大学教養学部学部長
人間環境学科教授　藤野 裕弘

一九九〇年日本環境教育学会が設立され、九〇年代以降、大学教育において「環境」への取り組みは不可欠の状況になってきました。東海大学教養学部では、今後の日本の環境状況を視野に入れた「人材育成」のあり方の議論を重ねてきました。そうして「人間生活とそれを支える生産活動、自然環境の調和を広い視野から考え、問題解決に向けて行動できる人材の育成」をめざす人間環境学科自然環境課程を設置し、さらに人間環境領域を土台とした学際領域の大学院人間環境学研究科の新設（二〇〇七年度）に至りました。

多角的な議論を経て、人間環境学科は「自然科学を軸に人文・社会科学を含めた広い視野から人間環境にかかわる諸問題を考え、解決に向けて行動できる人材の育成」をめざす学科として歩み出したのです。人間環境学科自然環境課程を構成するカリキュラムでは、環境に関連する科目だけでなく、人文・社会科学領域の科目も重視して構成しています。特に、地球環境問題の今後を展望したとき、「新たな環境価値を醸成し、真の豊かさを構築していく社会」において「教育」は大きな役割を発揮します。そこで自然環境課程では、「環境教育論」や「環境倫理」といった科目を配置し、できるだけ早期に学生に履修するように勧めています。そして、理科の教員免許を取得できるカリキュラム構成であることから、教員になる意思と意欲を学びのプロセスで明確化していくようなカリキュラム構成にし、密度の高い実践教育の場を用意しています。

最近の学生は実体験が乏しい傾向にあります。さらに現実的な環境にかかわる問題を分析し、解決に向けての行動力育成には理論だけの学びでは対応できないことから、本課程のカリキュラムでは理論系科目と実践系科目のバランスに留意して構成しています。「環境教育論」は実践系科目への橋渡しをする位置づけで開講しています。環境にかかわる問題を考え、解決への見通しを得て、実践・行動するための導入となる科目で、内容の詳細は各章を参照していただきたい。

最後になりましたが、本学科の趣旨に共鳴していただいた公益財団法人コカ・コーラ教育・環境財団から寄付を頂き、本「環境教育論」に多彩なゲストティーチャを招聘して授業の充実を図ることができましたことに、深い敬意と感謝を申し上げます。

二〇一五年 三月 二〇日

序章　本講座の概要と構成

小澤紀美子

環境教育は「生き方教育」といい変えてもよいと考えます。どのように生きていくかが問われているのです。汚れた環境のもとで暮らすのか、当事者意識を鮮明にして安全・安心できる持続可能な地域や社会を「意味ある参加」によって自ら創っていく能力を生涯かけて磨き、実践していくことが地球市民として問われているのです。

一九七二年、ストックホルムで開催された国連人間環境会議は、環境教育の国際的広がりのきっかけとなった会議です。この会議で採択された「人間環境宣言」では、環境教育の目的を「自己をとりまく環境を自己のできる範囲で管理し、規制する行動を、一歩ずつ確実にすることのできる人間を育成することにある」という理念を打ち出しています。さらに人間環境宣言の前文で「自然環境と人為的（人工的）環境は、共に人間の福祉、基本的人権ひいては生存権そのものの享受のために基本的に重要」であり、「人間環境を保護し、改善することは世界中の人々の福祉と経済発展に影響を及ぼす主要な課題」とし、二六項目の原則が述べられています。

今や環境教育・環境学習はあらゆる人々にとって欠かすことのできない活動であり、人間の「生きる」という営みそのものと言っても過言ではありません。

日本の環境教育の原点は、公害と自然保護といったテーマで展開されていましたが、今や、地球温暖化や生物多様性等、地球的規模で相互に影響を及ぼし深刻化しています。そのために環境教育が扱う主題は自然科学のみならず、より社会科学的アプローチをも必要としてきています。さらにその内容が非常に高度化・複雑化してきていますので、高等教育を受ける方々が系統立てて学ばなければならない課題となっています。

環境教育の進め方として、①環境問題は様々な分野と密接に関連しているので、ものごとを相互連関的かつ多角的にとらえていく総合的な視点が不可欠である。②すべての世代において、多様な場において連携をとりながら総合的に行われること。③活動の具体的な目標を明確にしながら進め、活動自体を自己目的化しないこと。④環境問題の現状や原因を単に知識として知っているということだけではなく、実際の行動に結びつけていくこと。⑤そのためには課題発見、分析、情報収集・活用などの能力が求められるので、学習者が自ら体験し、感じ、わかるというプロセスを取り込んでいくこと。⑥日々の生活の場の多様性を持った地域の素材や人材、ネットワークなどの資源を掘り起こし、活用していくこと。⑦地域の伝統文化や歴史、先人の知恵を環境教育に生かしていくこと（15－16頁参照）、とされています。

また内容としては①自然の仕組み（自然生態系、天然資源及びその管理）②人間の活動が環境に及ぼす影響（人間による自然の仕組みの改変）③人間と環境のかかわり方（環境に対する人間の役割・責任・文化）④人間と環境のかかわり方の歴史・文化、を系統性と順次性を視野に入れて展開していかなければならない（16頁参照）、とされています。

そうした文脈を継承して日本からの提言で国連「持続可能な開発のための教育の10年（ＥＳＤ）」が位置づけられているのです。

二一世紀に入り、環境への関心が高まり、温暖化や異常気象の状況に不安をつのらせ、このままでは「持続不可能」になっていくのではないかという危惧感が高まってきています。こうした状況から、環境と社会、経済の相互関係やつながりを考えていくと、単に「問題・課題」(problem)を教授するのではなく、イシュー(issue)への「教育」のあり方や教育の質が問われているのです。

そこで本講義では、以下のような構成で授業を組み立てて展開してきました。

1　環境教育の「質」を問う、として環境教育のあり方を国内外の動向を踏まえた上で「持続可能な地域づくり・社会づくり」をめざす本質を考えていきます。〈第1章・第2章〉

2　環境教育・環境学習は生涯学習としての展開が求められています。その展開の基盤には、豊かな感受性が不可欠です。そこで本章では、高見映さんことのっぽさんに「小さい人」の感性や言葉の力、コミュニケーションの本質を「人と人との関係づくり」として語っていただきます。〈第3章〉

3　学校教育、特に、義務教育における環境教育がどのように展開されていて、どのような実践があるのか、具体的に展開していきます。〈第4章〉

4　九〇年代初め、自然科をもつ高等学校を設置しようとする動きがあり、その一環で設置された尾瀬高校の実践型・体験型高等学校の環境教育を学びます。〈第5章〉

5　環境教育の実践は学校だけの授業で展開されるのではありません。生涯学習の視点をもつ科学博物館での展開も重要です。そこで環境学習施設としての科学博物館での参加型環境教育・環境学習につい

て展開します。〈第6章〉

6　地域でも環境教育の展開が不可欠です。NPOと地域が連携して環境学習を展開している事例と、持続可能な地域づくりとして環境教育を展開しているNPOの取り組みを紹介します。〈第7章、第10章〉

7　では、環境行政ではどのように環境教育を展開しているのか、実際に、環境省で環境行政に関わっている視点から二〇一〇年の国際生物多様性年の取り組みについて紹介します。〈第8章、第9章〉

8　日々、環境に関する報道がされていますので、新聞での科学記事について、新聞社の記者の視点からの取り組みについて展開します。〈第11章〉

9　企業におけるCSRと環境教育について日本コカ・コーラ株式会社の取り組みを通して学びます。〈第12章〉

10　環境分野における次世代リーダーの育成は喫緊の課題です。最終章では、授業のまとめと、ならびに環境教育で求められている次世代リーダーの資質・能力を概説し、東海大学人間環境学科の取り組みの先進性と有用性を展開します。〈最終章〉

本テキストをまとめるに当たり、次の方々にたいへんお世話になりました。

ゲストティーチャーへのご連絡や資料印刷など、細やかに対応いただいた東海大学教養学部人間環境学科　岩本泰准教授に感謝申しあげます。また講義中の録音・録画、出欠受付、資料配付などの講義の準備を陰で支えていただいた東海大学人間環境学研究科大学院生にも感謝申しあげます。

最後に本テキストが陽の目を見ることが出来ましたのは、前東海大学教養学部人間環境科　藤田成吉教授に校正、資料出典などきめ細やかに調べていただいた結果のたまものでありますことを記して感謝の意を表します。

第1章　今、環境教育の質を問う――環境教育のあり方

小澤紀美子（こざわきみこ）
東海大学大学院客員教授

東京大学大学院工学系研究科博士課程修了後、（株）日立製作所システム開発研究所を経て、現在、東京学芸大学名誉教授・東海大学大学院客員教授。前日本環境教育学会会長・こども環境学会会長・中央環境審議会委員など。工学博士、技術士(地方及び都市計画)。「環境保全と環境政策」（岩波書店）、「まちは子どものワンダーらんど－これからの環境学習」（風土社）、「環境教育」（金子書房）等著書多数。なお日本学術会議環境学委員会 20期・21期環境思想・環境教育分科会委員長として「学校教育における環境教育の充実に向けて」（20期）、「高等教育における環境教育の充実に向けて」(21期)を提言した。さらに子ども一人ひとりの思考過程や価値観の違い、あるいは子どもが自己と環境との相互作用による変容の過程を重視し、「教育 Educate」の本質は、もっている力を「引き出す」ことであり、他者からの承認や自己肯定感を醸成し、「学ぶ意欲」を育むこと、環境教育の「教育」の意味は社会変革の意味を包含している、という立場で、「知の統合」という観点から実践・研究を進めている。

■1 今、何が問題か——環境破壊と関係破壊

二一世紀に入り、環境への関心が高まり、温暖化や異常気象状況に不安をつのらせる人々が増えてきています。この環境の大きな変化に環境教育が注目されてきていいます。誰もが、一様に「環境教育が重要だから推進しなければならない」といいます。今日の地球環境問題は、従来の公害問題とは異なり、環境・経済・社会が相互に依存する関係にあり、一企業内や産業界や行政が仕組みづくりをする、あるいは地域内において市民ができるところから行動するという対処療法だけでは解決できない側面をもっています。

そこで危機的な状況にある環境問題に緊急に対処しなければならないという認識を共有し、一人ひとりがかけがえのない人類共通の財産である地球環境を保全し、次の世代に良好な環境や資源を引き継いでいく責任を自覚し、行動していくことが求められています。すなわち「持続可能な社会や地域の創造」に向け、現在の社会経済活動やライフスタイル、そしてそれを支える社会システムを根本的に変革していく「責任ある行動」ができる「環境市民」を育成していく環境教育でなければならない、といえます。

まず、子どもから大人まで自然の豊かな恵みを享受する自然とのふれあいは、人間が生きものとして自然の生態系の一部であり、自然への感動をさまざまな世代を

通して共有し、自然との共生への理解を深めていく行動といえます。

しかし都市化の進展によって身近な自然環境が消失し、人工環境が増えるにつけ「外なる自然」破壊という生活型・都市型公害問題や地球環境問題が深刻化しただけでなく、「内なる自然」破壊という人間としての本来もつ感性や五感を劣化させてきている、といえます。現代の子どもの危機的状況は、日本の大人社会を映し出している鏡といえます。昨今のマスコミの報道をみていますと、子どもの成長過程で環境破壊の経験だけでなく、関係破壊が起こっているのでないかと憂いが深まります。

近代化の過程は、効率性重視のもとさまざまな関係性をも分断化させ、子どもに限らず大人においても自然や他者との関わりが希薄になり、人との関係づくりのスキルも劣化させてきたといえます。すなわち関係破壊ともいうべき、人と人、人と自然、人とモノ・コトなどと関係性を築けない人が育っているといえます。さらに子どもの自然にふれる体験はほとんどなく、生活体験も少なく、また地域社会での人と人とのかかわりを伴う体験も貧しくなり、そうした貧しい体験が子どもの想像力を衰退させ、子どもの生活世界からリアリティを奪い、現実逃避の子どもを生み出しているといえます。

図-1
環境教育指導資料
（中学校・高等学校編）
1991年版

■2 環境教育とは環境問題を教えることではない

環境教育とは環境問題（problem）について（about）教えることではありません。地球環境問題とは、地球温暖化、オゾン層の破壊、酸性雨、砂漠化、熱帯林の減少、海洋汚染、有害廃棄物の越境移動などがあります。そうした問題と共に、私たちが日常生活で引き起こしている都市・生活型公害問題、例えば廃棄物問題、自動車などの排気ガスによる大気汚染、水質汚濁、ヒートアイランド現象、騒音問題、緑地の減少などがあり、それらが地球環境問題と相互に関連しあって「ツケ」を次の世代に、生き物に、空間を超えて地域間で影響をおこすことを基本的に知っておく必要があります。そこで、環境教育とは「人と人、人と自然、人と地域、人と文化・歴史、人と地球との関係性」の再構築にむけての教育であり、「今につながる過去に学び、今を知り、未来から学び・創る」教育ととらえていきたいと思います。

このことは文部省（当時）が一九九一年に策定した「環境教育指導資料――中・高校教師編」でも、「環境」を自然環境と社会環境を含めた多元的・複合的な事象としてとらえ、国際的な動向や英国の影響を受けて策定されていました（図－1）。そこでは環境教育は「環境や環境問題に関心・知識をもち、人間活動と環境とのかかわりについての総合的な理解と認識の上にたって、環境の保全に配慮した望ましい働き掛けのできる技能や思考力、判断力を身に付け、持続可能な社会の構

図-2
環境教育指導資料
（小学校編）
2007 年版

築を目指してよりよい環境の創造活動に主体的に参加し、環境への責任ある行動をとることができる態度を育成すること」としてとらえてきたのでした。ただし傍線部分は「新環境教育指導資料―小学校編」（二〇〇七年）（図－２）で加えられた文言です。より一層「持続可能性をめざす」ことが示されたのです。八〇年代後半から、持続可能な社会づくりをめざし実践・行動できる環境市民の育成のための教育を目指してきていたのです。学校教育に限らず、社会教育においても同様に生涯にわたって学ぶ「生き方教育」が環境教育です。

　これからの子どもや若者・大人の学びは試験に応ずるために一方的に知識や文化を注入（伝達）することではなく、一人ひとりの考えの道筋や興味・関心が異なることを前提として、思考態度や探究の方法をそれぞれ豊かに醸成すること、主体的に学び続ける能力を育成することが求められているのです。すなわち「知識伝達型」の教育から、学習のプロセスを重視する「探究創出表現型」の学習観へ変革していく理念のものとして、「総合的な学習の時間」は設置されたのです。

　日本の環境教育が環境教育の本質の議論を重ねず、「できるところから始めよう」というスローガンのもとに進められてきており、本質的な学び、すなわち社会システムの変革までに至らない教育には課題があると考えたいと思います。具体的には、環境省の「ライフスタイルに関する調査」で明らかです。日本人の「環境問題への関心」は、地球温暖化（八一％）など地球温暖化・異常気象への関心は高いが、そ

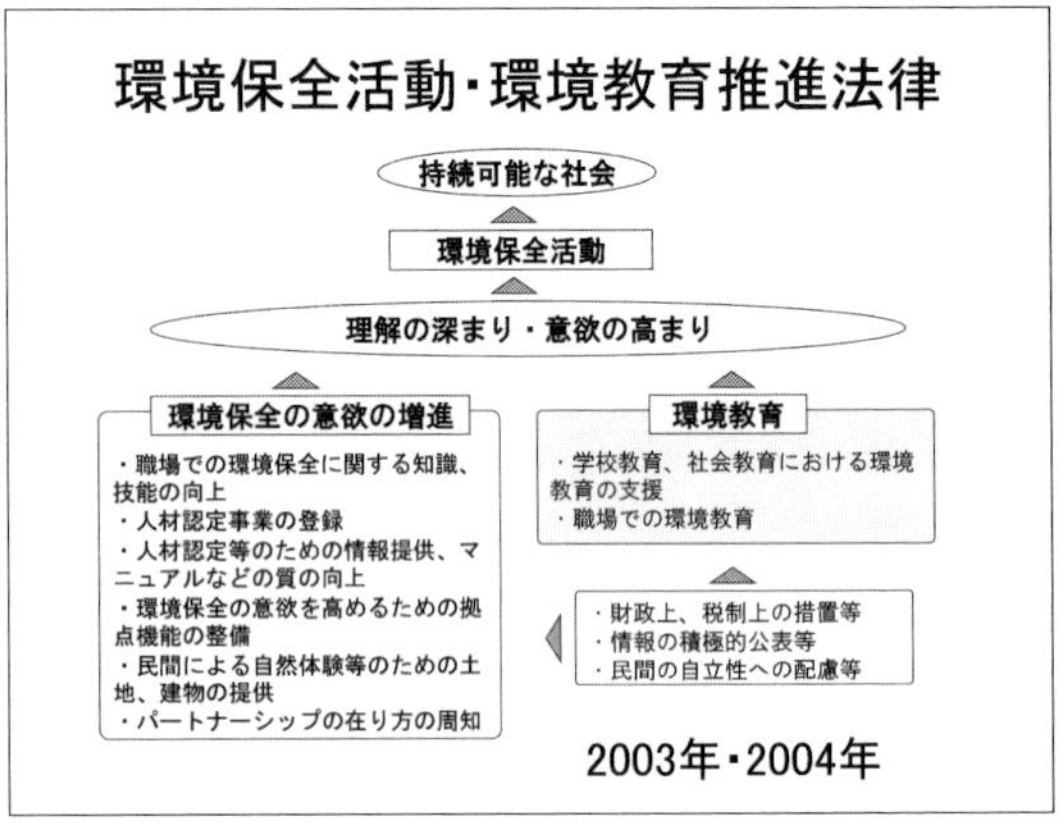

図-3　環境教育推進法の概念図

の環境保全行動は、ごみ分別などのルール化されている保全行動や適切な温度調節、節電、節水などの個人でできることに特化している、と指摘されています（参1）。一方、自然保護活動、地域環境基本計画策定等への参加や緑化活動、学習・体験機会の利用などの地域活動や外部とかかわる行動の実行率が低く、日本が進めてきた環境教育に大きな課題が残されていると考えます。

こうした実態から、環境教育の推進には、単に意識を啓発するだけにとどまるのではなく、「目に見えない課題」に取り組む能力の育成と行動・実践に結びつき、社会システム変革にいたるような教育が求められているといえます。

第15期の中央教育審議会の答申「21世紀を展望した我が国の教育の在り方について」（一九九六年七月）で「総合的な学習の時間」が創設されました（注1）。環境教育、国際理解、情報教育、健康・福祉などがこの「総合的な学習の時間」で扱われることとなり、移行期間の二〇〇〇年から実施され、さらに環境教育推進法（二〇〇三年）の制定が日本における環境教育の推進の弾みと質的転換を迫ったといえます（注2、図－3）。

その基本方針は、自然体験や社会体験を通して（in/through）、環境に対する関心を培い、環境と社会経済システムの在り方や生活様式のかかわりについて（about）

国際自然保護連合 IUCN
International Union Conservation
of Nature and Natural Resources
＜1948年設立＞

① Protection:大切に守り保護
② Preservation:手をつけずに保護
③ Conservation:管理しながら保護
＜1956年IUPN→IUCNへ名称変更＞

図-4　IUCNにおける自然の「保護」概念の変遷

学び、環境のために（for）環境保全や持続可能な地域づくり、環境の創造のために主体的に行動する実践的な態度や資質、能力を育成するとしたのです。

しかし日本の教育は伝統的に知識や技能を教員から伝達する、結果のみを重くみる「何を学んだか」を重視し、「どう学ぶか」といった視点からの教育が行われてこなかったことが現在の環境教育にも大きな影響を与えています。

■3　環境教育は持続可能な地域・社会づくりを視野に入れてきた

世界で環境教育という言葉がはじめて登場したのは、一九四八年の国際自然保護連合（IUCN）（注3）の総会（資料編：環境教育年表参照）で「生態系にかかわる教育」という意味で用いられました。日本では自然愛護教育、自然教育、野外教育、自然保護教育、公害教育、環境科学教育などが行われていましたが、国際的な動向の影響も受け、一九七〇年前後からさまざまな環境への取り組みの系統が統合され、今日の環境教育にいたっていると考えられます。ただしIUCNにおいても上の図－4に示していますように自然の「保護」という英語名と概念が変遷してきていることに注意して下さい。

一九七二年、ストックホルムで開催された国連人間環境会議は、環境教育の国際的広がりのきっかけとなった会議です。この会議で採択された「人間環境宣言」では、環境教育の目的を「自己をとりまく環境を自己のできる範囲で管理し、規制する行動を、一歩ずつ確実にすることのできる人間を育成することにある」という理念を打ち出しています。さらに人間環境宣言の前文で「自然環境と人為的（人工的）環境は、共に人間の福祉、基本的人権ひいては生存権そのものの享受のために基本的に重要」であり、「人間環境を保護し、改善することは世界中の人々の福祉と経済発展に影響を及ぼす主要な課題」とし、二六項目の原則が述べられていることとは、まさに、持続可能性の概念を含んだものとなっていたのです。

環境教育のねらいを明確にし、その理念の準拠すべき枠組みとして用いられているのが、人間環境宣言の文脈上に開催された一九七五年の環境教育国際ワークショップ（ベオグラード憲章）や一九七七年のユネスコとUNEP共同主催のトビリシ環境教育政府間会議（トビリシ宣言）です。これらの会議を通して、個人及び社会集団が具体的に身に付け、実際に行動を起こすために必要な目標として、「関心」「知識」「態度」「技能」「評価能力」「参加」の六項目が提起され、国際的にも環境教育・環境学習の目標として、これらの項目を基底にもっています。

具体的には、①関心：全環境とそれにかかわる問題に対する関心と感受性を身につけること。②知識：全環境とそれにかかわる問題、及び人間の環境に対する厳しい責任や使命についての基本的な理解を身につけること。③態度：社会的価値や環境に対する強い感受性、環境の保護と改善に積極的に参加する意欲などを身につけること。④技能：環境問題を解決するための技能を身につけること。⑤評価能力：環境状況の測定や教育のプログラムを生態学的・政治的・経済的・社会的・美的、その他の教育的見地にあって評価できること。⑥参加：環境問題を解決するための行動を確実にするために、環境問題に関する責任と事態の緊急性についての認識を深めること、です。

特にトビリシ宣言の勧告10で「環境教育は、国家間の責任と連帯の精神を助長し、経済的、政治的、生態学的な面から、近代的世界における相互依存性に対する関心を助長するのに役立つものでなければならない。」とし、さらに勧告11では「それは当然、学際的でなくてはならない。…環境教育は環境について（about）学ぶことではなく、環境から学ぶ（through）ことを意味する。…このことは教育方法について、特に学校教育において、出来上がっているやり方を変更することをも要請する。…学際的な性質のゆえに、教育は、環境と生命の理解を助ける目的を持ち、そのゆえにも、環境教育は教育組織の革新に重要な役割を果たしうるのである」（傍線は筆者）と指摘している点に注目しなければなりません（資料編：トビリシ宣言参照）。

一方、一九七二年は大きな転換の時でもあったといえます。一九七二年以降、国連人間環境会議の継承として国際会議が多く開催されている。特にローマクラブの「成長の限界」（一九七二年）では、システムズアプローチ（システムダイナミックス）による「世界モデル」で世界（地球）上の均衡状況を生み出さねばならないとした警告が提示されたことは環境教育にも投影されなければならないこと、すなわち汚染の途上国への輸出による影響などもクローズアップされてきていたのです。

さらに「世界環境保全戦略」（一九八〇年：国際自然保護連盟、国連環境計画及び世界自然保護基金の共同執筆）において「持続可能な開発」の考え方の重要性が提起され、その概念が国連の「環境と開発に関する世界委員会」（一九八四年創設）の「我ら共有の未来 Our Common Future」（一九八七年）によって世界的に注目をあび、一九九〇年代からの環境教育の理念に反映されてきたのです。「持続可能性」の概念は、一九八七年のブルントラント委員会最終報告で明快に出てきたといえます。

その文脈上の一九九二年のリオデジャネイロ「国連環境開発会議」では「アジェンダ21：持続可能な開発のための行動計画」（国連事務局）が採択されました。その第36章「教育、意識啓発および訓練の推進」では、持続可能な開発のための教育について、「教育は持続可能な開発を推進し、環境と開発の問題に対処する市民の能力を高めるうえで重要である。…教育が効果的なものとなるためには環境と開発に関する教育が物理的、生物学的、社会経済的な環境と、人類（精神的な面を含む）の発展の両面の変遷過程を扱い、これらがあらゆる分野で一体化され、伝達手段として公式、非公式な方法および効果的な手段が用いられるべきである。」と表明されています。リオサミット以降も国際的な会議が継続され、二〇〇二年に「国連持続可能

図-5 「これからの環境教育・環境学習」のパンフレット

な開発のための教育の10年（DESD）」が日本から提言されるに至ります。

さらに一九九七年のテサロニキ国際会議「環境と社会：持続可能性のための教育および意識啓発」では「テサロニキ宣言」が出され、その第10項目「持続可能性に向けた教育の全体的変革は、すべての国における全段階のフォーマル・ノンフォーマル・インフォーマル教育を含むものである。持続可能性の概念は単に環境だけではなく、貧困、人口、健康、食料の確保、民主主義、人権や平和を全て包括する。持続可能性とは、究極的には文化的多様性や伝統的知識を重んじる道徳的・倫理的義務である。」とし、環境教育を「環境と持続可能性のための教育」と表現してもかまわないと、指摘していることからも、環境と他の領域との相互関係性やつながりを考えていく「教育」のあり方やその質が問われていることになります。

そうした文脈のなかで、一九九九年「これからの環境教育・環境学習――持続可能な社会を目指して――」がとりまとめられ（図－5）、第二次環境基本計画へ反映されたのです（注4）。

そこでは環境教育の進め方としては、以下のように記述されています。

①環境問題は様々な分野と密接に関連しているので、ものごとを相互連関的かつ多角的にとらえていく総合的な視点が不可欠である。
②すべての世代において、多様な場において連携をとりながら総合的に行われる

図–6　環境教育の内容のCD-ROM表紙

こと。

③活動の具体的な目標を明確にしながら進め、活動自体を自己目的化しないこと。

④環境問題の現状や原因を単に知識として知っているということだけではなく、実際の行動に結びつけていくこと。

⑤そのためには課題発見、分析、情報収集・活用などの能力が求められるので、学習者が自ら体験し、感じ、わかるというプロセスを取り込んでいくこと。

⑥日々の生活の場の多様性を持った地域の素材や人材、ネットワークなどの資源を掘り起こし、活用していくこと。

⑦地域の伝統文化や歴史、先人の知恵を環境教育に生かしていくこと。

とされています。

また内容としては、①自然の仕組み（自然生態系、天然資源及びその管理）②人間の活動が環境に及ぼす影響（人間による自然の仕組みの改変）③人間と環境のかかわり方（環境に対する人間の役割・責任・文化）④人間と環境のかかわり方の歴史・文化を系統性と順次性を視野に入れて展開していかなければならない、とされています（図–6、注5）。

なお筆者はSustainable Developmentを「持続可能な開発」ではなく、「内発的発展論」（参2）をベースに「持続可能な発展」ととらえる立場をとっています。

図-7　米国「行動のためのアジェンダ」表紙

すなわちdevelopmentの訳は「開発」と「発展」という意味があり、筆者は教育的な視点から「内発的な発展」という意味で使いたいと考えています。

■4　環境教育から「持続可能性にむけての教育」へ

二〇〇五年から日本の提言で「国連持続可能な開発のための教育の10年（以下、ＥＳＤと略す）」が位置づけられました。しかし日本では、トビリシ勧告の「経済的、政治的、生態学的な相互依存性」や「学際的アプローチ」、「教育の変革」についての議論は展開されていなかったために、○○教育と同じレベルでとらえられ、学校現場ではまた新しい教育が入ってきて忙しくなるだけという冷ややかな受け止め方がされているのです。米国では九〇年代前半から、「Education for Sustainability（EfS）」の議論を学識者だけでなく、ＮＰＯとも積み重ね、その提言を行い、実践してきています（図－7、注6）。

具体的には、行動計画をブルントラント報告書によって明らかにされた“Sustainable Development”の文脈上に位置づけて、次の方法論を提言しています。①学際的なアプローチ、②システムズシンキング、③探究性や実践性を重視する参加型アプローチ、④批判性や多元的な見方を重視する問題解決型アプローチ、⑤多文化共生の視座を基盤とするアプローチ、⑥「かかわり」「つながり」を重視する

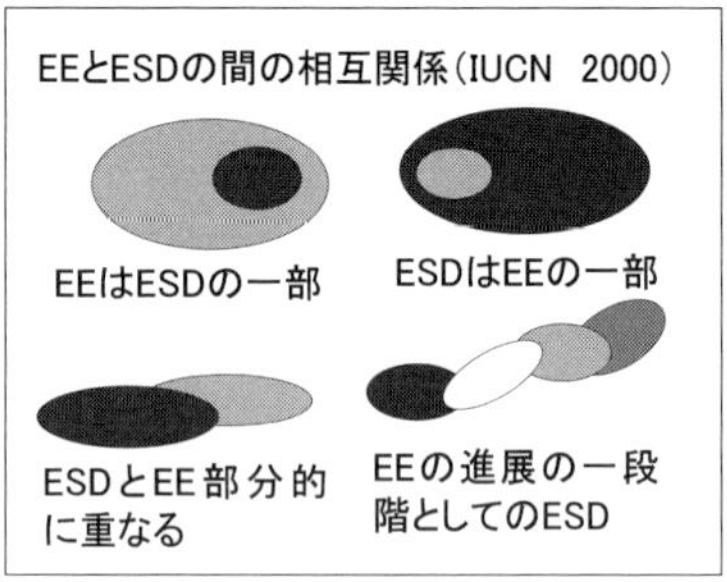

図-8　IUCNによる環境教育EEとESDの関係性

統合的なアプローチ（ホリスティックなアプローチ）、⑦様々なセクターとの連携性や協働性に基づくアプローチ、です。日本ではこうした方法論や教育原理に関する議論が乏しかったのも事実です。

一方、国際自然保護連合（ＩＵＣＮ）の教育コミュニケーション委員会のインターネット会議では、環境教育とＥＳＤの関連については四つの見方があること、つまり、①環境教育はＥＳＤの一部である、②ＥＳＤは環境教育の一部である、③ＥＳＤと環境教育は重なる部分もある、④ＥＳＤは環境教育の進展における一つの段階である、と議論されたが、多くの参加者は、ＥＳＤは環境教育の新たな段階であり、倫理観、公正、新たな思考や学習方法を含むとみなしています（図－8）。しかし日本では、ＥＳＤイコール環境教育という受け止め方が強く、その環境教育は未だ自然保護教育や公害教育というニュアンスを基底とする実践が多いといえます。

「国連持続可能な開発のための教育の10年（２００５－２０１４）実施計画」では、「持続可能な開発のための教育（ＥＳＤ）は、質の高い学習経験が持っている、あらゆる特徴を共有するものでなくてはならない」とし、さらに「ＥＳＤは、環境教育に同一視されるべきものではない。後者は、人類の自然環境との関係や自然環境を保全しその資源を守る方法について焦点をあてた、よく整備された科目」として、「ＥＳＤは環境教育を包含し、環境教育を公平性、貧困、民主主義、生活の質といった社会・文化的要素と社会・政治的課題の文脈において幅を広げたもの」として定義されています。さらに「持続可能な開発を扱う場合には、どのようなものであっても中心的な要素となる。それゆえ、持続可能な開発の一連の学習目標は、広範囲に及ぶ。持続可能な開発は他の科目の中に組み込まれねばならず、その範囲ゆえに、特定の科目として教えることはできない」と言われています。まさに日本における「総合的な学習の時間」における展開を示唆している指摘といえます。

そしてＥＳＤは、次のような六つの特徴を示すことを目指している、と示されています。①学際性、総合性：持続可能な開発に関する教育は、すべてのカリキュラムの中に組み込まれるもので、分離された課題ではない。②価値による牽引：持続可能な開発を支える共有する価値観や原則という規準を定める場合には、それを調査し、議論し、試験し、適用することにより明示されることが不可欠である。③批判的な思考と問題解決：持続可能な開発が抱えるジレンマとそれへの挑戦に対応することに自信をもつように導く。④多様な方法：言葉、美術工芸、演劇、議論、経験などのプロセスを経る様々な教え方。知識を単に伝達する教育は、教育者と学習者が知識を獲得するために協働し、その教育機関にそのような環境を形成する役割を果たすようなアプローチへと作り直すべきである。⑤参加型の意思決定：いかに学ぶべきかについての意思決定に学習者が参加する。⑥地域との関連：地球規模の問題とともに地域の問題を扱うこと、および学習者がもっとも普通に使っている言語

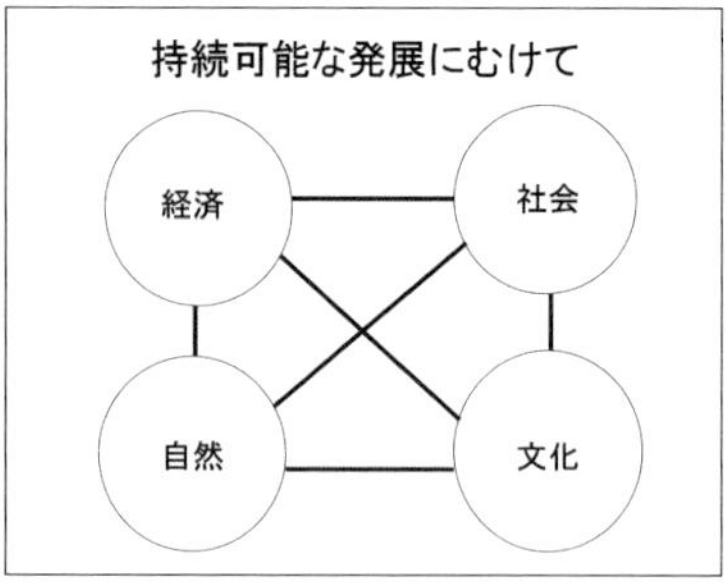

図-9　持続可能な発展における「経済-社会-自然-文化」の相互関連性

を使うこと。持続可能性を視野にいれた「教育」への重要な示唆です。

さらにESDは環境教育の中に位置づけるだけでなく、万人のための教育（一九九〇年）、ミレニアム開発目標（一九九〇年）などの文脈や関連性も視野に入れていかなければなりません。一連の文脈の中で、「社会」「環境」「経済」が相互に関連し、さらに「文化」という要素を通じて相互に結びついていることを確認しておくことが求められます。

そこでESDは「地球におけるすべての生命体が、将来にわたり持続的に生き続けていくための共有の資源」としての『地球公共財』の視座から、「物的環境（気候、地形、水、植生、土壌など）、社会的環境（政治、経済、制度など）、文化的環境（歴史、教育、コミュニティ、慣習など）の総体として成立しており、地球のさまざまの地域において多様な形態を有している」（参3）ので、「環境の持続性」「社会の持続性」「文化の持続性」を目標として地域固有の課題から対応していかなければならないといえます。さらに部分をつなぐのではなく、社会や地域を一つのシステムとして統合していく、あるいはデザインしていく思考を育む教育の原理や「学び方」を学び、「未来をつくる力」（注7）を育成していくアプローチが重要な課題となるのです。

■ 5 自然体験は人間形成の基盤づくり ――「内なる自然」を豊かにする環境教育

日本人は古来から自然との共生共存をはかってきた民族です。富山和子（参4）は「山は昔、にぎやかだった」「日本の山の文化、営みは縄文時代にまで遡ることができる」といいます。自然の恵みをすべて使い切るのではなく、次の世代に残しながら「ほどほど」に資源管理をしてきたのが日本人の生活であったのです。人と自然、人ともの、こととのかかわりを回復していくこと、つまり山、川、海、土を守ってきた人々の歴史と知恵に学ぶことが求められているのです。

江戸時代からの自然との交流を求めた郊外への行楽行動は日本人の「原風景」観を醸成し、人の視線を通した「自然」を「社会的風景」としてとらえ、「自然を破壊しない」「都市に緑を」といったスローガンの背景としての自然観や環境観を育んでいるといえます。

子どもの発達過程においては、自然とのかかわり、例えばみどり・水・土・泥・太陽・他の生き物などとのふれあいは、人間としての豊かな感性と生命の大切さを学ぶ基盤づくりです。都市化の進展にともない居住地の環境が人工化し、情報やものの消費のみで過ごす社会環境においては、子どもの育ちを支える豊かな自然環境はとても重要な意味をもっています。しかし子どもの居住する地域に自然が消失していき、「3つの間」（参5）が子どもの生活世界から消えてきているのです。国立青少年教育振興機構の調査によりますと、一九九八年と二〇〇五年の子どもの自然体験、例えば「チョウやトンボ、バッタなどの昆虫をつかまえたこと」「大きな木に登ったこと」「海や川で泳いだこと」などの総ての項目で自然体験が減少しています。世界の中でも特に、都市化が進んでいる先進国では、自然体験が不足し自然を理解し大切に思う気持ちが無い「自然欠乏症」（参6）に陥っている子どもの発達の問題が指摘されています。

一方、大人は都市化の進展によって自然環境が消失し、人工環境が増えるにつれ江戸時代と同様に自然との交流を求めはじめています。書店にトレッキングや小さな自然を求めて歩くための本があふれ、テレビの番組にも四季折々の自然が紹介されています。もちろん子どもたちにも一週間前後の期間で農山村の自然の中で自然体験や生活体験をつませる試みが多くなってきています。例えば、兵庫県では一九九一年から小学校五年生の子どもには五泊六日（現在は、四泊五日で展開し、小学校三年生に年三回の自然体験）の自然学校での体験学習を取り入れています。

レイチェル・カーソンは子どもたちに生涯消えることのない「センス・オブ・ワンダー（神秘さや不思議さに目を見はる感性）」をもち続けさせることの重要性を問い、「子どもたちがであうひとつひとつが、やがて知識や知恵を生みだす種子だとしたら、さまざまな情緒や豊かな感受性は、この種子をはぐくむ肥沃な土壌です。

図-10 「森のムッレ教室」の本の表紙

幼い子ども時代は、この土壌を耕すときです。」と述べています。カーソンはさらにセンス・オブ・ワンダーは「やがて大人になるとやってくる倦怠と幻滅、わたくしたちが自然という力の源泉から遠ざかること、つまらない人工的なものに夢中になることなどに対する解毒剤」になるといいます（参7）。

幼児期から草花や小さな生き物に触れるという自然体験は、本来人間がもっている五感を刺激し、好奇心をはぐくみ、感動を知り、豊かな感受性の発達をうながす基本的な要素です。自然とかかわることにより子ども達はさまざまなインスピレーションを感じていきます。すなわち「認識の源泉としての驚嘆」（参8）は「エコロジカルな環境のつながりを言葉の上ではなく、イメージとして身体的に獲得」していくのです。そうした基盤の上に、生活体験や社会体験を積み重ねていくことにより、想像力や創造性が培われていきます。

ところが近代社会は「土壌を耕す」こと、つまり子どもの感動や時間の流れを感じとる心の働き、生命のつながりの中で生きていることを「経験」することの重要性を無視し、想像力や創造性の基盤としての豊かな感受性を育むことを重くみてこなかったといえます。このように「自然とのつながり」を体感していく遊びや学びが北欧で始められた自然学校で、スウェーデンの「森のムッレ教室」（図－10、参9）であり、ドイツの「森の幼稚園」です。

注

1 「総合的な学習の時間」の創設は第15期中央教育審議会で答申され（一九九六年）、二〇〇〇年からの移行期間を含めて二〇〇二年から実施されました。

2 環境教育推進法は環境基本法（一九九三年）の第25条「環境の保全に関する教育、学習等」と26条「民間団体等の自発的な活動を促進するための措置」を担保するものとして議員立法で制定された法律です。関連する省庁は、文部科学省、環境省、国土交通省、経済産業省、農林水産省です。正式名称は「環境の保全のための意欲の増進及び環境教育の推進に関する法律」です。略称は環境教育推進法ですが、環境基本法で「環境の保全に関する教育、学習等」となっているのは教育の主体と学びの主体を同時に表現しているのです。なお、二〇〇四年に本環境教育推進法の基本方針が策定されました。筆者は、その委員会の委員長を務めました。

3 IUCNとは、International Union for Conservation of Nature and Natural Resourcesの略です。ユネスコの世界自然遺産委員会に対して、自然遺産に関する技術的な評価を下す公式的な諮問機関の役割を担っていて、日本にある世界自然遺産の調査を実施している機関です。

4 筆者は中央環境審議会企画部会に設置された「環境教育小員会」委員長として取りまとめ、中央環境審議会に答申した。

5 本CD-ROMは環境省総合環境政策局から発行された「環境学習—指導者向けプログラム集：水・廃棄物・大気・みどり・食・エネルギー・地域」（二〇〇三年）七つのトピック毎に指導の仕方を四つの枠組みで提案、あるいは事例が提示されている。

6 米国で一九九四年秋にサンフランシスコで開催された“National Forum on

Partnerships Supporting Education about the Environment” で議論が重ねられ、“education for sustainability-an agenda for Action” という報告書が出されています。

7　「未来をつくる力」の定義は、ホワイト・ガードナーの多面的知性にもとづいて、「コミュニケーション能力、パターン分析力、批判性、論理的思考力と意思決定能力、自分とコミュニティへの責任、他者と共に働く能力」といったプロセススキルの育成ととらえています。

参考文献

（１）「平成20年度調査 環境にやさしいライフスタイルの実態調査」環境省総合政策局、二〇〇九年

（２）鶴見和子・川田侃「内発的発展論」東京大学出版会、一九八九年

（３）日本学術会議「環境分野の展望」『日本の展望—学術からの展望２０１０』平成二二年（二〇一〇年）四月 http://www.scj.go.jp/ja/info/kohyo/pdf/kohyo-21-h-3-1.pdf

（４）富山和子「環境問題とは何か」ＰＨＰ新書、二〇〇一年

（５）仙田満「子どもとあそび—環境建築家の眼—」岩波新書、一九九二年

（６）リチャード・ループ（春日井晶子訳）「あなたの子どもには自然が足りない」早川書房、二〇〇六年〈原著：Richard Louv “Last Child in the Woods – Saving our Children from Nature-deficit Disorder ”〉

（７）レイチェル・カーソン（上遠恵子訳）「センス・オブ・ワンダー」佑学社（同著

名で一九九六年に新潮社から発行されています）

（８）イディス・コッブス（黒坂三和子・滝川秀子訳）「イマジネーションの生態学――子供時代における自然との詩的共感」思索社、一九八六年

（９）岡部翠「幼児のための環境教育――スウェーデンからの贈りもの『森のムッレ教室』新評社、二〇〇七年

第2章　国内外の環境教育の動向

――環境教育から持続可能な社会を創る教育へ

小澤紀美子（こざわきみこ）

■1 国際的な動向の視点からの環境教育の理念

一九九〇年代に開かれた環境関連の国際会議での主要なテーマは、「持続可能性」ならびに「教育」です。その文脈は一九七〇年代からの一連の環境にかかわる国際会議の延長にあります。

その基本概念の「持続可能な開発（発展）Sustainable Development」は前章で述べましたように「世界環境保全戦略」（一九八〇年発表：国際自然保護連合、国連環境計画及び世界自然保護基金）でその考え方の重要性が提起され、「環境と開発に関する世界委員会」（WCED）が一九八七年に発表した『我ら共有の未来』によって国際的に広められ、リオデジャネイロで開催された国連環境開発会議（一九九二年、地球サミット）の中心テーマとして展開されてきたのです。

ここでいう持続可能な開発（発展）とは、「将来の世代のニーズを充たしつつ現在の世代のニーズも満足させる開発」で、二つの概念「何に増しても優先されるべき世界の貧しい人々に不可欠な必要物の概念と技術・社会組織のあり方によって規定される現在及び将来の世代のニーズを満たせるだけの環境の能力の限界についての概念」が含まれています。

一九九二年のリオデジャネイロで開催された国連環境開発会議では「アジェンダ21：持続可能な開発のための行動計画」が採択され、その第36章「教育、意識啓発および訓練の推進」（資料編参照）では、持続可能な開発のための教育にあてられていて、次のような認識が表明されています。「教育は持続可能な開発を推進し、環境と開発の問題に対処する市民の能力を高めるうえで重要である。…（中略）…持続可能な開発と調和した『環境及び道徳上の意識』、『価値観や態度』、『技術や行動』を成し遂げ、かつ意思決定に際しての効果的な市民の参加を得るうえで重要となる。教育が効果的なものとなるためには環境と開発に関する教育が物理的、生物学的、社会経済的な環境と、人類（精神的な面を含む）の発展の両面の変遷過程を扱い、これらがあらゆる分野で一体化され、伝達手段として公式、非公式な方法および効果的な手段が用いられるべきである。」とされています。

そこで環境庁（現環境省、以下同じ）の中央環境審議会に設置された環境教育小委員会の中央環境審議会への答申『これからの環境教育・環境学習―持続可能な社会をめざして―』（一九九九年）では（15頁の図－5）、①人間と自然とのかかわりに関するものと、②人間と人間とのかかわりに関するものに大別してアプローチすると提案し、持続可能性の概念としています。

具体的に前者は、人間と人間以外の生物あるいは無生物とのかかわりを学ぶことを通して、人間と環境とのかかわりを理解することであるとしています。また、環境が大気、水、土壌及び生物等の間を物質が循環し、生態系が微妙なバランスを保つことによって成り立っていることや、環境が本来持つ回復能力には限度があり、事業活動や日常の消費など人間活動による、環境の回復能力を超えた資源採取や不用物の排出などは、確実に資源の減少や環境汚染などの問題を生み出すことなどに関するものであるとしています。

後者は、将来世代の生活とのかかわり（世代間公正）や、公正な資源配分など国内外における他地域の人々とのかかわり（世代内公正）に関するものであり、また、環境負荷を生み出している現在の社会システムの構造的要因への理解や、持続可能な社会システムのあり方に関する洞察、さらには、社会づくりに必要なコミュニケーションの問題、多様な社会や文化、多様な価値観への理解などに関するものも含む、としています。

こうしたアプローチを前提として、環境問題とそれらと関連する事象を科学的な視点もふまえ、客観的かつ公平な態度でとらえていくことが求められているのです。さらに恵み豊かな環境が人間にとって、生態系のみならず精神的にも物質的にも、さらには学術的にもいかに価値あるものであるかを認識し、それらを大切に思う心を育むことを重視すべきであるとしています。そのためにも、豊かな自然や良好な環境とのふれあいの体験などを通じて、豊かな感性を育て想像力・創造性の基礎をつくることも環境教育・環境学習の重要な側面であるとしています。すなわち環境教育の基礎には、子どもにも大人にも、自然や身のまわりの環境の多様さ、美しさに感動し、人間も生き物として他の生き物と同様に自然の仕組みの中で共に生かされている、という環境に対する謙虚さと感受性がなければならないのです。こうした感性の育成は学校教育だけでは不可能ですので、家庭、地域、学校で連携、協働して実践していかなければなりません。

第15期の中央教育審議会の答申（一九九六年）を踏まえ、文部省（現文部科学省、以下同じ）では生涯学習審議会で『自然体験・生活体験が子どもの心を育む』（一九九九年六月）を答申し、子どもたちの自然体験活動を促進させる方向に動きだし、ＮＧＯによる取り組みが活発化し、二〇〇〇年には自然体験活動関連のＮＧＯが連携して自然体験活動推進協議会（注１）が設立されています。

国内外の環境教育の動向に関しては資料編の環境教育年表を参照してください。以下、環境教育の年表をベースに国内外の環境教育の動向を概説します。

2　環境教育の新しい幕開け

二〇〇三年七月に「環境の保全のための意欲の増進及び環境教育の推進に関する法律」（略称「環境教育推進法」）が制定されたことは日本の環境教育の推進の新たな幕開けといえます。この法律の第３条の「基本理念」において「持続可能な社会の構築のために社会を構成する多様な主体がそれぞれ適切な役割を果たすこととなるように」環境保全活動や環境教育が行われなければならない、と記述されています。

この「持続可能な社会」の概念は国際的な動向を反映し、一九九三年に制定された環境基本法の第4条の「環境への負荷の少ない持続的発展が可能な社会の構築」をうけて平成四（一九九二）年版の環境白書からも記載されてきている概念です。

「環境教育推進法」の意義は、人間がつくった社会や地域の課題は、人間が解決していかなければならず、持続可能な社会経済システムを構築・維持できる人づくりこそ環境の保全や環境教育の究極の目的であり、単に環境を「守る」だけでなく、「より良い環境づくりの創造的な活動に主体的に参画し、環境への責任ある態度や行動をとれる」市民育成に向けて英知を結集していかなければならないことにあります。環境のあるべき姿は環境基本法第3条に「環境を健全で恵み豊かなものとして維持することが人間の健康で文化的な生活に欠くことができないものであること」すなわち「生活の質」を維持していかなければならず、そのためには「生態系が微妙な均衡を保つことによって成り立っており、人類の基盤であり、限りある環境」が人間の活動による環境への負荷によって損なわれてきているので「現在及び将来の世代の人間が健全で恵み豊かな環境の恵沢を享受すると共に将来にわたって維持されるように適切に行われなければならない」と示されています（参1）。

これらの法律を基本的枠組みとして、多様な主体の協働・パートナーシップにより、人間と環境とのかかわりについての自然認識、科学認識、社会認識を統合し、地球市民としての価値観・倫理観をもち、自ら責任ある行動をもってライフスタイルを変革し、持続可能な社会の創造に自発的に参画し、行政や事業者とともに緊急な課題でかつグローバル化している環境問題解決に対して協働できる市民としての役割（参2）を果たしていかなければならないことが期待されているのです。

自然との交流の背景が日本の環境教育の成立の基底に流れております。それらは、自然愛護教育、自然教育、自然保護教育、野外教育として脈々と流れています。

一方、日本の環境教育では公害問題を避けて通れず、日本の環境教育の原点は「自然保護教育」と「公害教育」にあるといえます。学校教育や社会教育においては国際的な動向を反映し、その内容、方法も大きく変化してきています。そこで文部行政と環境行政の視座から環境教育をめぐる動向を探ると、大きく五期に分けてとらえることができます（参3）。以下に、各段階の内容の概要を示します。以下については、環境教育年表（資料編）を参照して国際的な環境教育の動向との関連を読み解いて下さい。

（1）一九五〇年代〜七〇年代初頭

富山和子が述べているように（前章参照）、日本人は古来から自然の恵みをすべて使い切るのではなく、次に残しながら「ほどほど」に資源管理をしてきたのが日本人の生活であったといえます。山、川、海、土を守ってきた人々の歴史と知恵に学ぶことが求められている、といえます。そこで本稿では、環境教育の動向を戦後の復興期（一九五〇年代）から探っていきます。

一九五〇年代から日本の各地域では自然保護活動や保全運動が行われていました。高度経済成長がもたらした産業公害と自然破壊に対し、地域住民らの運動によりその実態が明らかにされ、一九六七年には公害対策基本法が制定されました。同年、東京都小中学校公害対策研究会を母胎として全国小中学校公害教育研究会が発足し、「公害から児童生徒の健康を守る」観点から公害教育の調査・研究・実践が行われていたのです。一九七一年には環境庁（現環境省、以下同じ）が設置され、自然環境保全法制定（一九七二年）や毎年六月の「環境の日」（六月五日）をはさむ環境週間も設定（一九七三年）されていましたが、この時期、公害教育、自然教育がそれぞれの地域で個別的に行われていたといえます。

（2）一九七〇年代後半〜八〇年代前半

この時期は日本の環境教育の低迷期ともいえます。前章で述べましたように、一九七五年の国際環境教育ワークショップ（ベオグラード憲章）やトビリシ環境教育政府間会議（トビリシ会議）（一九七七年）などが開催され国際的な取り組みが活発化していました。しかし日本では一連の国際会議の動向にはほとんど関与してお

図-1　環境庁「環境教育懇談会報告—みんなで築くよりよい環境を求めて」1988年

らず、この時期は日本の環境教育の空白期であり、これら一連の環境教育のねらい、目標は内容、方法に反映されておりません。一九七五年には全国小中学校公害対策研究会が全国小中学校環境教育研究会に名称が変更され、一九七七年には大学においても環境教育研究会が発足し、公害教育、自然教育、環境教育が連携を取り始め、公害から環境へと、その概念が広がった時期です。

（3）一九八〇年代後半〜一九九〇年代前半

地球環境問題がクローズアップされた時期です。一九八六年には環境庁に環境教育懇談会が設置され、『『みんなで築くよりよい環境』を求めて」（環境庁、一九八八年）（図－1）で、パートナーシップの考え方と環境行政における環境教育の重要性が示され、水質汚染、大気汚染等の問題に対する地域での環境教育への取り組みが活発化してきました。さらに一九九三年一一月環境基本法が公布、施行され、その第25条で「環境の保全に関する環境学習」が規定されました。環境基本法の第26条では民間団体の自発的な環境保全活動を促進することがうたわれ、環境教育の取り組みが活発化してきています。さらに一九九四年に環境基本計画が策定され、「循環」「共生」「参加」「国際的取組」の四つが環境政策の長期目標として掲げられました。その中で、環境教育・環境学習は国民の環境活動への「参加」を促すための

図-2
文部省
「環境教育指導資料
(中・高等学校編)」1991 年

重要な施策として位置づけられました。

一方、一九九〇年には日本環境教育学会が発足し、小・中・高校の教員、NGO、研究者らの連携の基盤ができました。この学会を足がかりに大学や研究機関と小・中・高校教員とのネットワークや地域で活動しているNGOと学校との連携が広がり、地域での研究会などが活発に開催されています。

一方、文部省では一九八九年に学習指導要領を改訂し、各教科に「環境」に関わる内容が取り入れられました。しかし各教科が連携して環境に関わる学習を展開するものではなく、理科、社会、家庭科などそれぞれの教科理論に基づいて展開されていたのです。そこで教員にクロスカリキュラム的な発想にたつ環境教育を実践する能力をつけなければという観点から、文部省は一九九一年に「環境教育指導資料（中・高等学校編）」（図－2）を発行し、ベオグラード憲章の環境教育の目標と環境教育で付けたい能力と態度を具体的に示し、クロスカリキュラムとしての環境教育の概念が示されました。その発行を契機に、文部省主催の第一回環境教育シンポジウムが開催され、教員研修が文部省、大学間の共同によって推進されるようになりました。さらに一九九二年には小学校の教員用の「環境教育指導資料（小学校編）」も発行され、持続可能性の概念の萌芽的な要素が取り入れられていました。一九九五年には「環境教育指導資料―事例編」で実践事例が示されています。

これらの教員向け指導資料が策定されて以降、教員、教育委員会向けのシンポジウム以外に公的な教員研修が活発化してきました。一九九四年から毎年文部省主催の「環境教育」担当教員講習会が実施されています。

一方、環境庁の一九八九年度の補正予算において、地域の環境保全に関する知識の普及、実践活動の支援などのために設けられた地域環境保全基金の収益により、都道府県および政令指定都市の環境教育のための財政的基盤が整備されたことは、地方自治体による環境教育推進に弾みをつけました。例えば、東京都は、一九九二年五月に「東京都環境学習基本方針」を作成し、東京都の環境学習にかかわる事業実施の指針としました。具体的な場としては、環境学習センターを新宿区に設立し、さらに一九九四年より地域環境リーダー養成講座「環境学習リーダー講座」を開始しました。一期一年二ヶ月の講習を実施して、二〇〇二年三月までに約五〇〇人の養成を終了し、その受講生たちは、現在、各地域で環境学習リーダーとして様々な形で活躍しています。

（４）一九九〇年代後半〜二〇〇〇年

この時期、環境行政においては、二〇〇〇年一二月『これからの環境教育・環境学習—持続可能な社会を目指して』（筆者は小委員会委員長としてとりまとめた）が中央環境審議会に答申され、第二次『環境基本計画—環境の世紀への道しるべ』

図-3　第二次環境基本計画2000年

図-4　文部科学省学習指導要領解説－総合的な学習の時間編〈中学校・高等学校編もあり〉

(二〇〇〇年一二月)で環境教育は一一の戦略的環境政策プログラムの一つとして位置づけられ、「持続可能な社会にむけて」の方向性が明確に示されました(注2)。

一方、文部行政においては、第15期中央教育審議会第一次答申(一九九六年)で「総合的な学習の時間」が新設され、新しい教育課題として環境教育、情報教育、国際理解教育、健康・福祉教育等を各教科で展開するだけでなく「総合的な学習の時間」で取り上げることが答申され、二〇〇二年四月から実施される運びとなり、その移行期間中にも各学校では「地域の課題や学校の特色を生かした」さまざまな取り組みが展開されています(参4)。

しかし「ゆとり教育批判」のもと「総合的な学習の時間」は二〇〇八年に始まる学習指導要領の改定〈小学校は二〇一一年度、中学校は二〇一二年度、高等学校は二〇一三年度から実施〉により、「総合的な学習の時間」の時間が削減されるに至ります。しかし文部科学省は二〇〇二年からの「総合的な学習の時間」は学習指導要領の「総則」に記載されているだけなので、二〇〇八年小学校・中学校の学習指導要領解説では章として明快に記載をして(図－4)、学校での実施にむけて対応しています(参5)。さらに二〇一〇年一一月には、「今、求められる力を高める総合的な学習の時間の展開(小学校編・中学校編)」(図－5)を発行し、「課題発見・解決能力、論理的思考力、コミュニケーション能力」の向上をめざす〝総合〟の戦略的展開を促しています。そのための学習指導の基本的な考え方、①探究的な学習、

図-5　文部科学省「総合的な学習の時間の展開」〈中学校編もあり〉

②協同的な学習、③体験活動の重視、④言語活動の充実、⑤各教科等との関連、が示され年間指導計画、単元計画の作成まで解説されています。

（5）二〇〇一年以降

環境の世紀を迎え、より一層環境教育の推進を求める声の高まりの中で、二〇〇三年七月に「環境教育推進法」が制定されたことは日本の環境教育の推進の新たな幕開けといえます。さらに環境教育推進法を所管する五省（環境省、文部科学省、農林水産省、経済産業省、国土交通省）により法の第7条の「基本方針」が二〇〇四年九月に閣議決定され、広く国民やNPO／NGOの意見を反映させた環境教育のガイドラインが示されました。環境教育推進法の正式名称は、「環境の保全のための意欲の増進及び環境教育の推進に関する法律」です。

この法律の根拠は、環境基本法（一九九三）の第26条と第25条に基づいています。第26条では、「国は、事業者、国民又はこれらの者の組織する民間団体が自発的に行う緑化活動、再生資源に係わる回収活動その他の環境の保全に関する活動が促進されるように、必要な措置を講ずるものとする」と定め、第25条では「国は、環境の保全に関する教育及び学習の振興並びに環境の保全に関する広報活動の充実により事業者及び国民が環境の保全に関する活動を行う意欲が増進されるようにするため、必要な措置を講ずるものとする」と定めています。この第25条で「教育及び学習」と記述されていることに対し、二つの意味を読み取ってください。一つは、主体の問題で、あらゆる場で学校の先生に限らず教育する主体と学ぶ主体の意味であり、したがって、二つめは先生だけが教えるのではなく、子どもから大人が学ぶこともある、という意味です。

一方、「環境教育推進法」（二〇〇三）が二〇一一年六月に改正され（略称：環境教育促進法）、民間団体や組織の取り組みや協働の仕組みを強化していく方向がより一層明確に打ち出されました。さらに二〇〇二年八月末、南アフリカのヨハネスブルグにおいて「持続可能な開発に関する世界首脳会議」（WSSD、ヨハネスブルグサミット、リオプラステン）が開催され、その準備の第四回会合（六月）で、日本からの提言で「国連持続可能な開発のための教育の10年」（DSED）の実施（二〇〇五年から二〇一四年まで）を二〇〇四年に国連に提案することが了承され、新たな動きが出てきました。この提言は日本の政府主導によるのではなくNGO／NPOとの連携によるもので、新しいうねりが創られてきているといえます。特に、このヨハネスブルグサミットに向けては、これまで個々に進められていた取り組みの連携がはかられ、政策提言型の活動として動き始めており、その成果が継続されることが期待されています。世界各国の「国連持続可能な開発のための教育の10年」（DSED）の取り組みに関しては、二〇〇九年三月に日本の二〇〇五年〜

二〇〇八年の取り組みがボンで開催された中間報告会で、日本各地の良い実践を含めて報告されています（参６）。

今まさに、持続可能な社会の創造に主体的に参画できる人づくりのための環境保全活動と環境教育が統合されていく新たな局面を迎えているといえます。すなわち前章で述べましたように、環境教育の「質」をどのように高めていくかが問われているのです。

3 環境教育のねらい・目標と進め方

環境教育は、自然体験や社会体験を通して（in/through）、環境に対する関心を培い、環境と社会経済システムのあり方や生活様式の関わりについて（about）学び、環境のために（for）環境保全や持続可能な地域づくり、環境の創造のために主体的に行動する実践的な態度や資質、実践力を育成することにあります。

一九七二年、ストックホルムで開催された国連人間環境会議は、環境教育の国際的広がりのきっかけとなった会議です。この会議で採択された「人間環境宣言」（第一章11頁参照）や一九七〇年のアメリカ合衆国環境教育法（暫定法）では、環境教育とは「人間をとりまく自然及び人為的環境と人間との関係を取り上げ、その中で人口、汚染、資源の配分と枯渇、自然保護、運輸、技術、都市と地方の開発計画が、人間環境に対してどのようなかかわりを持つかを理解させる教育のプロセスである」と述べていますように、国際的な文脈でも、環境教育は単に「自然を保護するための教育」ではなかったのです。

環境教育のねらいを明確にし、その理念の準拠すべき枠組みとして用いられたのが、前章で述べましたように人間環境宣言の文脈上に開催された一九七五年の環境教育国際ワークショップ（ベオグラード憲章）や一九七七年のユネスコとＵＮＥＰ共同主催のトビリシ環境教育政府間会議（トビリシ宣言）です。これらの会議を通して、個人及び社会集団が具体的に身に付け、実際に行動を起こすために必要な目標として、「関心」「知識」「態度」「技能」「評価能力」「参加」の六項目が提起され、国際的にも環境教育・環境学習の目標として、これらの項目を基底にもっています。詳細は前章で述べていますので、参照して下さい。また学校教育における環境教育のねらいと目標に関しては4章で述べます。

一九九一年に文部省が策定した『環境教育指導資料（中・高等学校編）』では、環境教育でつけたい能力として「問題解決能力」、「数理的能力」、「情報処理能力」、「コミュニケーション能力」、「環境調査・評価能力」であり、つけたい態度としては、「自然や社会事象に対する関心・意欲・態度」、「主体的思考」、「社会的態度」、「他人の信念や意見に対する寛容さ」を示しています。この能力や態度に関しては環境教育の普及に影響を与えていると言えます（注3）。

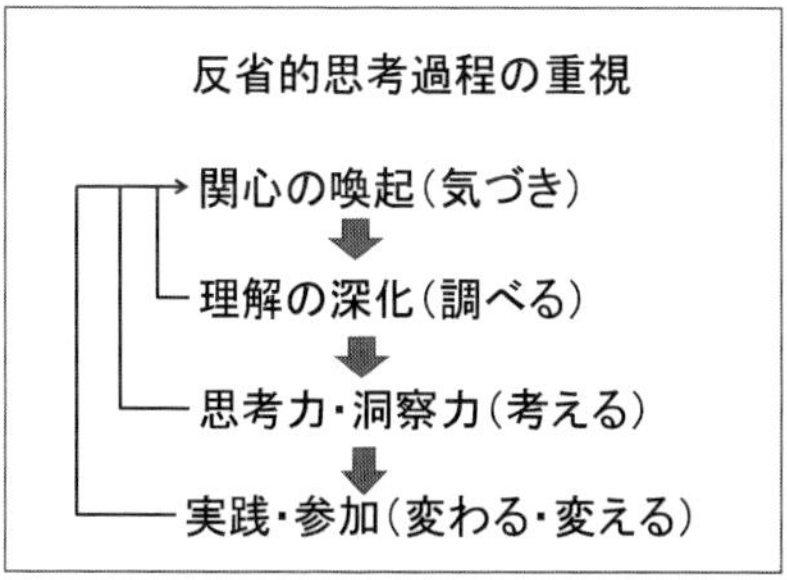

図-6　反省的思考過程

環境教育の展開の仕方は次のように考えていくことが不可欠です。まず、学習者の関心を喚起させ、その「気づき」を次のステップの「調べる」（意欲・判断力）という学習活動へ導き、その事象の背景や問題の構造を「探る」、「考える」（思考力）活動へと導き、解決のための代替策を洞察し、学習者自ら答えを導き出すと共に（批判性・問題解決力）、互いに協力しあう活動もとりいれ、様々な主体間の連携・協働の意義・意味を考えさせ、実践する（学習者の価値観や態度が社会参画に向かう）展開が必要です。このプロセスは人々が生まれながらにもつ「なぜ」「どうして」という疑問や好奇心から出発して「関心の喚起（気づく）→理解の深化（調べる）→思考力・洞察力（考える）→実践・参加（変える・変わる）」（参7）といったフィードバックを伴う学習過程（図－6：反省的思考過程）をたどり、それは螺旋状的に展開されます。すなわち、ロジャー・ハートの言うアクション・リサーチでもあります（参8）。アクションリサーチに関しては、先に述べた文部科学省の「学習指導要領解説―総合的な学習の時間編」（小学校・中学校版）でも導入されています（図－7）。調べる、質問をする、深く考える、話す、アイディアを出す、創る、説明する、行動を起こす、などの活動による体験型学習によって問題解決能力を育成していくことになります。

この展開方法は、日本の公害教育の〈問題―教授型アプローチ〉や自然保護教育の〈観察―教訓型アプローチ〉では学ぶことに限界があることも意味していると言

探究的な学習における児童の学習の姿

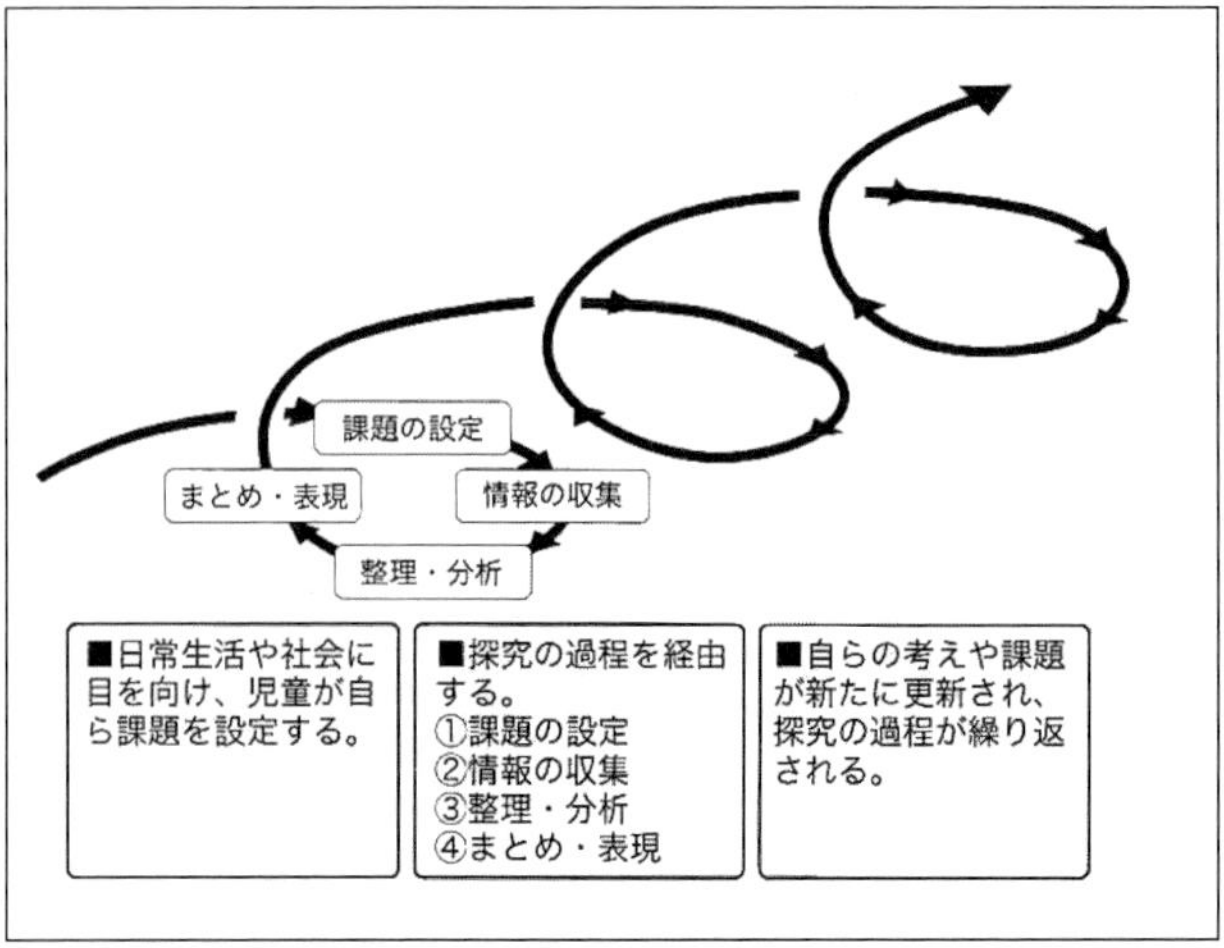
課題の設定
情報の収集
整理・分析
まとめ・表現
■日常生活や社会に目を向け、児童が自ら課題を設定する。
■探究の過程を経由する。
①課題の設定
②情報の収集
③整理・分析
④まとめ・表現
■自らの考えや課題が新たに更新され、探究の過程が繰り返される。

図-7　アクションリサーチの考え方による探究的な学習

えます（参9）。このことを踏まえて、「これからの環境教育・環境学習―持続可能な社会をめざして―」（中央環境審議会環境教育小委員会）においてもトビリシ宣言と関連づけて、「すべての環境教育を『関心の喚起→理解の深化→参加する態度・問題解決能力の育成』というプロセスを通じて『具体的行動』を促すというプロセス学習として位置づけている（参10）ことにも通じます。

新田和宏（参9）は一九八〇年代後半から登場した自然体験学習は学習者各人が自然体験を共有しながら、環境への豊かな「感性」や共感と連帯を通して課題を解決していくための「共同性」を涵養していく〈感性―共同型アプローチ〉が学校教育の中で制度化され、自然体験そのものが自己目的化してしまい、結果としてその教育内容が「脱環境問題化」してしまった、とも指摘していますが、日本の環境教育の学習モデルに欠けているのが、「学習者と学習課題との対話的な相互プロセスとしてとらえ、そのプロセスを通して学習者は自らの認識を不断に構成していく」（参11）というホリスティックなアプローチであり、批判的思考過程です（参12）。環境の課題が環境・経済・社会との相互依存関係にあるのであるから「自然システムと社会システムとの相互依存関係の総和として環境をホリスティックにとらえること」(参12)から学際的アプローチが必然であり、オルタナティブ(代替的)な解決策を求めることになる、といえます。

したがって環境教育は単に「外なる環境」破壊としての環境問題に関する知識について(about)教えるだけでなく、環境のために(for)、体験型(in)、参加型(through)で学ばなければならないことにつながるのです(参13)。

■4 日本の環境教育の課題

―「節約型」から「連携型」への価値醸成と行動力育成への変革―

「持続可能性」を脅かしているのは、人間活動そのものであり、社会を構成する市民、事業者、行政などすべてのセクターが「持続可能性」にむけて「自らの暮らしや生産活動、社会活動のあり方」を見直していかなければなりません。二一世紀は環境や資源の制約を前提として持続可能な社会づくりをめざすことが求められています。二〇世紀の文明は、物的豊かさと引き換えに膨大なエネルギー、資源を浪費し、「外なる自然」破壊としての地球環境問題を引き起こしました。そうした地球環境の悪化は次世代にツケを残しているだけでなく、「内なる自然」破壊としての人間性の解体をもたらしたのではないでしょうか。日本の近代化は、この2つの自然破壊に拍車をかけたといえます。

持続可能な社会の実現には、現在の社会経済活動やライフスタイル、そしてそれを支える社会システムを根本的に見直すとともに暮らしをになう人々がライフスタイルの基盤である生活価値を変革し、自律的に生活価値を構築していく主体者であることが求められているのです。さらに「持続可能な開発」の概念としての「ニーズ」とは、テレビのコマーシャルなどに煽られた欲望“wants”ではなく、人間としての生存や生理的欲求としての“needs”を基盤としていることを意味しているのです。日本では昔から「吾唯足るを知る」という言葉が日常生活に生かされてきていたのです。

前述した「アジェンダ21」(一九九二)では、貧困、消費、人口、健康、居住、意思決定など、あらゆる分野の行動計画が示されました。特に、このアジェンダ21の第4章では、消費形態の変革が目標として提唱されています。具体的には、①エネルギーおよび資源の利用の効率化、②廃棄物発生の抑制、③個人や家庭の環境上適切な商品購入の支援、④政府の購入によるリーダーシップ、⑤環境上適正な価格決定、⑥持続可能な消費や活動を支援する価値観の強化、の六項目が行動目標として提言されています。しかし日本の環境教育は、「こまめに電気を消しましょう」「3Rなどの決められたことを実践する」といった啓蒙教育が多く、本質的な解決に向けての能力の育成としての「教育の変革」への視野が弱かったといえます。二〇〇〇年一二月に閣議決定された「第二次環境基本計画」は「持続可能な社会を構築するためには、政策決定過程に国民の意見を反映させることが重要であり、そのための適切な機会を設けることに留意する必要がある」としていますが、与えられた場に参加して意見表明をするだけでなく、意思決定過程に「意味ある参加」ができる能力育成が求められています。加えて、「環境教育推進法（略称）」（二〇〇三）で打ち出された「協働」は多様なセクターの連携による生活価値創出を意味していたと言えます。なお本法律は二〇一一年六月に改正され、民間団体などの取り組みや協働の仕組みを強化していく方向がより一層明確に打ち出されました。

体験型・参加型学習により、参加することにより①環境や社会との関係に気づくことで新しい視野が広がり、展望がひらけること、②現状の課題や問題をよりよい方向に変えていくための目標やビジョンを共有することで実現に向けた展望がひらけること、③新しい人間関係が構築できること、④共有できるパブリックバリュー（公共の利益・価値）が形成されること、が重要な段階としてあります（参14）。しかし明治期以来の「依らしむべし、知らしむべからず」の国の姿勢が行政に任せておけばうまくいき、国民としての主権や主体性を放棄させ、批判力をも失わせ、「おまかせ」型の市民を育ててきたのではないでしょうか。

ロジャー・ハートが「社会発展への最も確かな道は、環境の管理について理解と

つけたい能力	育てたい態度
・コミュニケーション能力	・自然や社会事象に対する
理解と配慮	
・数理的能力	・主体的思考
・研究・分析的能力	・社会的態度
・問題解決能力	・他人の信念や意見の尊重
・個人と社会にかかわる能力（＊）	・エビデンスと理性的な論争の尊重（＊）
・情報処理能力	・寛容とオープンマインド

（＊）日本の環境教育にはない項目

図-8　英国の環境教育で付けたい能力と育てたい態度

関心をもち、民主的なコミュニティづくりに積極的に参画し活動する市民を育てること」（参8）と語るように、子どもも大人も共に参画し、協働のプロセスから学ぶことにより、「当事者意識」や「当事者主権」としての市民知を育むことになります。

注

1　自然体験活動推進協議会に関しては、HPを参照して下さい。http://cone.jp/about/

2　環境基本計画（第二次、二〇〇〇年一二月）では、「持続可能な社会を目指して」いくために、「循環」「共生」「参加」「国際的取組」を長期的目標をかかげ、環境問題の戦略的プログラムとして、①地球温暖化対策の推進、②物質循環の確保と循環型社会の形成に向けた取組、③環境への負荷の少ない交通に向けた取組、④環境保全上の健全な水循環の確保に向けた取組、⑤化学物質対策の取組、⑥生物多様性の保全のための取組、⑥環境教育・環境学習の推進、⑦社会経済の環境配慮のための仕組みの構築に向けた取組、⑧環境投資の推進、⑩地域づくりにおける取組の推進、⑪国際的寄与・参加の推進、が上げられています。

3　これらのつけたい能力や態度の育成に関しては、英国の Environmental Education の影響を受けて作成されています。

参考文献

（1）倉阪秀史「環境基本法について―検証：環境基本法」リサイクル文化、47・48特別号、一九九五年
（2）小澤紀美子「協働による環境政策―市民の役割」都市問題研究、56（10）、p25‐36、二〇〇四年
（3）小澤紀美子「持続可能な社会をめざす環境教育」寺西俊一・石弘光編『岩波講座環境経済・政策学第４巻：環境保全と環境政策』岩波書店、二〇〇二年
（4）小澤紀美子「総合的な学習の時間と子どもの参画」、子どもの参画情報センター編『子ども・若者の参画―Ｒ・ハートの問題提起に応えて』萌文社、二〇〇二年
（5）文部科学省「小学校中学校」学習指導要領解説 総合的な学習の時間編」平成二〇（二〇〇八）年八月
（6）United Nations Decade of Education for Sustainable Development "JAPAN REPORT –Japanese experience and good practice on UNDESD from 2005-2008" March 2009
（7）小澤紀美子「教育課程の弾力化への取り組み―環境教育から考える総合的な学習」『教育展望』42（8）、一九九六年
（8）ロジャー・ハート（木下勇・田中治彦・南博文監修／ＩＰＡ日本支部訳）「子どもの参画―コミュニティづくりと身近な環境ケアへの参加のための理論と実際」萌文社、二〇〇〇年
（9）新田和宏「持続可能な社会を創る環境教育」『別冊開発教育 持続可能な開発のための学び』二〇〇三年
（10）環境庁（現在、環境省）「中央環境審議会答申：これからの環境教育・環境学

習―持続可能な社会をめざして―」一九九九年

（11）J．P．ミラー（吉田敦彦他訳）「ホリスティック教育論」一九九九年

（12）J．フェイン（石川聡子他訳）「環境のための教育―批判的カリキュラム理論と環境教育」東信堂、二〇〇一年

（13）野上智行編「環境教育と学校カリキュラム―交感的環境認識をめざして」一九九四年

（14）浅海義治「参加を変える『学び』で変える」『公園緑地』二〇〇四年、Vol.65 No.1

第3章　人と人との関係づくり――幼児期における環境教育

高見のっぽ（たかみのっぽ）
俳優・作家・歌手

1934年5月10日京都府太秦生まれ。

俳優・芸人だった父のカバン持ちをしていた修業時代を経て、創生期のNHKの様々な幼児向け番組に参加。1967年から20年間以上に渡り放送された「なにしてあそぼう」～「できるかな」では一言もしゃべらずに鮮やかに工作を生み出す“のっぽさん”として出演。同時に、作家“高見映”としても多数の児童書・絵本・エッセイなどを発表するほか、テレビ、舞台の脚本・演出・振付も手がける。

2005年、NHKみんなのうた「グラスホッパー物語」で歌手デビュー。全国の視聴者からの声に後押しされて、2007年4月、待望の第二弾「はーい7! グラスホッパー」が放送される。2009年第三弾「グラスホッパーからの手紙～忘れないで」放送。さらに2009年からは、3世代に贈るミュージカル「ありがとう! グラスホッパー」では、原案・脚本・作詞・総合演出・主演を努めている。

2009年6月から、宮沢賢治没後80記念事業「ひとり芝居 ノッポさんの宮沢賢治～ぼくは賢治さんが大好き!」（花巻初演：宮沢賢治イーハトーブ館ホール）を各地で出演・演出・選曲を手がけている。

【ノッポさん登場】

■1 グラスホッパー物語に込めた意味

ノッポさん　こんにちは。今日、私の声を初めて聞いたという方？　さっき見てもらったグラスホッパー物語のＤＶＤの中で歌っていたでしょう（笑）。長い間喋りませんでしたから、その反動でこのごろはよく喋っています。今日はよろしくお願いします。（拍手）

小澤　いつもお話ししているノッポさんしか私は存じ上げないので、今日は歌と踊りを見せていただきありがとうございます。まず、グラスホッパー物語にこめたノッポさんのメッセージをお聞かせください。

ノッポさん　自分のかけがえのないこと、歯の浮くような言葉を使っていますが、正直なところを表現しています。

私は昭和九年生まれの七四歳です。案外ここまで生きてくると、「あ、そうだな、もう素直に自分のダメだった人生を振り返ればよろしい」と思って作詞しています。例えば、歌詞では、チャレンジしろと言っていますが、私自身はチャレンジし続けてきた人間ではなくて、むしろ気どって、失敗を恐れてばかりいて、チャレンジしそこなって、四〇歳くらいの時に、ハタと、自分は何者だ？　何も無いじゃないか…と気がついたのです。頭の中に「お前は何も無い」って言う自分と、「いやいや、

【楽曲: グラスホッパー物語】
♪まちかどの　小さな公園／片隅の　草かげに／ほら　孫たちを前に　あつめて／おじいさんの　グラスホッパー／そよぐ風に　吹かれながら／小粋に　踊るのさ／ときにちょいと　よろめいちゃ／孫たちに　ほほえむ／いつのまにか　ときは過ぎ／若き日は　遠くなるよ／ほら　孫たちを前に　あつめて／おじいさんの　グラスホッパー
♪飛べとべ　はねをひろげ／大ぞらの　むこうへ／おそれることは　ない／まだ見ぬ　世界へ～

何かありますよ」と言う自分がいて悩みました。ここまで生きてきて、何も無いと決めるのはつらいからモンモンと二年間ぐらい過ごしていたのですよ。でもある日、頭の中にもうひとりの自分が登場してね、「君は確かに今まで何も無かったのだけど、これから何か一生懸命やったら、新しいものが見つかるかもしれないよ。だから、とにかく今までは何も無かったってことは認めたらどう。」と、こういう言い方をしてくれたのです。このダメな私が、新しい仕事に一生懸命チャレンジをして退路を断つ。その結果がはかばかしくないとすれば、それは自分が悪いのだと。でも、もし結果が良ければ、そこには何かがあるのかもしれないという生き方のやり直しを、悩みぬいた二年間の末、始めたのです。

今までは失敗を笑われたら困ると思っていたけれど、新しい仕事をはじめて新しい仲間と仕事をしてみると、一生懸命やった人を笑う人がいたとすれば、その人は上には上がいるってことを知らない愚かな人なのだってこともわかりました。だからそういう人はもう相手をしなくてよろしいって気がついたら、実にのびのびと自由にいろいろなチャレンジができるようになって、皆さんがほめてくれる多くの仕事ができたのですよ。テレビ番組や舞台の脚本、台本、演出、絵本、作詞などなどね。「ひらけポンキッキ」では、筆頭台本書きを長い間担当しました。

僕は気がつくのが遅かったのですが、皆さんはまだこれからですよ。だから、失敗を恐れずに何かを一生懸命にやってみる。それで何か言うやつがいたら、それは

授業での対談の様子

放っておきなさい。

小澤　今のメッセージ、よーくわかりますね。皆さんには十分に可能性がありますよ。私も若い頃、一〇代、二〇代、それぞれの年代で苦しかったことがありますが、三〇代後半になってから、少しずつ見えてきましたね。

ノッポさん　何かやりたいのだけれど、何もやることがないとか、何をやっていいのかわからないって方、手をあげていただけますか？　じゃあ、何もやっていない人は？（挙手数名）あ〜、いるいる。今、二〇歳ですか？　僕は二〇歳の時はね、正直に言いますよ、何もやらなかったの。やらなかったというよりは、やるのが怖かった。だけど今、君は、やりたい何かを見つけるためにこの大学に来ていると思うから、これからここで見つけて、で、そのあと失敗を恐れずにいろいろなことを始めたらどうだろう。先程も言いましたけれど、チャレンジする時には、一生懸命に、そして余計なことを言うやつは放っておけばいい。結果はともかく、やるやつはやらないやつよりマシですよってことに僕は四〇歳ぐらいでやっと気がついた…僕は遅かったと思いますよ。あ〜あ、もう少し前からチャレンジすることを始めていたら良かったなあと…。

小澤　いま一九歳、二〇歳でこのことを聴いて、今からいくらでもチャレンジできるし、まずは第一歩を踏み出すことが大事ですね。

ノッポさん　でもね、こんなことは今言えるのであって、僕は二〇歳、二一歳、二二歳、二三、二四とね、何をやっていいかわからないままでした。親父が芸人でしたから、食べるためには芸事を身につけなきゃならないってことはありましたけれど、じゃあ、何をやろうかって時に、これだ！　というものもなくって…　あの数年間ってのは、暗～い日々を過ごしましたよ。でもね、今、皆さんの様子をみると、案外明るいですよね。私は皆さんの年頃には、何もやることのないことに非常に暗い日々を送ったの。だから、皆さんに暗い日々を送れとは言いませんけれど、そこらへんは案外油断なくしといたほうがよろしいよ、と申し上げておきます。

2　人とのつながり

小澤　私は戦争中に生まれているのですが、周りの人がみんな結核になって死んだりしていました。それで、多感だったので、あぁ将来は血を吐いて死ぬのかなーという思いが、けっこうあった世代なのですね。ですから、大事なことはいろんな人と「つながり」を持つということですね。

ノッポさん　ああ、そうですね。この歳になると、人間は一人じゃあ生きられない生き物であると正直そう思っています。それはある意味では助け合いながら生きていかなくてはならないし、同時に互いの個性を大事にするってことでもあるわけだから、みんな友達のことだとか、他人のことを見ながら、自分自身をきちんと確立するってことがポイントになる。でもね、自分の確立はなかなかできないと思います。なぜなら、人間そんなに生易しいものじゃあないからね。僕自身だって七四歳になってもまだ分かっていないことはたくさんある、まあ、もう先が見えているから、ある種の開き直りはできているけれどね。

でも、僕より五〇歳以上若い皆さんが、人とのつながりと己の生き方について、三〇歳あたりまでに考え続けることができるのであれば、たいへん立派だと思う。そのうえでチャレンジすべき時には行け、行けーって応援しますよ。

小澤　司馬遼太郎さんが「二一世紀を生きる君たち」というエッセイで「人」という字は、互いに支えるという、誰かに支えられて、だから自分も自分で支え、かつ、人に支えられてという意味述べていますね。それで、グラスホッパー物語パート2の「ハーイ！　グラスホッパー」DVDを見てもらいました。あの作品のテーマは「挨拶」ですね。

ノッポさん　「挨拶」は人間にとってどういうことかというと、ほら、さっきも言いましたが人間は群れの中でしか生きていけない生き物でしょう？　だからね、「挨拶」とは、「私はあなたと敵対するものではありませんよ」と表明すること。そういう意味を僕は「挨拶」にこめているのです。もちろん「挨拶」は言葉だけじゃなくて、例えば街中で知らない人とでもニコッと笑いあったり、あるいは優しい顔をして道を譲りあったり、僕はそれも「挨拶」のうちだと思うの。

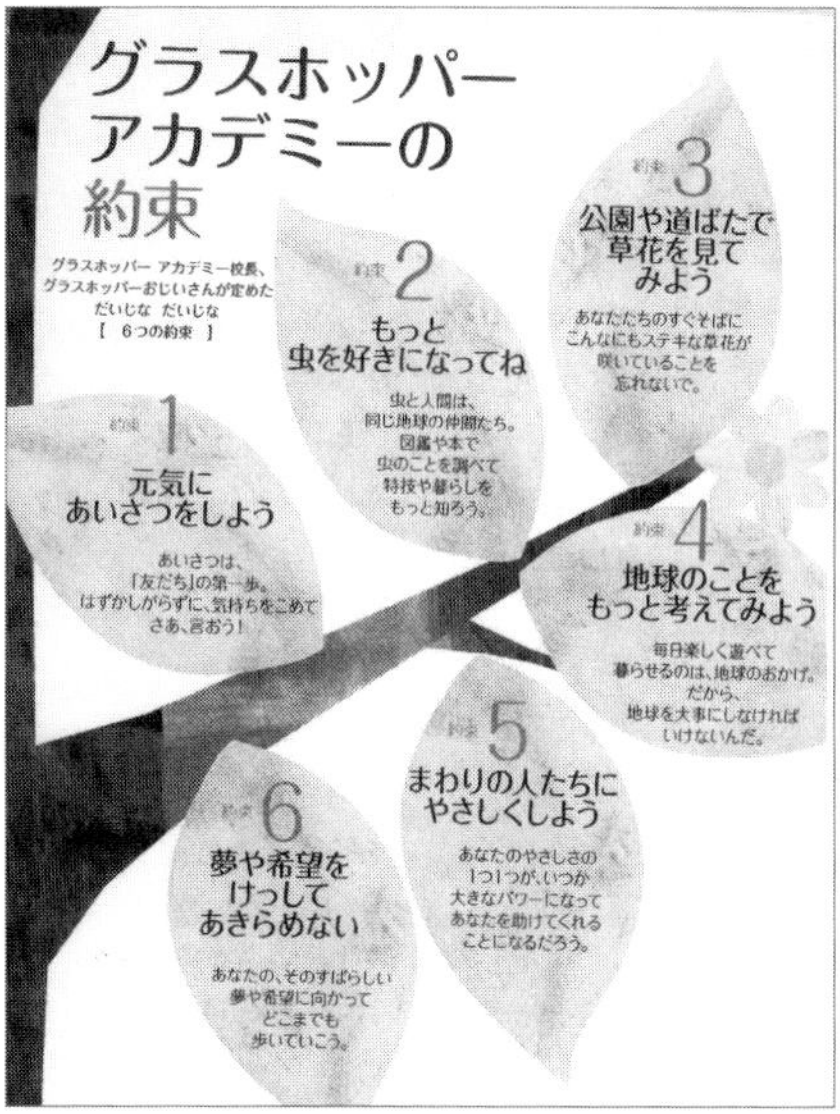

ミュージカルのパンフレットで挨拶の重要性を説いている

ミュージカル『グラスホッパー物語』パンフレットより

小澤　人とのつながりの第一歩は挨拶ですね。

ノッポさん　そう、「挨拶」ってのは、そういうものですよ。皆さんも挨拶しなさいって言われてきたと思うけれど、なぜするのかっていうと意外とわからない人がいるでしょうね。だから、ここで（学生にむかって）お嬢さん、こんにちは。（学生：こんにちは）ほーらね、ちゃんとやれるわけですよ。この意味はね、「私はあなたと一緒に生きていく人ですよ。」ってことです。もちろん、お父さん、お母さんと、朝起きた時に「挨拶」することも、本当はとても大事。その「挨拶」にはどのような意味がこめられているのかは各自が考えてみてください。僕が残念に思うひとつの例をあげると、エレベータの中や電車の中で乗り降りする時に「恐れ入りますが」の一言をなぜ言わないのかと思うのですよ。なぜ無言で後ろから押したり、戸口でふんぞりかえっていたり、さも用事がありげに手元の携帯をながめて無頓着に突っ立っていたり…。

　これはね、まわりの人のことを全く思っていないのですよ。だとすると、厳しい言い方をすれば、それだけで集団の世界ではホントには生きていけないし、生きちゃいけないのですよ。「まわりの人のことなんて知りませんよ」って世の中になれば、その世界は必ず寂しく滅びてしまうだろう。そういう事をあの歌（グラスホッパー物語パート2．ハーイ！　グラスホッパー）にこめて作詞したのです。

■3「小さい人」とも一人の人間として対峙する

小澤　そうですね。でも本当に挨拶もせず、お友だちもいなくなったら、寂しい人生になっていくと思いますね。ではお子さんに対しても、どうでしょうか。ちゃんと挨拶をしなさいってことを示しているのですね。

ノッポさん　私は小さい人には、自分が持っている敬意のうちでも一番上等な言葉で接します。そうすると四歳、五歳の小さい人は賢いですから、その敬意がちゃんとわかる。ここで、「挨拶しろ」なんて上から目線の不埒な言葉、子ども扱いして甘ったるい言葉を使う大人は無礼者ですよ。小さい人は、その無礼者に対しては、自分も無礼をもって応えようとする。だから、大人と小さい人の間がギクシャクしてうまくいかないことになる。

私は小さい人とはうまくいきます。というのは、自分が小さかった時に鋭くて、賢かったという記憶がたくさんありますから。だから、小さい人をみると、あの時の自分のように鋭くて賢い人がここにいると思うのです。あなた達大人は、例えば年上の人間のある種のぶしつけさとか、ある種の優越者気取りをみても「あ～あ、しょうがないじいさんだ」と、なあなあの関係を許してくれると思うから、私もこうしてペラペラとしゃべっていますが、小さい人はそうはいきません。ですから、私は小さい人には一番丁寧な言葉で話しかけます。名前を聞く場合でしたら、こうやります。「たいへん恐れ入りますが、あなたのお名前をお聞かせ願えませんでしょうか？」。たいてい彼らはそういう言葉遣いで接してくる大きい人間を知らないし、初めて見る。そしてその言葉の重みをちゃんとわかるのですよ、賢いから。そうすると、彼らも精一杯の誠意で応えようとしてくれるのですよ。普段、ひっこみ思案で親がどんなに促しても他人に挨拶できなかった子が、声をふりしぼって私の挨拶に応えてくれる。

こういった関係がそのまま全部の世代にわたっていければどんなにいいかと思っていますがね。特に、小さい人と接する時には、先に生まれてここまで生きてきた人間として、対等につきあいます。私も敬意をはらうかわりに、相手が無礼をはたらけば許しません。そのくらいの覚悟でつきあいます。

▩4　乳幼児期の記憶

小澤　私は今、子どもという言い方をしていますけれども、ノッポさんはお子さんを「小さい人」と、そして大人は「大きい人」ということでお話をなさっていますね。なぜ「小さい人」と言うのでしょうか。

ノッポさん 私の親父は芸人（柳妻麗三郎・マキノ映画で主演作が何本もある幻の大スター）で、母親は相撲茶屋の娘でした。僕が生まれたのは京都の太秦、撮影所のあったところです。そこの役者長屋で生まれたのです。

僕が今、幼児期の記憶、一番古い記憶をお話ししたら、皆さんびっくりするでしょう。その記憶を改めて意識したのは、実際のところ皆さんよりもう少し歳をとってからなのですよ。僕の中には抜きがたく自分の幼児期の記憶があって、それも案外大人との関わりのなかで感じた屈辱の瞬間というものの記憶が膨大にあるのですよ。

ひとつをお話しすると、ゼロ歳のある日、目覚めたかわいい私は、両親をさがしはじめました。その頃、父親は俳優稼業から足を洗い、自宅玄関を改造した電気店を開いて、毎日夫婦で働いていた。伝い歩きができるようになったばかりのかわいい私は、障子の桟につかまりながらヨチヨチと玄関先まで来ると、障子に嵌ったガラス窓から忙しそうに立ち働く両親の姿を見つけました。もううれしくなって「ボクハ　ココデスヨ」って、いや現実にはまだしゃべれませんから言葉ではなくて「フギャ〜」と呼びました。でも頭の中では、はっきりとそう思って呼んだのです。それなのに両親は見向きもしない。二度目、もっと大きい声で「フギャ〜!」。気持ちは「チョットト！　ボクハ　ココニイルンデスケド！」…。両親は私を無視して働いている。そりゃあそうでしょう、忙しい最中に赤ん坊がフニャフニャ言ったって、かまっちゃいられなかったのでしょうね。でも僕は三度目に呼ぶ前に「コンナニ大キナ声ヲ出シテ呼ンデイルノニ、聞コエナイハズハナイ。ソレナノニ知ランプリヲシテイルンダ。ヨオシ、ソッチガソノ気ナラ、コッチニモ覚悟ガアリマスヨ！」（笑）ってんで、そのガラス窓にバーンと頭をつっこんだのです。割れたガラス窓から顔を突き出しているかわいい私、両親が慌てふためいて「ウワアー　たいへん！」と駆け寄ってくるのを見ながら七、八ヶ月だった赤ん坊の私は、言葉ではないですよ、言葉ではないのですが、はっきりと「ホウラ、言ワンコッチャナイデショ！」って思ったのです。（笑）今でも目の上のところに小さな傷が残っています。皆さん、眉唾と思っていますか？　でも言っときますけどね、作家には幼児期の記憶を非常に鮮明に、克明にたくさん憶えているタイプの人と、そうじゃないタイプの人にはっきりと分かれます。良い悪いではなくてね。エーリッヒ・ケストナーやグレアム・グリーンという作家は、小さい人のために良いものをたくさん書いていますが、彼らもやはり幼児期の記憶がたくさんあるタイプです。自分の小さかった頃を振り返って「小さかったころはバカだったなあ」と思うのか、「いや、あの頃のほうが賢かったな」と思うのか、後者のタイプの人間のほうが、小さい人とつきあう資質があると、私は思っています。

五歳の記憶の本

私自身、小さかった頃を振り返ると、五歳を頂点にして、七四歳の今日まで凋落の一途をたどってきたと自負しております（笑）。私の場合は、賢ささえも――もし今私が賢いとすれば、五歳の私はすでに今の私と同じように賢かった。で、五歳の私がものすごく他愛なかったとすれば、七四歳の今も、同じ他愛なさを持ち合わせていると思います。でも夾雑物が入っていないだけ五歳の頃のほうが鋭い。何かを感じ取るってことに関しては、今よりも五歳の頃が鋭かったと思っているのです。当時、私はまわりの大人のさまざまな様子をみて「大人はくだらない考え方をするもんだな」、そして「そのくだらなさがこの小さな私にわからないとでも思っているんだろうか」ってはっきり思いましたね。だから僕の場合は五歳が頂点です。そのくらい賢い小さい生き物と思っていますから、「ぼく」だの「あんた」だのとぞんざいに呼べないですよ。だから「小さい人」って言うのです。

小澤　四－五歳のときに私たちは皆、表現したいという感覚をもっていますが、言葉がまだ獲得されてないということはありますね。

ノッポさん　そういうことはあるんですよ。だけど理解したり感じたりする心や賢明さもちゃんとあると、そう思ってます。

小澤　そうですね。そのことを書いたのがこの『五歳の記憶』ということになるわけですね。「ノッポ流こどものつきあい方」という本を読ませていただいて、そして、あ、そうだ、ということに気がつきました。

ノッポさん　だからぼくのような子どもがたくさんいるはずですから、大人は油断しちゃいけないですね。（笑）

小澤　そうですね、たぶん学生の皆さんのなかにもそういう感性を持っている人は多いと思います。

ノッポさん　そうですね、感性といえば、この人たちは五歳、六歳とはまた違う。たぶん今、三〇歳、四〇歳代を無理解な存在としてみているかもしれない。でも心に留めてほしいのは、あなたたちをちゃんと見てくれている人間も必ずいるってことなんですよね。どこにどんな人がいるかはわからないですよ。せっかくそういう理解者と会ったとしても無礼な態度をとっていたら、あなたたちは愚かだし、それを感じ取れないのは致命的に損なことだと思います。でも真の理解者たりうる大人が現実にどの程度いるかというのは問題ですけれどね。

■5　乳幼児期の経験が人を創る

ノッポさん　先の記憶の話にもつながるのですが、朝日新聞にエール大学が乳児についてのある実験をしたという小さな囲み記事が載ったことがあるのですよ。その実験は、生後六ヶ月の赤ちゃんを集めてひとつのキャラクターを出し、坂道を登る動きを見せる。そして、これをじゃまをするキャラクターA、助ける動きをするキャラクターBをそれぞれ見せる。もちろん実験ですから、これらのキャラクターの表情は悪役、善役など区別はしていないですよね。一連の動きを見せたあとで、赤ちゃんの目の前にキャラクターA、Bを同時に出してどちらを手に取るかとやったのです。そしたら実験に集まった赤ちゃんの大部分がキャラクターB、つまり助けるほうを選んだのです。生後六ヶ月で、好き嫌いだけでなく善悪の区別をするという結果に研究者たちはものすごくびっくりしているのです。赤ちゃんに、そんな社会的能力がすでにあるとは！　ってね。でも、私は、そんなことは当然だと思っているんです。だって、自分のちいちゃい時の記憶がありますからね。好意とか悪意なども含めて「判断する力」は赤ちゃんにすでに具わっていると思っています。だからなめちゃあいけないんです。

小澤　本当に！　私たちはつい、小さいお子さんに対してどうしても大人のほうが上であるという態度で「アレしちゃいけない、コレしちゃいけない」ということを言いがちですね。私、二〇〇四年四月に仲間と「こども環境学会」を起ち上げているんですが、そこでイギリスとオーストラリアの方をお招きしてシンポジウムをした時に、二人が共通して現代の子どもの状態を、プチプチという包装材で包まれた子どもの絵とパワーポイントで説明したのですね。バブル・ラップド・キッズと表現したのです。今、日本の社会でも世界的にも子どもにはケガをさせないように、大事にプチプチの包装材で包んだように子どもを育てているということが話題になり、小さいケガをさせて大きいケガをさせないのがいいのか、そういったことが議論になりました。子どもはチャレンジしようとしますね。二歳のお子さんの岩登りというか、土手登りというのでしょうか、それにチャレンジする事例ですが、握力がないので、すべり落ちます。でも、その落ちたことが悔しいといって、泣いてまたチャレンジするんですね。そこでそういう状態をおかあさんに見ていただいて、某大学のプロジェクトで、子どもの遊び道具、遊具の開発をしたんですね。そのときにはわざとお城のような石垣を作って上っていくのですが、下りるときが危ないということで、お母さんから下りるときに滑り台が良いのではないかという提案がありました。幼児期から滑り台や鉄棒だけではなく、チャレンジできる遊具で遊び、身体も心も発達させていくということが大事ですよね。

ノッポさん　結局、ちいちゃい時にどのくらいのケガをするかで、そのケガをしたおかげで大きくなってから命にかかわるような事を避けられることが多いように思います。ところが、大切にされすぎて経験不足のまま大きくなると、ささいなことでも回避する術が身についていないから、とんでもない結果を招くことになる…そう、命を落とす。まあ、親御さんにとっては心配でしょうけれど、ちいちゃい時にどれほどの冒険や、少々の痛い思いを心身をもって学習したか、これがある意味じゃあ将来ふりかかるかもしれない危機を避けられる能力になっていくのでしょうね。

小澤　自分の経験でいいますと、三歳半のとき穴倉に落っこちたんですね。穴に落ちるのが得意な子でしたね。水たまりがあるとパーッと駆けてって、入ると、あら、体が穴にはまっちゃっている、というタイプだったのです。子どもの時にいろんな体験、経験を積むということが成長にとって大事ですね。一方、ちがった見方をしますと、お子さんは本来センスがゆたかですね。子どもさんの美の感覚というのは、たぶん小さいときからあるのに、大人がそれを潰している側面がありますね。

ノッポさん　例えば、本来の作品の一部だけを子ども用に書き直した本がありますよね。はじまりは大人の親切心であり、子どもに本を楽しんでもらいたいという願いからはじまっているとしても、中にはとんでもなく仇となり、悪影響を及ぼすことがある。ガリバー旅行記というと、皆さんもたぶん絵本やなにかで、見たことがあるでしょう。原作を読んだ人はいますか？　いませんね。絵本で見ると、小人さんがいっぱいでてくる愉快なおはなし？　冒険ファンタジー？　〜とんでもないことです。私は、二五か二六歳で原作を読んで、一週間熱が出て眠れなくなったほど衝撃を受けました。そのくらい恐ろしい人間弾劾の書なのです。巷でいわれているような偉大な風刺文学であるなんて甘いものではない作品です。本来は大きい人が読むべき本なのに、大人が、子どもにはこの程度だろうと侮って、あのガリバー旅行記のごく一部を絵本にしてしまったことで、読んだ子どもはわかった気になって大きくなってもここにいる皆さんのように改めて原作を読もうとは思わない。大人のよけいなやさしさが、ある意味弊害となって、せっかくの原作を手にとってもらう機会を奪っているとしか思えないんですよ。ですから、たとえ出版社から「ノッポさん、あの小人国の巻の大男と小人の王様の話はおもしろいから絵本にしてくれませんか？」と依頼がきても、私は断固断ります。のぼせあがった大人はこころすべきはそこらへんにあると思いますね。これは私がものを書く時には、いつも思うことです。

6　教養は本を読むことでつく

ノッポさん　教養なんてものは本でしか身につきません。皆さんには悪いが、学歴だけでは教養人にはなれません。たくさんたくさん本を読んで、初めて教養ってぐらいのものですからね。しかもいい本をね。はい、本をたくさん読む人はいますか？（挙手多数）あ〜うれしいよ。ものすごくうれしいですよ。（挙手の学生に）ちょっと聞いていい？ひと月に何冊読みますか？（学生：二冊）あ、二冊。あなたは？そうそう恥ずかしがらずに、どんどん言って…。結局、恥かいてよろしい。何冊？（学生：二冊）そう、こっちは？（学生：一日一冊）え？一日一冊読む？握手しよう。いや、ほんとすごくうれしいですよ。今それくらいのペースで読んで、ま、一日一冊、少しカッコつけているかなと思わないでもないけれど（笑）、読んでいるとすればとてもうれしいですよ。

小澤　きっとみなさんも小さいときは、たぶん詩人であり、絵描きであり、というすごいセンスを発揮していたと思いますね。記憶はあるでしょう?

ノッポさん　小さかった頃の感性をそのまんま持ちつつ、さらに知識を身につけていくって本当に難しいことです。おうおうにして作家の中には、おチビさん用のものは簡単に書けますよと言う人がいますが、これは嘘です。小さい人のものでいいものが書けるという作家は、大人のものでもいい作品——名作を書ける可能性があるけれど、その逆、大人向けの作品を書けたからといって、小さい人のためのいいものを書けるとは限りません。それはさっきも言った資質がものをいいますからね。

小澤　今、詩とか作家と言いましたけれど、これは一つの文字で表現するということになっていくのですけども、絵で表現する、あるいは楽器で表現するという、それぞれいろんな表現する仕方があると思いますね。それぞれの感性によって、好みによってとらえていけばいいと思いますけれども、ノッポさんは足が長いし、さきほどのDVDではタップダンスがありました。あれは長い足を生かして表現するというところだと思いますね。

ノッポさんはリズム感がよく、すごいですねー。多彩な方ですね。小さい人と一緒の気持ちになって歌の表現もわかるし、体で表現する。多様な表現の仕方がある

ということですね。

ノッポさん　私は、中学の頃から、一日二冊以上読んでいました。疎開先の同級生のお父さんが早稲田の国文学の元教授で、お寺の住職さんでした。その書庫には膨大な量の蔵書があることを知ってから、私は、その人が一生かかって集めた貴重な、ありとあらゆる本、もちろん国文学だけではなく、バルザックやモーパッサン、フローベール、スタンダール、ドストエフスキー、ディケンズなど日本で翻訳された全てのもの、中にはマーク＝トウェインが新聞記者時代に書いたコラムまでもありました。日本の文学でしたら、西鶴から近松から、なにからなにまでね。それを中学の三年までにすべて読んでしまいました。時間が許せば、一日に何冊も読み続けましたよ。そのくらい僕にとって本はおもしろかった。わからないことがあっても、それに自分の目を通したってことが、ここに事実としてありますから。

僕が皆さんに言いたいのは、世の中で一番大事なものは本で、そして、もうひとつ大事なことは、本を読んだからといって賢くなるといった保証はない。でも、本を読まないで賢くなった人はおりませんってことです。僕は、本は読んだけれど賢くならなかったほうでしょう。これを機会に、今まであまり本を読んでこなかった学生さんは、少し考えてください。

小澤　そうですね。みなさんは遅くないですね。この大学生活でおもしろさを見つけていくといいですね。まだ二〇歳前後ですから、柔軟性があります。

ノッポさん　私には今、別口の読書の楽しみがあります。例えば『論語』ですね、毎日、プップ・プップとふきだしながら読んでいるんですよ。原書で読みこなせるような学識はありませんけれど、ある「段」を読んだ時に、私は「ウワー、孔子さん、こんなこと言ってるぜ」って、笑いながら何回でも読めるんですよ。そういう自分なりの新しい楽しみ方も本の中には無限にあるってこと。そしてね、これはたくさん本を読んだことのある僕の生意気さでもありますけれどね、手にいれた本がおもしろくないと、すぐに読むのはやめてしまいます。無理して読む時間がもったいない。皆さんにも、それぐらい本に親しんでほしいですね。

小澤　ノッポさんのお話を聞いていると小さいときからのクセ、習慣化するということですね。クセ化するためには、保護者のかたが一緒になって楽しまないといけないんじゃないかと思いますが。

ノッポさん　でもね、うちの父親、母親は本に対する理解はそういう意味ではなかったですね。ですから皆さんのように「本を読みなさい」なんて言われたことはない（笑）。小学校三年の頃、たまたまひとまわり違う兄貴の勉強机の本棚に岩波文庫がズラリとあったわけですよ。そこから、私の読書は少年向けのものから一足飛びに移行したのです。夏目漱石の『坊ちゃん』や『吾輩は猫である』、『三四郎』、『こころ』、『明暗』があったので　もう夢中で読みました。

『坊ちゃん』という作品は、皆さんもご存知かとおもいますが、主人公を「坊ちゃん、坊ちゃん」と言ってとても愛する婆やの清という人物がいます。本編の最初のほうに出てきて、その後、主人公坊ちゃんが四国あたりの中学校に教師として行って、そこで巻き起こるできごとを本当におもしろく綴ってあるんですが、最後の最後まで清が出てこないのですよ。最初に出てきた主人公にとって大事な婆やの清さん。そしたらいちばん最後のところで「清の事を話すのを忘れていた」と書いて、実にあっさりと、わずか一〇行たらずで筆をおいていますよね。小学校三年だった僕は「えぇ～、『坊ちゃん』がこれで終わるのって、清に対してとっても薄情なんじゃないかな？」とまず感じました。でも続けて「こういうふうに書いた作家はいったいどう思ってこんな短さで書き終えたのだろうか？」また「大人の小説というのは、こういう終わり方をしてもいいものだろうか？」とも思いました。それで、もう一回読んで、さらに二回目か三回目に読み返した時に「あぁ、これはこれでいいんだ」と得心したことを今も鮮明に記憶しているんですよ。小学三年の僕でも読めたのですから、だれにだって読めると思いますよ。

小澤　ということはいまのお話は、行間を読みながら自分のイマジネーションとかそういうものを豊かにしていくということですね。

ノッポさん　夏目漱石とか鷗外とか、みんな読んでもらいたいですね。ただし、両人とも漢籍、いわゆる中国思想をはじめ世界の歴史、文化など基本となるものの造詣が深いですよ。

授業中のできるかな！をやっている写真

小澤　そうですね。二人ともイギリスとドイツに行っているのですね。だから、先人の積み上げてきたところに私たちのスタートラインがあるので、私たちはそういったところも一緒に学んでいくということが、今日のお話の中にありましたね。表現も、言葉と身体表現としてあるということですね。とても貴重なお話をうかがわせていただきました。ありがとうございます。

ノッポさん　ほんとうはね、もっとたくさんおもしろい話できるんだけど…。　はい、じゃあちょっと、さいごはサービス。遊びます。

第4章　学校教育における環境教育

――さまざまな実践を通して環境教育の原理・方法を考える

小澤紀美子（こざわきみこ）

図-1　環境教育指導資料
〈小学校編〉1992年

■ はじめに

学校教育の環境教育は環境教育推進法（二〇〇三年七月）及び基本方針の策定（二〇〇四年六月）を受けて、さらに二〇〇七年三月、新「環境教育指導資料（小学校版）」が発行されて、新たな局面を迎えました。本章では学校（小・中学校、高等学校）教育における日本の環境教育の実践に焦点を当てて、その原理と方法を考えていきます。

日本の環境教育の展開は、七〇年代の高度経済成長による環境破壊「公害」教育が原点でしたが、八〇年代後半以降は地球環境問題がクローズアップされ、環境教育の内容にもそのことが反映されてきました。具体的には、児童・生徒が使用する教科書の基準となる学習指導要領（一九七七年・七八年）において「環境問題」が重視され、一九八九年学習指導要領改訂において環境がさらに重視されるようになりました。それが教員むけの環境教育指導資料としての「環境教育指導資料（中・高等学校編）」（一九九一年）（第1章参照）、「環境教育指導資料（小学校編）」（図－1）（一九九二年）の発行に結びついていきました。

一九九一・九二年の環境教育指導資料発行当時、環境問題が地球環境問題にまで拡大を呈しており、産業活動の活発化や途上国を中心とした世界人口の急激な増加、国際的な相互依存関係の進展は地球環境をはじめとする諸環境に多面的な影響を与えはじめていたので、地域の環境のみならず地球規模の環境の保全を図る必要がある、と指導資料の記述は始まっています。そして環境教育のねらいとその理念の準拠すべき枠組みとして用いられたのが、一九七五年の「ベオグラード憲章」や七七年のトビリシ「宣言」（第2章を参照）です。

■1　学校教育における環境教育のねらい

前章までに述べてきたように、環境教育とは環境問題について（about）教えることではなく、「人と人、人と自然、人と地域、人と文化・歴史、人と地球との関係性」の再構築にむけての教育であり、「今につながる過去に学び、今を知り、未来を創る」教育ととらえたいと思います。一九九一・九二版環境教育指導資料では「環境」を自然環境と社会環境を含めた総合的な事象として理解していくとしています（その概念については第1章8〜9頁参照）。

一九九一・九二年版の環境教育指導資料策定時に準拠した英国（一九八九年）の環境教育では、環境教育はクロスカリキュラ・テーマとして位置づけられ、環境教育、市民教育、健康教育、産業と経済の理解、キャリア教育が設定されていました。

英国の環境教育のねらいにおいても、次のような理念が確認されています。（参1）

環境教育でつけたい能力と態度

<つけたい能力>	<つけたい態度>
・問題解決能力	・自然や社会の事象に対する関心・意欲・態度
・数理的能力	・主体的思考
・情報処理能力	・社会的態度
・コミニュケーション能力	・他人の信念や意見に対する寛容さ
・環境調査・評価能力	

表-1　環境教育でつけたい能力と態度(1991、1992年)

・知識・理解スキル獲得の機会をもたせること
・環境に対する多元的な見方を学習させること、具体的には、物理的、地理的、生物学的、社会学的、経済的、政治的、科学技術的、歴史的、審美的、倫理的、精神的な観点から学ばせること
・気づき・好奇心を喚起し、問題解決への参加を促進させること

となっており、そのためには、持続可能性をめざし、参加型でホリスティックなアプローチをするとなっています。すなわち環境教育・環境学習は単に環境問題について(about)教えることではない、とされているのです。

英国の一九八九年のナショナルカリキュラム策定時のクロスカリキュラ・テーマとしての環境教育でつける能力や態度が設定され、その考え方は日本にも導入され、文部省策定の教員のための『環境教育指導資料(中・高等学校編)』(一九九一年)に反映されています。具体的には、上記の表-1に示す内容となっています。

そして九一年版「環境教育指導資料(中・高等学校編)」ではクロスカリキュラムとしての環境教育の概念が示されました。具体的には各教科の目標、内容、内容の取り扱い、指導計画の作成と内容の取り扱い、環境関連項目と各教科別のマトリックスで指導資料内に提示したのですが、学校現場での教科横断的な実践には多くの困難が伴います。教員養成時代に横断的な課題への取り組みに対応した資質やカリ

環境教育の内容例	国語	社会	算数	理科	生活	音楽	図工	家庭	体育	道徳	特活	総合
生活環境	■	■		■	■		■	■	■			■
資源ｴﾈﾙｷﾞｰ		■		■			■	■		■	■	■
人と自然	■			■	■	■	■			■	■	■
人と社会	■	■	■					■		■	■	■
食と農		■		■				■				■

原案　和泉良司先生

表-2　各教科との関連―クロスカリキュラムとしての環境教育

キュラムデザインの力の育成もされていないからです。

一方、小学校版の指導資料策定時（一九九二年）に、環境教育は総合的に展開しなければならないとして、その事例を載せようとしたのですが、当時参加していた委員である小学校の先生からはそのような事例は少ない、ということで数例の掲載におわり、総合的・横断的取り組みの実践は「総合的な学習の時間」の設置まで待たねばなりませんでした。小学校では、和泉良司（参2）がクロスカリキュラムとして環境教育を位置づけているような取り組みの提案（表－2）もあります。

■2「総合的な学習の時間」の新設と環境教育

こうした過程を経て、文部省は一九九五年四月第15期中央環境審議会で、「21世紀を展望した我が国の教育の在り方について」を諮問し、一九九六年七月第一次答申が策定され、「総合的な学習の時間」が新設されました。環境教育、国際理解、情報教育、健康・福祉などがこの「総合的な学習の時間」で扱われることとなったのです。審議会が設置された当初は、各教科で系統的・個別的に扱うには限界がある横断的な課題について、横断的・総合的な学習としての枠組みが論じられていたのですが、学校現場では「時間」を設置しないと実施しないという多くの委員からの指摘でカッコ付きの「総合的な学習の時間」とされたのです。

そして環境教育の改善・充実のために、①各教科、道徳、特別活動などが連携・協力して学校全体の教育活動として取り組むこと、②環境や自然と人間とのかかわりを理解させ、よりよい環境を創造していこうとする実践的な取り組みと科学的認識を育むこと、③体験的学習を重視することとし、そのためには優れた指導者が不可欠で、教員養成課程での教員の育成の重要性がうたわれました。

その基本方針は、第2章でも述べていますように自然体験や社会体験を通して(in/through)、環境に対する関心を培い、環境と社会経済システムの在り方や生活様式の関わりについて(about)学び、環境のために(for)環境保全やよりよい環境の創造のために主体的に行動する実践的な態度や資質、能力を育成するとしたのです。

しかし日本の教育は伝統的に知識や技能を教員から伝達する、結果のみを重視する「何を学んだか」を重視し、「どう学ぶか」といった視点からの教育が行われてこなかったので、横断的な課題(issues)に対応する資質が育成されてこなかったといえます。これからの子どもの学びは試験に応ずるために一方的に知識や文化を注入(伝達)するのではなく、一人ひとりの考えの道筋や興味・関心が異なることを前提として、子どもの思考態度や探求の方法をそれぞれ豊かに醸成すること、主体的に学び続ける能力を育成することが求められるのです。すなわち「知識伝達型」の教育から、学習のプロセスを重視する「探究創出表現型」(参3)の

環境をとらえる視点	重視する態度と能力
循環 多様性 生態系 共生 有限性 保全	課題を発見する力 計画を立てる力 推論する力 情報を活用する力 合意を形成しようとする態度 公正に判断しようとする力 主体的に参加し、自ら実践しようとする態度

表-3　新環境教育資料（2007年）における環境の視点と重視する態度と能力

学習観へ変革していく理念のもとに、「総合的な学習の時間」の導入が議論されていたのです。

第2章でも述べましたように、「なぜ」「どうして」という疑問や好奇心から出発して「関心の喚起（気づく）→理解の深化（調べる）→思考力・洞察力（考える）→実践・参加（変える・変わる）」といったフィードバックを伴う螺旋状的な学習過程をたどる展開が不可欠です。このプロセスはジョン・デューイのいう反省的思考過程（第2章図‐6参照・参4）です。このような枠組みや考え方は中央環境審議会に設置された小委員会でも踏襲され、「これからの環境教育・環境学習―持続可能な社会を目指して―」（一九九九年）として答申されています。この答申では、環境教育・環境学習は持続可能な社会の実現を指向し、次の基本原則で再構築しなければならないとしています。

①すべての環境教育・環境学習を「関心の喚起→理解の深化→参加する態度・問題解決能力の育成」というプロセスを通じて「具体的行動」を促すという一連の流れのなかに位置づけること。②知識・理解を行動に結びつけるために、継続的な体験型・参加型学びを環境教育・環境学習の中心に位置づけること。③体系的かつ総合的な環境教育・環境学習を着実にすすめることが可能となる効果的な仕組みを構築すること。

こうしたアプローチにより、環境教育は学校教育に限らず生涯学習の視点からの展開も不可欠といえます。さらに環境教育の動向に新「環境教育指導資料」（二〇〇七年、文部科学省）にも示されたように、「持続可能性」の概念が導入され、「環境をとらえる視点」「重視する態度と能力」も表－3に示されるようになってきています。

■3 学校教育機関での環境教育の実践

本節では学校での実践事例をいくつか紹介します。

（1）エコスクールとしての荒川区N小学校の環境教育の実践

校内研修として筆者も参加した荒川区のN小学校の環境教育の事例です。N小学校では、よりよい環境づくりに主体的にかかわる児童の育成をめざして、校長を筆頭に全教員が参加した校内研修を進め、系統性・連続性のある六年間の環境教育の指導計画を策定し、児童の体験や経験を生かした環境教育を推進してきました。

めざす児童像にせまる環境教育の「手立て」を三つの視点で設定しています（図－3）。①専門家や実践者との触れ合いを重視した学習「生き方に学ぶ」＝環境保全に力を尽くしている実践者、先人の知恵を伝承してくれる方、環境教育の専門家

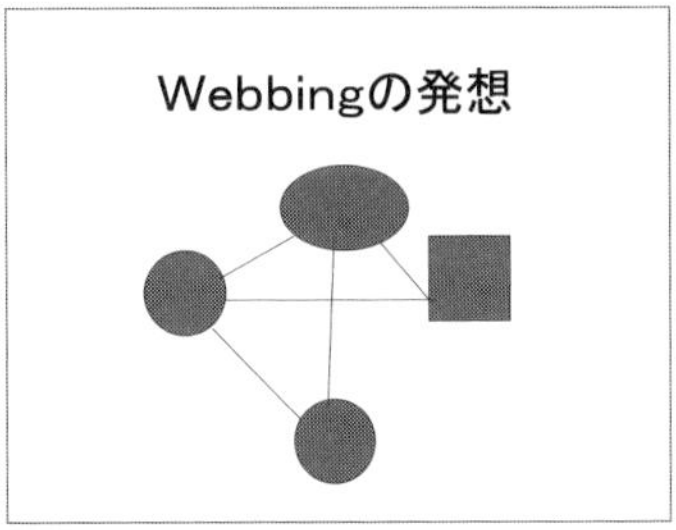

図-2　ウェビングの考え方

等を題材あるいはゲストティーチャーとして取り入れた指導を行う。②身近な自然にひたり、愛おしむ学習「体感する」＝なぜ、どうして、すごい…等、疑問や感動が味わえる自然体験を中心にすえた指導を行う。③自分の考えや思い、連続した思考のつながりを重視した学習「結びつける」＝自分の考えや思いをウェビング（図－2）の手法等を用いて、自分の考えを広げ結びつける指導を行うとともに、友だちとの考えを互いに共有する指導を行う。

小学生の発達段階を考慮して、四年生までは自然体験を重視し、五・六年生では物事の因果関係を理解できるという視点から単元づくりしています。

具体的には、一年生と二年生の異学年交流として校内の緑の小道や花壇、地域のオヤジの会と児童が一緒になって完成させた〝トトロのビオトープ〟校庭探検から始まります。さらに校外の広い草原や池がある自然公園に出かけ、身体全体で自然を感じ、また秋にはどんぐりや木の葉を使って秋を感じる遊びを展開しています。二年生になると野菜を育て、それを観察する体験を通して、自然認識の基礎や自然への感性を育む。三年生では、学校のプールのヤゴをプールからすくい、児童が設計し保護者と共につくった校庭のビオトープに移し、羽化させて育てていく学習活動を通して、校庭や地域の自然環境・生態系を大切にしようとする願いや思いをもち、よりよい自然環境づくりにむけて行動できる児童を育てていく。四年生では、川を調べる単元を通して、自分の周りの環境全てへ学びの目を向けられるよう荒川

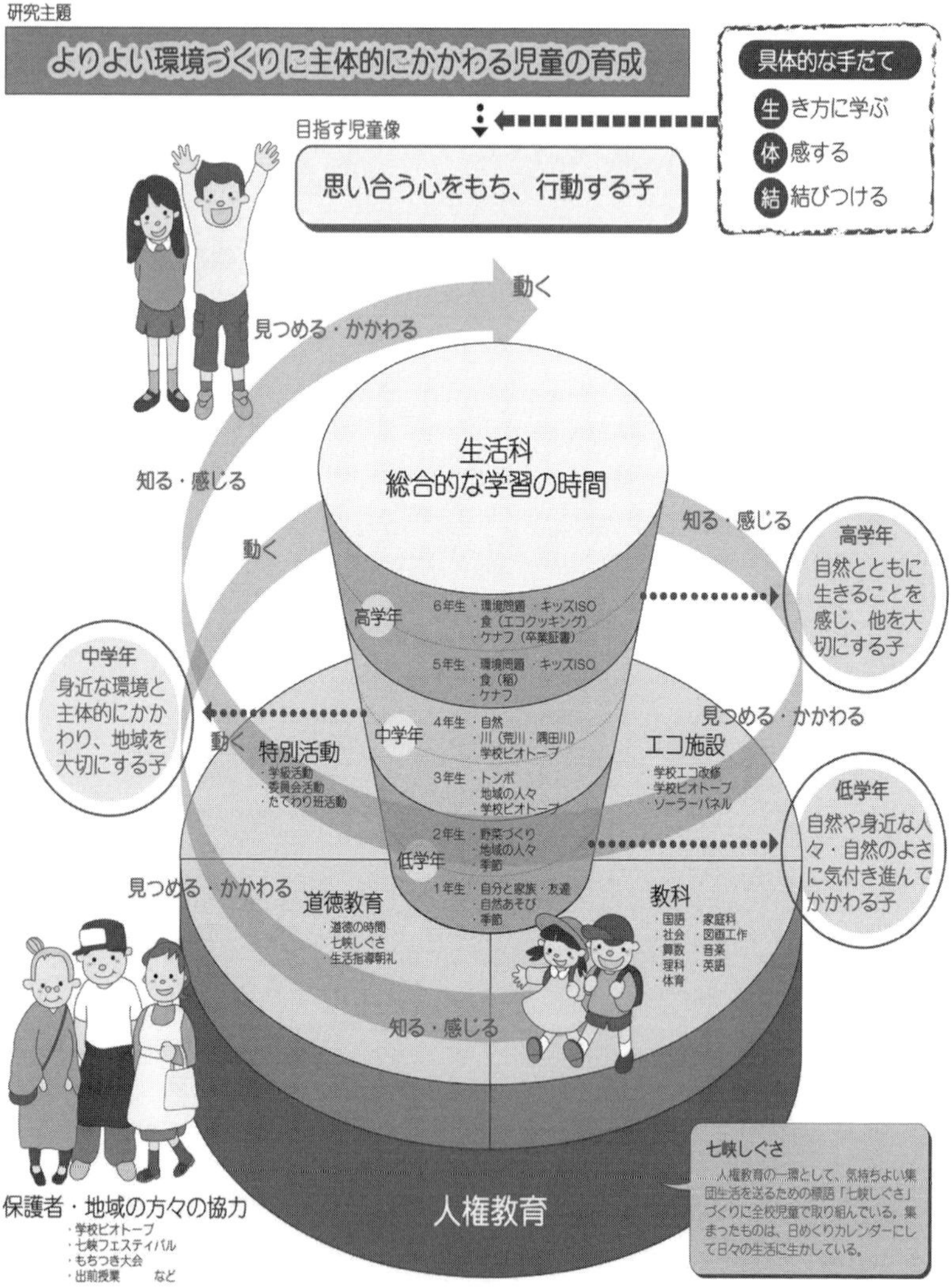
研究主題
よりよい環境づくりに主体的にかかわる児童の育成
具体的な手だて
生 き方に学ぶ
体 感する
結 結びつける
目指す児童像
思い合う心をもち、行動する子
動く
見つめる・かかわる
知る・感じる
動く
生活科
総合的な学習の時間
知る・感じる
高学年
自然とともに生きることを感じ、他を大切にする子
高学年
6年生 ・環境問題 ・キッズISO
・食（エコクッキング）
・ケナフ（卒業証書）
5年生 ・環境問題 ・キッズISO
・食（稲）
・ケナフ
中学年
身近な環境と主体的にかかわり、地域を大切にする子
動く
特別活動
・学級活動
・委員会活動
・たてわり班活動
中学年
4年生 ・自然
・川（荒川・隅田川）
・学校ビオトープ
3年生 ・トンボ
・地域の人々
・学校ビオトープ
見つめる・かかわる
エコ施設
・学校エコ改修
・学校ビオトープ
・ソーラーパネル
低学年
自然や身近な人々・自然のよさに気付き進んでかかわる子
低学年
2年生 ・野菜づくり
・地域の人々
・季節
1年生 ・自分と家族・友達
・自然あそび
・季節
見つめる・かかわる
道徳教育
・道徳の時間
・七峡しぐさ
・生活指導朝礼
教科
・国語 ・家庭科
・社会 ・図画工作
・算数 ・音楽
・理科 ・英語
・体育
知る・感じる
人権教育
保護者・地域の方々の協力
・学校ビオトープ
・七峡フェスティバル
・もちつき大会
・出前授業 など
七峡しぐさ
人権教育の一環として、気持ちよい集団生活を送るための標語「七峡しぐさ」づくりに全校児童で取り組んでいる。集まったものは、日めくりカレンダーにして日々の生活に生かしている。

図-3　A区立小学校の環境教育の手立てと環境教育の展開の考え方

5年生　人は愛するものを大切にしようとする

専門家や実践者との触れ合いを通して、自然の中の命のつながりを感じ、環境について自分自身のこととして考えられる児童を育てたいと考えた。

ケナフを育て、その成長を観察しながら、クッキー作りやはがき作りなど、様々な体験活動を行った。ケナフへの愛着を深めながら環境をとらえさせることにより、「森林の大切さ」「温暖化の問題」「環境の循環」「生命と食」などの問題意識が芽生えた。また、環境改善のために行動する実践者の“生き方”に触れながら、環境問題をより身近に感じ、自分の生活を見つめ直していく態度が養われた。

3学期には、年間を通した学びを保護者等に伝えていきたい。

5年生の1年間の学習

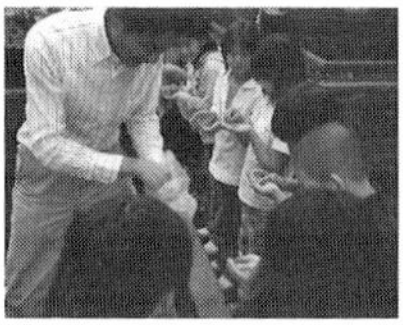

❶ 横内さんとケナフ種まき
高知県からきてくれた横内さんとケナフの種まき。命ある種に「ありがとう」の声をかけた。

❷ 湊さんとヤマネ学習
清里移動教室で、ヤマネを研究し、森を守る湊さんとヤマネについて学習した。

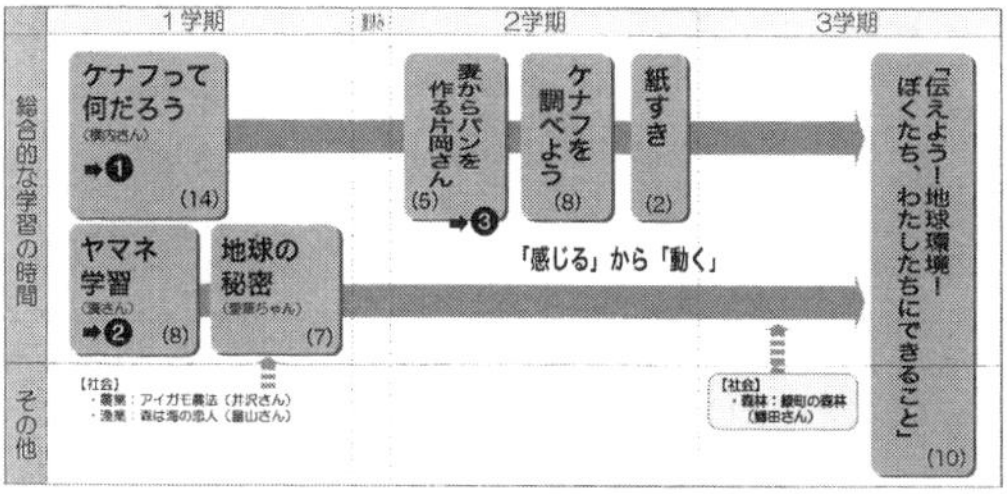

（　）内の数字は、環境教育にかかわる単元の授業時間数

❸ 片岡さんと「食の学習」
麦からパンをつくる片岡さんとともに、調理実習。このあと「片岡さんはなぜ麦からパン作りをするのか」に迫った。

図-4　５年生の年間指導の展開

6年生　自分たちの言葉でエコライフを提言する

自分たちの生活を見直すことを通して、地球を大切にする児童を育てたいと考えた。

地球によいことウォッチングをしていく中で、児童は先人の知恵の中に地球を救う秘策があることに気付いた。干し柿作り、切り干し大根作りなどを体験し、そのおいしさや良さを発見した。そして地球にやさしい食生活とは何かを、「昔から伝えられてきた知恵や技を活かす」視点から追究して、生まれたのが環境に負荷をかけない料理法エコクッキング。エコクッキングから学んだことを基に、地球にやさしいエコライフを自分たちの言葉で提言する。

また、ケナフとともに成長してきた児童は、自分の卒業証書をケナフから作り上げる。

6年生の1年間の学習

❶ 干し柿作り
学校の渋柿を収穫しての干し柿作り。みんなで柿の皮をむき、ひもで教室の窓辺につるした。

❷ エコクッキングを広めようの会
エコクッキングのやり方や、そこから見えた環境問題を提言した。

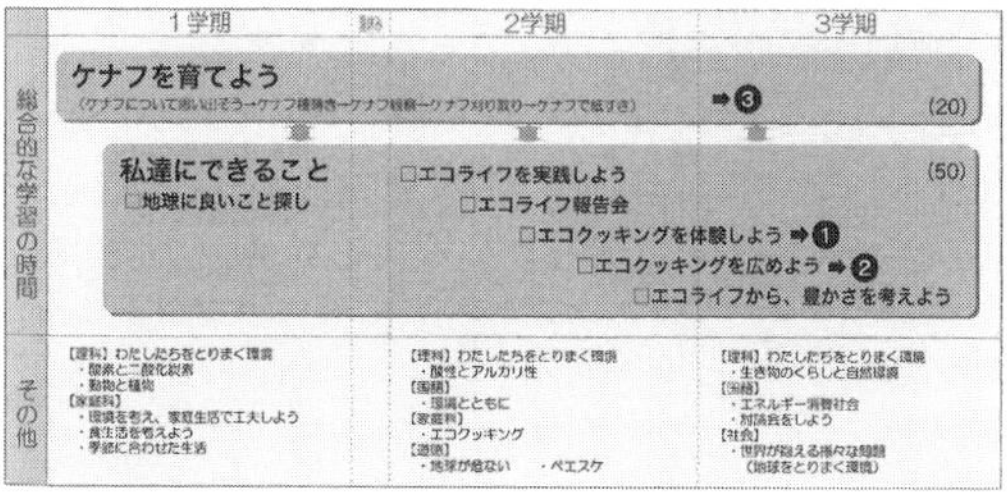

（　）内の数字は、環境教育にかかわる単元の授業時間数

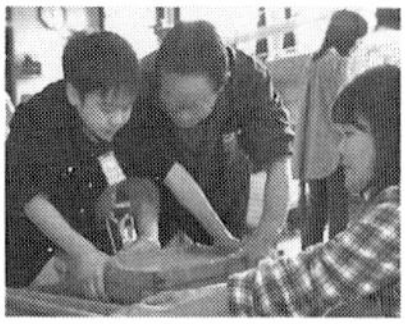

❸ 宮地さんとケナフの卒業証書作り
ケナフ研究家の宮地さんとケナフの感触を確かめながら、感謝の気持ちですいた。

図-5　６年生の年間指導の展開

エコ改修事業の実践紹介

＜校舎棟＞
① 外壁改修 ② 窓改修 ③ 屋上改修 ④ 内部改修 ⑤ 照明器具取り替え ⑥ 各階段室への引き戸の設置

＜体育館棟＞① 外壁改修 ② OMソーラーシステム

＜校庭＞① 透水性・保水性向上 ② 太陽電池付街路灯 ③ ビオトープ ④ エコギャラリー

表-4 学校エコ化の場所

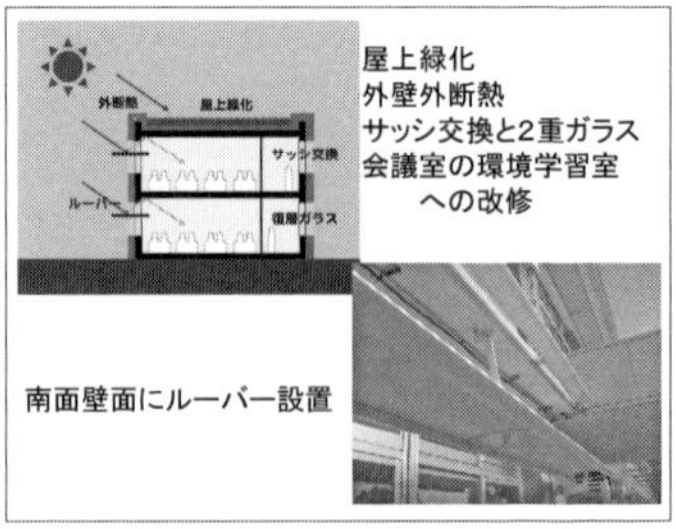

図-6 改修写真

や隅田川の水の流れの様子、生き物観察、四季の変化、二つの川の比較、さらに夏休みの清里への校外学習につなげていくのです。こうした学びの発展として高学年では、森林の大切さ、温暖化問題、環境の循環、生命と食等の問題意識が芽生え、環境改善のための行動を実践する大人の方の〝生き方〟に触れながら、環境問題をより身近に感じ、自分の生活を見直していく態度が養われ、エコライフを自分達の言葉で提言するに至ります（図－4、図－5）。さらに二〇〇七年度にエコスクールとしての校舎の改修を行ったので、外断熱工法の意味や、建物の庇の意味、屋上緑化、二重ガラス窓、体育館のOMソーラーシステムの原理の理解などの科学的な認識を深めています（図－6、表4）。五年生の学校エコ改修と連動した二〇時間の環境教育の単元は表5のように展開されています（参5）。

表-5　学校エコ改修と連動させた20時間の環境教育カリキュラム

1「熱」に対するおもしろい話を聞こう！
- ゲストティーチャー（大学教員）から「人は発熱体」「人が出すエネルギーは大きい」など熱に関する原理を学ぶ

2人を温める方法を考えよう！〈２時間〉
- 大学の先生の話から人を温める方法について考えを発展させる

3「温まり大会」をやろう！
- グループ毎に温まる方法を実際に体感し、サーモカメラで体の体温変化を知る

4「温まり大会」をふり返ろう！
- 温まり方の良い点・改善点をグループ毎に話し合い、人の温まり方とエコ改修に用いられている技術とのつながりに気づく

5建物の温まり方を人に伝えよう！

エコ改修を人の体にたとえて実演
- エアダウンジャケットを着る＝外壁の外断熱／服の２枚重ね着＝２重ガラスの窓／ツバの付いた帽子をかぶる＝窓のルーバー／毛糸の帽子をかぶる＝屋上緑化／服のファスナーをあげる＝校舎内の間仕切り／黒い布を身に付ける／体育館の太陽光の利用
- エコ改修に使われた「熱の特ちょう」を調べよう！〈「熱」に関する実験：２時間〉

  ①フタ付き／フタなしビーカー内の湯の温度変化
  ②１重／２重ビーカー内の湯の温度変化
  ③何もしていない／発泡スチロール付きペットボトル内の湯の温度変化
  ④白テープ／黒テープを巻いたペットボトル内の湯の温度変化

6「エコ改修ツアー」をしよう！

ゲストティーチャー（設計者）によるエコ改修の技術を知る

7エコ改修の授業を通してみんなに伝えたいことを考えよう！
- エコ改修で学んだことをふり返って他の学年や地域の方々に伝えたい内容を考える

8エコ改修について学んだことをわかりやすく伝えよう〈８時間〉
- エコ改修で学んだことを地域の方々に伝えるための資料づくりと発表練習

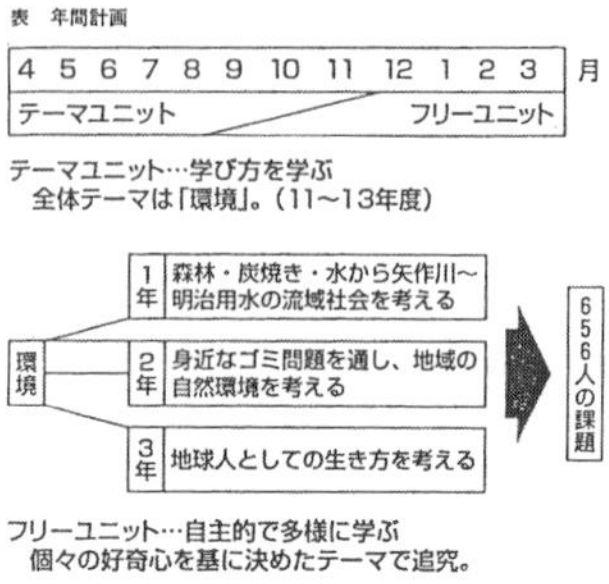

表　年間計画
4 5 6 7 8 9 10 11 12 1 2 3 月
テーマユニット
フリーユニット
テーマユニット…学び方を学ぶ
全体テーマは「環境」。（11～13年度）
環境
1年 森林・炭焼き・水から矢作川～明治用水の流域社会を考える
2年 身近なゴミ問題を通し、地域の自然環境を考える
3年 地球人としての生き方を考える
656人の課題
フリーユニット…自主的で多様に学ぶ
個々の好奇心を基に決めたテーマで追究。

図-7　学年毎のテーマと年間計画

（2）中学校の地域を見つめた循環型社会づくり

愛知県N中学校の実践は、三学年がそれぞれテーマを持って取り組んでいますが、七月に行われる七夕祭りで使われた竹が祭りを終えるとそのまま焼却される事に疑問を持った生徒達から炭にする提案があり、子ども、教員、地域の農家の方やPTAが協力しあって校庭に炭焼き窯が作られました。その炭で明治時代から使われている矢作川の都市化に伴う農業用水の汚れを浄化する提案が生徒から出され実行されました。校庭には浄化した農業用水を利用したビオトープがつくられています。一方、その学習は水源の源となっている森林の学習、水源の森をつくる修学旅行での植樹や体験学習へ、炭を利用した土壌学習へと発展し、さらに川と海の関係の調べ学習となり、地域を流域としてとらえる学習に発展しています。こうした体験型学習だけでなく「炭焼きを科学する」という単元で理科学習と連携させて科学的認識力を育成する学習も行われているのです。

さらにこの中学校は、自然エネルギーの学習のために国（当時の文部省と通産省）からエコスクールとしての補助金をもらい学校に太陽光発電を設置し、サイエンスルームをつくり生徒の理科学習に利用しています。この太陽光発電による電力で生徒達は地下水を汲み上げ、その水を冷房に使うアイディアを出し、具体化しています。さらに水の大切さを知った生徒は雨水利用を校内で実施し、その浄化に炭を利用しています。

図－７に各学年ごとのテーマユニットと生徒個人のテーマに深まる時間の流れを示します。

このように、この中学校では生徒がさまざまな体験型学習を通して循環型社会の意味と自然を守る意義を感じ取るだけでなく、身体の健康と環境との関連を考えるに至り、生ごみを堆肥化し、それを利用した自然農法農園で野菜の栽培をも始めているのです。さらに校庭の周辺に風土に配慮した樹木を植えるために大学の専門家から植えるべき樹木の種類と植林のアドバイスを得て、生徒は一五〇〇本の木を植え、緑の遮音効果や大気汚染浄化の効果を測定する課題を次々と設定し、学びを発展させています。一方、生徒の学習の広がりは学校内だけに止まらず、地域の市民団体の活動に参加したり、市議会に下水の汚泥再利用品の陳情書を提出し、満場一致で採択されている実践です（参６）。

（３）高等学校での実践

地域とのつながり、かかわりを深める学びは高校でも展開されています。地域の資源を見直して未来につなげるコミュニティ活動を地元学としてとりあげ、土の人（地元民）、風の人（地域外の人：専門家や学びを支援・協力する大学生）とが一緒になって活動を展開した「くずまき地元学のとりくみ」です。

葛巻町は岩手県盛岡市から北東に六九キロメートルの北上山地に位置し、標高が高く、全町の八六パセーントが森林で占められている典型的な農山村です。人口約九〇〇〇人で、「地域の資源を宝に変えて、幸せを実感できる高原文化の町」をまちづくりの基本方針として、「天と地と人のめぐみ」を生かした日本一の新エネルギーの里づくりをめざしている地域です（参7）。

環境教育は「総合的な学習の時間」で、一年生＝葛巻の自然と私たち〈自然体験活動、水質検査、酪農、クリーンエネルギーなどのテーマで取り組む〉、二年生＝葛巻のひとと私たち〈くずまき地元学〉、三年生＝葛巻の未来と私たち〈職場体験、町おこし企画、商品開発などのテーマで取り組む〉となっています。学びの過程で、「地元学」の「学」は学ぶことでもあるけれど「楽《がく》」という字の楽しいことでもあると知る生徒。新しく「発見すること」「感動すること」「驚くこと」ってこんなにすばらしいことなのだと、実感した生徒。生徒が地域に誇りを持ち、地域の文化の継承に責任を感じていく学びに発展していくのです。

■4　環境教育は「未来を創る力」を引き出す

このように環境教育や「総合的な学習の時間」は子どもと地域の大人の参画によ

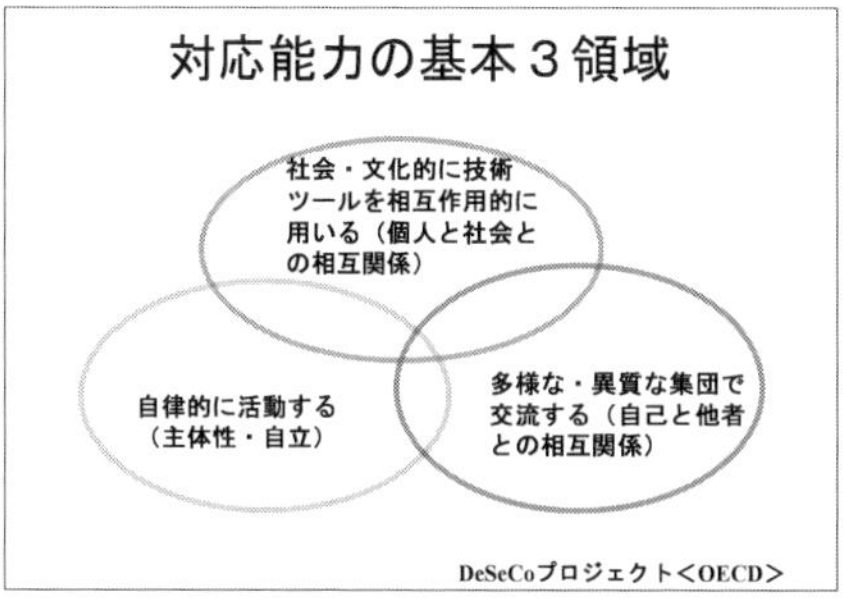

図-8　PISA 型学力の考え方〈DeSeCo プロジェクト〈OECD〉〉

る協働、学校・家庭・地域・他のセクターとの連携によって、子どもたちが獲得した知識や技能などが生活の場で生かされて総合的に働くことのできる「知の総合化」であり、子ども一人ひとりが自らの学習課題を見出し、構想を立て、さまざまな探究活動を通してよりよく問題を解決する資質や能力を育成し、自分の考えを表現し、さらに討論を深めていく過程を通して、多様な意見に対する寛容さや価値を認識していくプロセス重視型の学習です。

新学習指導要領が二〇〇八年三月に改訂になり（高校は二〇〇八年一二月改訂）、総合的な学習の時間の「解説書」が発行され、「探究的」で「協同的」な学びが推進されており、アクション・リサーチについても示されています（参8）。より教育方法を変革していく姿勢やＰＩＳＡ型学力を意識した展開となっている点にも注目しなければなりません（参9）（図-8）。

しかしこうした展開は日本では古くから実施されていたのです。総合学習の取り組みは、七〇年代頃から実践されており、一九七四年にさかのぼります。「ゆとりの時間」の特設に伴う教育現場の揺れ動きの中で、「総合学習」を位置づけた教育課程改革試案が出されました（参10）。しかし教育課程改革試案が出される以前から、三重県内では員弁の「土のなかの教育」、四日市の「公害学習」などの実践によって、地域の現実をみつめ、地域の生活課題に取り組む「地域にねざす教育の探究」が広がっており、その態勢が出来上がっていたのです（参11）。

員弁の「土のなかの教育」は三重県藤原町（現在は平成の市町村合併でいなべ市となっています）の実践に引き継がれています。藤原町は三重県の北端、滋賀県との県境にある町で、五つの村が合併して町になったとき、それぞれの集落の小学校を統合せずに、五つの小学校として残しており、一つの中学校が町内にある地域です。この地域では「屋根のない学校」という哲学で町全体が学びの場として取り組んでおり、現在もその教育理念は変わっていません。人口約八〇〇〇人の「水源の町」で、そのきれいな水を守るために、「人と自然が共にある環境保全の町づくり」をめざしていました。学校教育においても、これに連動して環境教育に力を入れ、現在も引き継がれています。教員時代の経験を踏まえ、「村中が教室だ」を教育長に就任して『屋根のない学校』構想として提唱し、一九九四年から実施されていたのです。五つの小学校は、地域の特長を生かして、川の水質検査、蛍の人工飼育などの学習、中学校は生活排水の浄化に有効な植物を探る学びからパピルスのその浄化能力を知り、パピルスの栽培にまで活動を広げています。子ども達は教室を飛び出して、地域の自然や歴史、文化、人を学び、町の空間全てが学校で、体験と学びの場としているのです。すなわち子ども、親、地域の人がカリキュラムづくりに参画する学校として息づいています。

教員の多忙感が増している現状において、子どもの豊かな生活世界を回復させていくためには教員自身の変容も求められます。まずは、同僚とともに総合学習のカリキュラムをデザインしていくことが求められるのです。先に述べた愛知県N中学校では、教師が連携して学びの相関図を想定しています。しかし実践の場では、その想定を一度捨てて、子どもと共に学びの体験を創り上げていく実践として展開されています。

「学びは多くの知識や技能を身に付けることではなく、疑問や好奇心に基づいた活動の中で出会う事柄を関連させ、意味づけていくプロセス」（参12）として位置づけ、「子どもが大きく前進する原動力は、授業での子ども相互のかかわりである。子ども相互が活動をすりあわせ、自己を見つめ直しながら自分の成長ととらえる」評価を子どもたちとともに創りあげています。総合学習の展開においても、こうした教員側の「仕組み（構え）」が必要ですが、一方、「仕組まない（構えない）」で子どもの学びの状況に応じて考えながら展開する「反省的実践家」としての柔軟な対応も必要といえます（参13）。

このように第１章で述べましたように、反省的思考の学習過程により「未来を創る力（プロセススキル）」の育成をめざした学びを始めることは可能です。こうした教育原理や方法を取り入れることで、持続可能な発展の教育に向かいます。さらに一九五七年東井義男が「村を育てる学力」（参14）と述べていたことにつながると言えます。また「未来を創る力」の育成は二〇一一年六月に提言された「今後の環境教育・普及啓発の在り方を考える検討チーム〈報告書〉」（二〇一一年七月）で強調され、その哲学は二〇一二年六月に改訂された「環境教育促進法」の基本方針でも導入されています（参15）。

以上の実践事例から、日本における小・中学校、高等学校における環境教育の課題をまとめると次のようになります。

①学校全体でのバランスの取れた教え方をしていくこと。まず小学校中学年（四年生頃）までは子どもの感性や感受性の育成をめざして、身近な校庭や地域の自然環境を活用していくこと、またあらゆる教科に盛り込まれている環境関連の事象と子どもの体験を結びつけて考えることや洞察力を育むこと（生活知の育成）、さらにものごとの原理や因果関係の認識力が育つ五、六年以上で科学的に総合的に理解できるように（科学知の育成）すべきです。そこで小中学校に各教科・特別活動・総合的な学習の時間などの関連性を視野に入れて、カリキュラムを相互調整できるコーディネーターとしての専任教員を配置し、発達段階に配慮した環境教育を展開していくことが不可欠です。

②現在の教員養成大学・学部における各教科理論の指導方法だけではコーディネーター的な資質は育成されないので、「環境」を横断的・総合的にとらえたカリキュラムを構想できる人材育成にむけて専任教員養成の内容、方法を変革していくこと。さらに教員になる学生のすべてに「環境」に関する基礎的な科

目を設置していくことが不可欠です。

③教職大学院や現職教員の免許更新時に環境教育を履修していくシステムを稼働させていくこと。

④生活世界を解釈した知識体系としての科学的知識が存在し、これを子どもの状態に合わせて教育内容を変換する認知的側面だけでなく、「子どもと教師が同じ世界を共有していて、子どもが学習する意味や子どもをとりまく世界の価値や意味を見いだしていく」（参16）学習を支援する教師や学校の役割も変革が求められている、といえます。

こうした学びのプロセスは、持続可能性に向けての教育の理念と基盤を同じくするものです。「人間と自然とのかかわり」や「人間と人間とのかかわり」「家庭－学校－地域のつながり」「自然－人間－文化のつながり」などの子どもを取り巻く生活世界の意味や価値、矛盾を見いだすことにつながり、共生の視野を拓き、学習から行動につなげる、地域に根ざし、地域づくりのためのパートナーシップの重要性を目覚めさせていくと考えます（参17）。

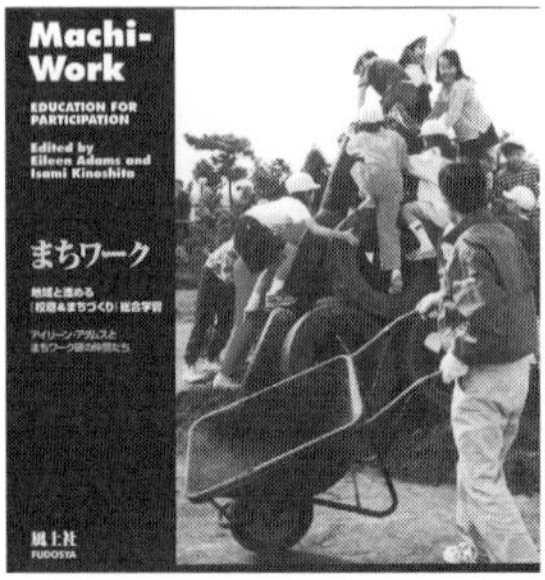

図-9　文献「まちワーク」表紙

■5 地域に拓く参加型学習の展開

「まち」は子どものワンダーランドであり、「学び」の素材にみちています（参18）。「総合的な学習の時間」が導入され、日本では学校や地域で「まち歩き」(streetwork) が活発に行われてきています。これは気づきを喚起する活動で、一九七〇年代はじめイギリスで「まち」は教育の資源で、新しい環境教育の方法として取り入れられ、子どもの学びを地域に開いていくという発想の手法です。Streetwork は日本では体験型まち学習の導入として定着しつつありますが、単なる「調べ学習」で終えていることが多いといえます。研究仲間とまち歩き学習を「学習ワーク」と命名しています（参19）。

まちは子どもが都市的環境について（about）学ぶ場であり、地域のにぎわい、美しさ、潤い、安らぎを得るために何が必要なのか、自分が何を求めているのか、他の人との感じ方の違いを知り、さまざまな価値を認め合いながら生きていく場でもあります。また人間の営みが蓄積されている場でもあり、生きられた空間としての「センス・オブ・プレイス」を高める場でもあります。子どもは自分のまわりの人や場所とのつながりを通して存在の意味を見出し、帰属意識を高めていく。「かかわり」や「つながり」を通して（through）子どもの「内なる自然」を豊かにし、持続可能な地域づくりをめざすことのできる「シチズンシップ」を育成する参加型のまちづくり学習は重要な課題といえます（参20）。

学校知と生活知を統合していく場が「地域」です。探究型学習である「総合的な学習の時間」を系統的な学習としての各教科を統合していく学びのプロセスの文脈に位置づけて、学校だけにお任せではなく、「教育」の主体を子どもや地域の大人に取り戻す契機ではないか、と考えていきたいものです。

変化の激しい時代であるからこそ、地域の記憶を共有し、「場の意味」を媒介として子どもと大人が共に向き合う学びが場に求められているのでしょう。したがって学びの場（空間）は「学校」だけでなく「地域（コミュニティ）」にも広がっていく、といえます（参21）。

参考文献

（1）英国（１９８９）; Curriculum Guidance 7:Environmental Education.UK School Curriculum and Assesment Authility "Teaching Environmental Matters Through the National Curriculum"
（2）和泉良司「新『環境教育指導資料』と各学校での活用に向けて―クロスカリキュラムによる教育課程への位置づけ―。『環境教育』、36（２）、二〇〇七年
（3）山極隆・武藤隆編著「新しい教育課程と21世紀の学校」ぎょうせい、一九九八年
（4）小澤紀美子「教育課程の弾力化への取り組み―環境教育から考える総合的な

学習―」『教育展望』第42巻8号、一九九〇年

（5）小澤紀美子「学校教育における環境教育の実践と課題」『環境情報科学』37－2、二〇〇八年

（6）小澤紀美子「総合的な学習の時間と子どもの参画」子どもの参画情報センター（編）『子ども・若者の参画』、萌文社、二〇〇二年

（7）吉成信夫「子どもの環境教育と地域の再生」『地域再生のまちづくり・むらづくり－循環型社会の地域計画論』（山田晴義編著）、ぎょうせい、二〇〇三年

（8）文部科学省「学習指導要領解説―総合的な学習の時間」〈小・中・高等学校編〉、二〇〇八年・二〇〇九年

（9）ドミニク・S・ライチェン、ローラ・H・サルガニク編著／立田慶裕監訳「キー・コンピテンシー―国際標準の学力をめざして」明石書店、二〇〇六年

（10）梅根悟編「日本の教育改革を求めて」勁草書房、一九七四年

（11）三重県員弁郡教職組合編「いなべの土のなかの教育」労働旬報社、一九六九年

（12）柴田富子「学びの体験を子どもたちとともに創り上げる評価」『総合教育技術』12、二〇〇一年

（13）D．A．ショーン（佐藤学・秋田喜代美訳）「専門家の智恵－反省的実践家は行為しながら考える」ゆるみ出版、二〇〇一年

（14）東井義男「村を育てる学力」明治図書、一九五七年

（15）環境省「今後の環境教育・普及啓発のあり方を考える検討チーム報告書」二〇一一年七月

（16）工藤文三「知の総合化の視点をどう具体化するか」『教職研修』一九九八年九月号

（17）小河原孝生・小野三津子編「つながりひろがれ環境学習」ぎょうせい、一九九六年

(18) 住教育研究会「まちは子どものワンダーらんど―これからの環境学習」風土社、一九九八年
(19) アイリーン・アダムス&まちワーク研究会「まちワーク―地域と進める『校庭&まちづくり』総合学習」風土社、二〇〇〇年
(20) 水山光春・高乗秀明・杉本厚夫「教育の３C時代―イギリスに学ぶ教養・キャリア・シティズンシップ」世界思想社、二〇〇八年
(21) 手島勇平・坂口眞生・玉井泰之「学校という〝まち〟がつくる学び」ぎょうせい、二〇〇三年

第5章　高等学校における環境教育

松井孝夫（まついたかお）
群馬県公立学校教員

千葉大学園芸学部卒（1992 年）
群馬県公立高校教諭（1992 年～）
群馬県立西邑楽高等学校（1992 ～ 1997 年）
群馬県立尾瀬高等学校（1997 ～ 2011 年）
群馬県立中央中等教育学校（2011 年～）

全国高校生自然環境サミット指導委員会 代表理事（2006 年～）ぐんま環境教育ネットワーク 代表理事（2004 年～）片品村誌編集委員会 編集委員（2011 年～）国立赤城青少年交流の家運営協議会 運営委員（2011 年～）奥利根自然センター運営委員会 運営委員（2012 年～）

高等学校学習指導要領解説 総合的な学習の時間編 作成協力者（2008 年～ 2009 年）学校における持続可能な発展のための教育（ESD）に関する研究 実践協力者（2009 年）子どもゆめ基金審査委員会 専門委員（2009 年～ 2011 年）総合的な学習の時間における評価方法等の工夫に関する調査研究居力者 高等学校（2010 年～ 2012 年）群馬大学工学部 非常勤講師（2011 年～ 2013 年）

写真1　尾瀬高等学校

1　自然との共生を図ることのできる人づくり

群馬県立尾瀬高等学校は、普通科と自然環境科（理数科、自然環境コース・環境科学コース）の各学年一学級ずつからなる小規模な学校です（写真1）。

「自然との共生を図ることのできる人づくり」を教育目標に掲げ、ホームステイ制度で全国から生徒を受け入れ、環境問題に積極的に対応できる人材育成を図っています。また、地域の自然をテーマにした学習を通して、愛する郷土のために主体的に関わりが持てる人材を育成しています。

学習の過程では、自然や地域の現在の状況を把握するための観察や調査を中心に行い、その背景を知るために過去（データや歴史）にも注目しますが、近年はESDの視点から、それらの将来について「未来志向思考」を意識するように配慮しています。

2　自然環境科の学び

自然環境科は、七つの環境専門科目（学校設定科目）＝「総合尾瀬」「環境実践」「環境測定」「野外の活動」「環境の保全」「課題研究」「環境情報処理」と、環境学習のための学習スペース＝「自然環境棟」「自然植物園」や、地域の自然環境を学習活動の基盤としています。

環境専門科目は、探究的な学習の中心となるものであり、独特の学習方法を持っています。具体的には、定期考査等で知識等を問うようないわゆるペーパーテストを実施しないことや、黒板や教科書、ワークシートなどを使わないこと、複数教員によるチームティーチングであること、生徒同士の学びあいを重視すること、ほぼ毎月、校外実習を行うことなどが挙げられます。

自然環境棟は、発表やグループワークに適したスペース（教室）、コンピュータや書籍を配置したスペースなどが連続した空間の中に配置されていて、多様な学習スタイルに対応しています。特に黒板を設置していないことが、生徒が主体的に取り組む体験型の学習スタイルを象徴しています。

また、地域の自然を活かした体験型の環境教育に取り組むことに重点を置き、「尾瀬国立公園」をはじめ、「日光国立公園」、上州武尊山、利根川の支流にある片品渓谷などの豊かな自然をフィールドとして活用しています。

そして、主体的な探究活動の確立をめざして、「学習目標・ねらいの明確化」「繰り返し学習」「相互評価・自己評価」をキーワードに、校外での体験学習やグループワーク等での「学び合い」を軸に生徒の意見・評価を取り入れ、カリキュラムを構築してきました。

■3 学習目標・ねらいを明確にする

「どんな学習をするのか」ということは、シラバス等の活用により、多くの生徒が理解できると思います。しかし、「何のための学習なのか」「どのように活用するのか」ということについては、十分に理解していない生徒が多いようです。身に付けた知識や技術を活かすには、自分が学びの成果を活用している姿をイメージさせることが大切であると考えています。

環境教育は、自ら課題を見付け、学び、考え、主体的に判断し、行動し、問題を解決する資質や能力＝生きる力の育成と結び付けることが重要とされています。また、理数科は、問題を発見してその解決を図り、結論を得るまでの一連の過程、つまり「事象を探究する過程」を通して、科学的に考察し、表現する能力と態度を育て、創造的な能力を高めること等を目標にしています。

そこで自然環境科では、環境学習の重点項目として次のことを掲げています。

①多様な自然や人に接し、興味を持ち、課題を発見する。（一～三年）
②多様な自然や人の価値観に接し、ものごとの多面性を理解する。（一～二年）
③自分の考えを持つ。状況に合わせた判断をする。討論する。（二～三年）
④インタープリテーション（自然解説）、プレゼンテーション能力を高める。（三年）

写真2　校外学習

これらの目標・ねらいを年度当初だけでなく、何度も確認しながら学習を進めていきます。

■4　繰り返し学習のスタイル

このため、学習成果（知識や技術等）を活用する機会を繰り返し与えています。

例えば一年次では、校外実習を軸に次のような授業を展開します。

①校外実習（自然や外部講師からの知識や技術等の情報収集、写真２）
②実習のまとめ（概要・課題をノートに整理）
③情報確認リスト作成（校外実習の学習項目を時間順に整理）
④情報確認（校外実習で同じ班の生徒と学習内容の確認。③を活用）
⑤情報レポート（Ａ４サイズ二枚、様式自由）
⑥情報交換リスト作成（校外実習の学習項目を五十音順に整理）
⑦情報交換（校外実習で別の班の生徒と学習内容の交換。⑥を活用）
⑧まとめノート（オリジナルの図鑑作成）
⑨課題設定シート（実習地の特徴、疑問や研究課題をピックアップ）

写真3　プレゼンテーション（課題研究）

⑩課題発表（他の生徒と研究課題を共有）

このように、校外実習で得られた情報は③～⑧の過程で記述や口頭説明により五回は活用することになります。また、②⑨⑩の過程では研究課題について繰り返し考えることになります。

二年次では、動植物や水質、大気等の自然環境調査の結果を次のような流れで活用します。

①データ整理（グループ）
②個人考察
③グループ内討論
④クラス内討論
⑤個人レポート（最終的な個人考察）

三年次のインタープリテーションは、入学したばかりの一年生、小学生や中学生、専門家を対象とした機会を設定しています。プレゼンテーション（写真3）は、研究成果だけでなく、計画や中間報告なども含めて、年間に七回以上実施し、下級生や外部への発表の機会も設定しています。学習の成果を繰り返し活用しているのです。

■5 学び合いと相互評価・自己評価

繰り返し学習の中では、生徒同士が互いの姿をみて真似したり、指摘し合って質を高めたりする機会がたくさんあります。発表・討論を繰り返す中で生徒は「学び合う」ことを自然に身に付けていき、また他者を評価する過程を通して、正しく自己評価する能力も高めていきます。

三年生や級友の活動を注意深く見ることで、自分がどのように活動すればよいのか、具体的にイメージできるようになります。また同じ過程を繰り返すことで、自分がどのように学習すれば、よりよく改善されるのか、理解できるようになります。そして、自分自身を正しく評価し、自分の成長を自分で確認でき、学びの楽しさ（充実感）を実感するようになるのではないでしょうか。

目的やねらいを理解し、自らの行動を自らが決め、その過程を正しく自己評価できるならば、学習過程がスパイラルアップのサイクルになり、主体的な探究活動が成立すると考えます。

■6 発展的な体験活動・探究活動

授業における学習に加えて、「調査・研究」と「交流・体験」の活動を一層深化させるために、外部連携により年間一〇〇講座以上の「環境関連行事」を主に休日に実施しています。積極的に参加する生徒は「理科部」に所属し、行事当日だけでなく、事前の準備や事後のまとめに多くの時間をかけています。

「調査・研究」の柱は、尾瀬や武尊山、片品川などの地域の自然を対象としたモニタリング調査です。信頼できるデータを得るために、多くの活動で大学教授などの専門家による指導を受けています。

「交流・体験」の柱は、自然環境科卒業生の会（略称：G－nec）や地域と連携して毎月実施しているネイチャークラブです。小さな子どもとともに、地域の方から生活の知恵や伝統文化、自然農法等について体験を通して学ぶ活動であり、世代を超えた交流を図ることもねらいの一つにしています。

「調査・研究」「交流・体験」ともに、自然や地域をテーマに活動することで、その「良さ」に気づくことができます。また、多くの大人と接することで、自分の在り方・生き方についても考えることができます。

正課の授業内容を発展させた体験活動を繰り返し行う課外活動を通して、授業で学習していることが、自分の「今」や「将来」に活かされていることに気付き、主

写真4　身近な水質調査（発表風景）

体的な学びへと繋げることができるでしょう。

■７ 地域から全国、そして世界へ

地域の自然環境調査を軸足に、自然や地域の良さを伝える活動を継続する中で、生徒の意識は地域から全国、そして世界へと広がってきました。

例えば、「調査・研究」の代表的な活動である「身近な川の水質調査」（写真４）では次のように広がりを見せました。ある調査地点の水質が、なぜそのようになっているのか考えた時、その地点の上流を調べることになりました。そして最上流にたどり着くと、新たにその支流を調べることで、その原因を突き止めることができました。やがて生徒の興味・関心は、下流域に移り、さらには他の河川、県内全域というように広がりました。そして、自分で調べることの限界に近づく頃には、他者が調べた結果や研究内容に関心を示し、他の高校生の研究、そして大学や研究機関の研究、さらに海外のことも、というように視野を広げていきます。

「交流・体験」の活動も同様な広がりを見せます。毎年のように来校する海外からの視察団、マレーシアへの修学旅行の実施、また環境関連行事の講座を通して頻繁に海外での活動に触れる機会があったためか、海外研修に意欲的な生徒もいます。その中には、地域代表として、あるいは日本代表として、活動に参加した者もいます。

■8 自然環境科一五年の成果と今後の展望

自然や地域を題材とした体験的・探究的な活動を通して、「課題発見」「問題分析」等の力を高めてきた結果、理科研究の分野において顕著な成果をあげてきました。さらに、自然保護の啓発活動に対しても多くの表彰をいただいています。

こうした学校外からの評価は、生徒や職員の活動意欲を高める一助となっていますが、最も大切にしたいのは「生徒自身による評価」や「卒業生の活躍」です。「高校時代に身につけたもの」は、多様な人々との関わりの中で磨いてきた「コミュニケーション能力」や「自己表現力」であり、その中心は「インタープリテーション」や「プレゼンテーション」で心掛けてきた「ホスピタリティ」の精神であることが卒業文集からうかがえます。それは、「いつか役に立つ」といった学習成果ではなく、自らの実感として「今」役立っていると感じていたからだと思います。

卒業生の活躍は、尾瀬高等学校の最も大きな成果です。全国唯一の自然環境科の卒業生は愛校心が強く、二〇〇〇年に「自然環境科卒業生の会（G－nec）」を結成し、卒業生同士の連携や母校への関わりを続けています。二〇〇一年からは、「自然遊び、畑づくり、伝統文化」などをキーワードにした体験活動「G－n e c ネイチャークラブ」を、地域住民等を対象に毎月実施しています。

卒業生は、授業や課外活動での「講師」としても活躍してくれます。自然観察会

写真5　G-necネイチャークラブ

や自然環境調査、地域の住民を対象とした「学校開放講座」等の自然環境科関連の活動はもちろんですが、在校生の進路相談、卒業生講話、学習合宿での学習指導など、様々な場面で多くの卒業生が遠方からも駆けつけてくれます。こうした支援は、自然保護に関わる分野で働く者や、大学で専門的に学ぶ者が徐々に増えているからこそ出来ることです。生徒は、卒業生と接する機会を通して、その活動意欲を高めることができます。そして活動意欲の高まりが「自ら学ぶ力」を身につける一歩になっていると思います。

このように、自然環境科の今後の発展には、これまで取り組んできた「外部連携」に加えて、「卒業生との連携」（写真５）を強化することが不可欠と言えるでしょう。

今後も生徒、地域住民、卒業生による「プログラム評価」を活かし、たゆまざる「修正」を加えつつ、時代のニーズに合わせた教育を展開させていくことと思います。

■９　全国高校生自然環境サミット

自然環境をテーマにした環境教育に取り組んでいる高校が、全国にはたくさんあります。これらの高校の代表生徒が集まって、「全国高校生自然環境サミット」を二〇〇〇年から毎年夏に開催しています。

写真6　全国高校生自然環境サミット

きっかけは、一九九九年の「自然公園大会」が佐賀県で開催された際、環境教育に取り組む四つの高校が集まり交流するイベント「高校生の自然と環境サミット」に招待されたことでした。これは佐賀県の唐津北高校（現唐津青翔高校）が中心となって開催したもので、尾瀬高校の姉妹校である高知県の四万十高校も招待されました。このイベントに参加した生徒や引率教員が「もっと交流したい」「他校の取り組みを知りたい」といった感想を持ち、帰校後すぐに「全国の高校に呼びかけて、交流会を開催したい」と校長に提案しました。そして翌年、四万十高校や唐津北高校、千葉県の小金高校などの協力により、一五校の参加を得て「第一回高校生自然環境サミット」を開催することができました。

二泊三日のサミットは、生徒が企画・運営し、地域の協力を得て、成功を収めました。このサミットでは、尾瀬高校生がリーダーになり「吹割の滝」や「尾瀬ヶ原」を会場に自然観察を実施し、日頃の学習成果を披露しました。また啓発活動のトレーニングとして、参加者がいくつかのグループに分かれてネイチャーゲームを実施し合いました。そして夜遅くまで、多くの学校と交流を深めようと、互いの学習方法等について情報交換をしました。

二〇〇一年からは、四万十高校（高知県）、屋久島高校（鹿児島県）、標茶高校（北海道）、辺土名高校（沖縄県）、唐津北高校（佐賀県）などに実行委員会を引き継ぎ、二〇一一年には「第一二回全国高校生自然環境サミット」（写真6）として、尾瀬の地で開催しました。

サミットでは、生徒がその学校（地域）らしさを全面に出して企画・運営することで、それぞれの自然や地域の良さを再認識する機会にもなっています。

現在は「全国高校生自然環境サミット指導委員会」を設立し、基本的な実施要項を次のように定め、生徒による実行委員会の指導に多くの学校の教員が関わっています。

全国高校生自然環境サミット実施要項

●趣　旨

環境学習に積極的な取り組みをしている全国の高等学校の生徒が、「自然との共生」をメインテーマとして、自然との豊かなふれあいを体験し、自然と人間との関わりについて考える。

●基本方針

①開催地のすばらしい自然環境を舞台に、雄大で美しい景観に触れ、自然の逞しさや優しさを体験するとともに、自然と人間とのかかわりについて考える機会とする。

②高校生が自分たちの体験をもとに、環境学習の在り方について意見を出し合い、情報交換の場とする。
③高校生が、その主体的な実践活動の場として、手作りのイベントを計画・運営する。

●日　程

一日目　開会行事、フィールドワーク、ワークショップ
二日目　フィールドワーク、ワークショップ
三日目　ワークショップ、自然環境宣言、閉会行事

●参加校及び実行委員、サポートスタッフ

参加エントリーした高等学校（開催校含む）より一五校を選出し、参加校とする。一校の参加者は、生徒三名、引率一名とする。また、開催校の生徒とともに計画や準備の段階から関わってもらえる人を参加校及び参加校以外の高等学校からも募り、実行委員とする。なお、当日の運営の補助としてサポートスタッフを募集する。

●交　流

サミットの開催日までに、各学校の取り組んでいる環境学習等についての事前交流（ブログや電子メールなど）を行う。また、サミット終了後も継続的な交流（情報交換など）を行う。このサミットは、高校生が計

画・運営するもので、事前から高校生同士が交流することが大切であることから、問い合わせなども原則として高校生が行う。

■10 発展・進化するサミット

開催当初は、雄大で素晴らしい自然環境を有する地（尾瀬、四万十川、屋久島、北海道など）での開催が続きましたが、その後は、里山や都市部、社寺林などの多様な自然環境も積極的に取り入れるように配慮してきました。佐賀では、有明海や玄界灘の他に、棚田にも注目しました。棚田の上から海を眺めて、またカヌーで海の上から棚田を見上げ（写真７）、そのつながりを学習しました。福岡では里山や埋め立て地（開発地域）、干潟などを、東京では明治神宮や都市公園を訪問し、また都庁の展望室から社寺林や屋上緑化の様子等も学習しました。いずれも、その環境に合わせた自然があることを知り、また人との関わりについて考えさせられました。近年はビオトープを活用している参加校も多くなり、二〇一二年には、いずみ高校（埼玉県）でビオトープを活用したサミットを開催しました。

これまでのサミットでは、多くの外部講師に関わっていただきました。第一回の尾瀬ではＣ・Ｗ・ニコルさん、屋久島では野口健さん、北海道では立松和平さんに

写真7　棚田からの海

講演してきただきました。その後は、その地域で活躍している地元の方が講師としてふさわしいという方針を指導委員会が出して、それに沿った形で講師等を依頼しています。講師等への依頼も実行委員会の生徒が中心となって行うと、高校生の思いに応えて講師が都合を付けて下さり、またその思いが高校生にも伝わっていると感じています。

各学校の学習内容の発表は、パソコンを使ってのプレゼンテーションやポスターセッションの他、フィールドワークで自らが学んできたことを直接伝える「インタープリテーション」を行う学校も増えてきました。また「食」に関しても、こだわりが感じられます。地域の食材を活用することで、食と命と環境のつながりを実感させられます。生徒がメニューを考え、こだわりの食材を持ち込んだり、宿泊施設に細かく注文したり、自ら収穫して食べたりした例もあります。それから「水」にも関心が高く、水質測定や浄化の実験をしたり、水の中に入ったりする活動が少なくありません。

そして、最終日の「自然環境宣言」は、当初は時間をかけて全体で一つの宣言文を採択していましたが、現在は、各学校単位で、環境学習のリーダーとして今後どのように行動すべきか、具体的な活動計画などを宣言として発表し、他の参加者に決意表明して解散するという流れになっています。

■11 思いを引き継ぐ（サミット継続の秘訣）

このサミットが順調に回を重ね、継続していることの要因の一つに、同じ思いを持つ教員の組織「全国高校生自然環境サミット指導委員会」の存在があります。八月のサミット開催時に総会を、一二月と三月に理事会を東京で開催しますが、遠方にもかかわらず多くの先生方が参加してくれます。サミット開催後の反省や次年度の方針の検討に多くの時間をかけますが、総会・理事会に引き続き行う情報交換会では、さらに多くの時間をかけて、各学校の成果や課題などについて本音で話し合います。このことが、各学校で生徒を指導する際に大いに役立っていると感じます。

また、継続していることの最大の要因は、毎年メンバーが替わる実行委員会の生徒の意欲の高まりであると考えます。実行委員会の中心メンバーは、前年のサミットに参加者として、あるいはオブザーバーとして、その運営等をよく観察しています。最初は運営している実行委員を見て「凄いな。自分たちに出来るのかな」など思いながらも「高校生でも出来るんだ」ということを実感します。そして、自分たちが運営する時には「こういう風にしたい」、「こんなことを伝えたい」、「今年よりももっと良いものにしたい」などと思うようになり、モチベーションを高めています。

サミット最終日の閉会行事では、実行委員会から次の開催校へのバトンタッチのセレモニーがあります（写真8）。このときに、書類や印鑑などの引き継ぎだけなく、高校生の「思い」が強く引き継がれてゆくのだと思います。

写真8 「思い」を引き継ぐサミット

■12 環境教育に積極的な全国の高等学校とのネットワーク

最後に、これまでのサミット開催校を中心に、各学校の特色を紹介します。

高知県立四万十高等学校は、自然環境コース（普通科）を設置しており、高知県の環境教育の中心的な役割を担っています。尾瀬高校とは一九九七年に姉妹校提携し、積極的に交流しています。「四万十概論」「森と川と海」「郷土料理」「自然体験」「観察測定」「環境科学」など多様な学校設定科目を中心に、環境問題や地域の活性化に取り組んでいます。また、生徒による自主活動チームとして「WZF若武者絶対増やす実行委員会」「結の森妖精チーム」「四万十川を守り隊」などがあり、これらのグループがそれぞれの目的のために積極的に活動しているのが、四万十高校の魅力の一つだと思います。寮（木の香寮）があり、尾瀬高校同様に全国から生徒を受け入れています。

北海道標茶高等学校は、農業・食料・環境の総合学科として、地域環境コースなどを設置し、「環境概論」「環境ガイド」「環境と産業」など特色ある環境科目を開設しています。スーパーネイチャーハイスクールとして、ビオトープ等を活用した環境学習プログラムの開発を行う他、釧路湿原再生プロジェクトなどの様々な活動に取り組んでいます。全国一の広さを誇る二五〇ヘクタールの校地には、軍馬山の森林や寮（黎明寮）があり、遠方からも生徒を受け入れています。

佐賀県立唐津青翔高等学校は、玄界灘に面し、海の四季を体感できる恵まれた環境にあり、佐賀県唯一の環境系のコース（地域文化・環境コース）を含む四コースを設置（二〇一一年度より総合学科）しています。「郷土の山・川・海」「海洋生物と環境」「環境調査」「環境情報処理」「自然観察実践」「環境の保全」など、多数の環境科目を開設しています。また、科学部活動として、「環境部」があり地域の自然環境についての研究などを行っています。

沖縄県立辺土名高等学校は、やんばるの麓に位置し、環境科（理数科）を有する学校です。「野外の活動」「環境課題研究」「環境測定」「やんばるの自然」「マリーン実習」などの環境科目があります。外部連携も盛んで、自治体、企業（コカ・コーラなど）との連携により「やんばる環境祭」などを実施しています。

最後に東京の目黒学院が活動している中目黒公園を紹介します。二〇〇二年に完成した目黒区では四番目に大きな公園です。この公園には多くの地域住民が計画段階から関わり、現在も「いきもの池」「みんなの花壇」などの施設を、地域住民からなる複数のグループが主体となって管理しています。目黒学院は、この公園のメディアボード（掲示板）を活用して情報発信したり、公園のお祭に参加したりしています。コンパクトなスペースの中に多様な環境があったり、様々な人との関わりがあり、高校生が地域住民の一人として活動できることに意義があると思います。

この他、近年のサミットには、埼玉県立いずみ高等学校、福岡県立柏陵高等学校、東京都の獨協中学・高等学校、群馬県の樹徳高等学校、福岡県立福岡魁誠高等学校、福岡県立遠賀高等学校など、多様な高校が参加しています。また、近年は「高校生環境サミット」を主催する東京都立つばさ総合高等学校との連携も進めています。

これらの学校との「ネットワーク」がサミットの財産であり、質の高い多様な環境教育を提供するために、重要な役割を担っています。

第6章　科学系博物館における人材養成の現状と課題

小川義和（おがわよしかず）
国立科学博物館学習企画調整課長・
筑波大学客員教授

1982年筑波大学生物学類卒。82年埼玉県公立高校教諭。91年国立科学博物館教育普及官、経営計画室長、学習課長、2009年より現職。その間、ニューヨークのアメリカ自然史博物館インターン、東京学芸大学大学院連合博士課程学校教育学研究科学校教育学専攻修了。博士（教育学）。学習指導要領（中学校理科）作成協力者、日本学術会議「科学技術の智」プロジェクトメンバー、日本科学教育学会理事、日本ミュージアムマネージメント学会理事。筑波大学大学院・東京大学等の非常勤講師。専門：サイエンスコミュニケーション、科学教育、博物館教育、生涯学習の観点から人々と科学との関係性を探っている。著書：「博物館で学ぶ」（共訳：同成社）、「展示論」（共著：雄山閣）、「サイエンスコミュニケーション　科学を伝える5つの技法」（共著：日本評論社）、「サイエンスコミュニケーション」（共訳：丸善プラネット）、「小学校理科教育法」（共著：学術図書），「教師のための博物館の効果的な利用法」（共著：東京堂出版）等。

■はじめに

川島みなみが入院した夕紀の病室で悩んだこと。あらゆる組織において、共通のものの見方、理解、方向づけ、努力を実現するには「われわれの事業とは何か。何であるべきか」を定義することが不可欠である。これはある小説の一節を引いたものです。川島みなみという高校生が、夕紀という高校野球部の元マネージャーが病気で入院することになったのでその代わりにマネージャーをすることになった。川島みなみはマネージャーがどういう仕事なのか。本屋でドラッカーのマネジメントを薦められるんですね。『もし高校野球の女子マネージャーがドラッカーの「マネジメント」を読んだら』にこのフレーズが出てきます。これはドラッカーというマネジメントの神様と言われている人が書いていることを引用しています。女子高生がこれを読んで、これはどういう意味なんだろうということで、元マネージャーに相談している場面が出てきています。野球部は何をするところなのか。野球部は野球をすることです。では野球部は何であるべきなんでしょう、ということを悩んでいます。例えば大学とは何でしょう。大学は、何であるべきでしょうか。鉄道会社の事業は何でしょうか。人をある特定の所まで安全に、確実に運ぶということをやっていますが、その事業とは何なのか。また何であるべきか、ということですね。これから博物館の話をしますが、博物館の事業とは何か。何をやっているのか。何であるべきか、今後どうするべきか、ということを考えていきます。

1 博物館とは

博物館とは、資料の収集、整理・保管、調査研究とそれらの成果を活かした展示や教育活動の各機能を持つ社会に開かれた施設です。資料を集めてそれを研究し、整理し、その展示をしていく施設を博物館と言います。皆さんの中にも、個人的なコレクターという方はいると思います。自分で物を集めて、そのまま部屋の中で、一人で楽しんでいたら博物館ではないですね。個人的なコレクションは博物館とは言いません。一般の人が見られる状態にして、博物館としての基本的機能が成り立ちます。資料を集め、調査研究し、一般に公開するのが博物館です。そこから考えると一六八三年のイギリス、オックスフォードの博物館が最初の公共博物館、一般に開かれた博物館になります。

さて、動物園は博物館ですか？　動物園が博物館だと思う人……何人かいますね。博物館じゃないと思う人。……ちょっと理由を聞きたくなりますが、何でそう思うのでしょうか。【質疑応答】

今の意見は、「生きたものを見せるところだから博物館とは違う」のでは、ということですね。博物館は資料の収集保管を行うと書いてありますが、資料には生きたものも含めます。動物を集めて、保管するということは、育成するということも含みますので動物園も博物館。水族館も同じ理由で、広い意味で博物館と言えます。図書館はどうでしょうか。本という資料を集めて整理して、調査研究して皆に見せていますね。貸し出したりしています。ディズニーランドはどうですか。ウォルト・ディズニーに関する資料を集めて展示をしていますね。調査研究をしているかわかりませんが、一般に展示公開していますね。

■2 博物館の定義

日本では博物館法（資料1）という法律があります。この法律に基づいて博物館が定義されています。そこには「この法律において博物館とは、歴史、芸術、民俗、産業、自然科学などに関する資料を収集保管し（育成を含む）……」と書いてあります。先ほど、動物園は博物館じゃないという意見がありましたが、ここで育成を含むと書いてありますので、動物園や水族館や植物園を含んでいます。一方、国際的な定義（資料2）は、「博物館とは社会とその発展に貢献するため、有形、無形の人類の遺産とその環境を研究、教育及び楽しみを目的として、収集、保存、調査・研究、普及、展示する公開の非営利の常設機関である」としております。この

博物館法

第2条　この法律において「博物館」とは、歴史、芸術、民俗、産業、自然科学等に関する資料を収集し、保管（育成を含む。以下同じ。）し、展示して教育的配慮の下に一般公衆の利用に供し、その教養、調査研究、レクリエーション等に資するために必要な事業を行い、あわせてこれらの資料に関する調査研究をすることを目的とする機関……規定による登録を受けたものをいう。

資料1　博物館法の定義

国際博物館会議

(International Council of Museums：ICOM)規約第3条

（仮訳）博物館とは、社会とその発展に貢献するため、有形無形の人類の遺産と環境を研究、教育及び楽しみを目的として、収集、保存、調査・研究、普及、展示する公開の非営利の常設機関である。

資料2　国際博物館会議の定義

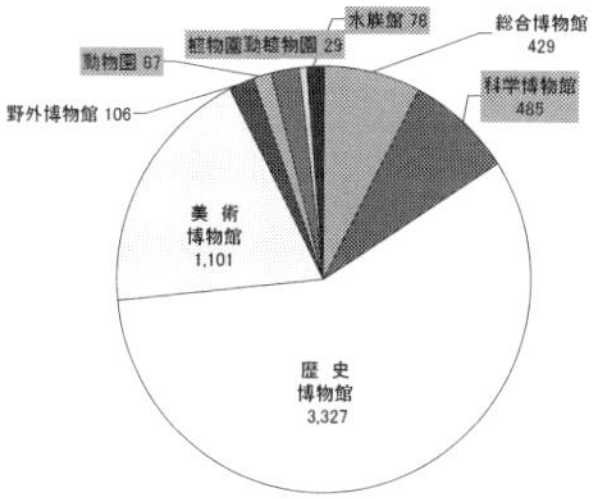

図-1　2008 年度種類別博物館数（類似施設を含む）
（2008年度社会教育調査より）

定義は意味が広くて、集める資料は有形無形ですから、形のない物でもよいのです。極端に言うと、踊りや祭り、そういうものを扱っている施設も博物館だということです。例えば祭りの様子をビデオに撮って、保存し、研究をしています。これも広い意味で博物館に入るのです。非営利的常設機関とは、儲けないということです。そうするとディズニーランドは金儲けを目的としていますので営利的な組織ですね。博物館ではありません。また数年前の名古屋万国博覧会やデパートでの～展とか、博物館みたいな展覧会をしていますね。しかしこれらは常設ではないので博物館ではありません。数ヶ月経つと無くなります。博物館は常にあり、営利を目的としない施設を言います。

3　世界の博物館

博物館は扱う資料によって分類できます。総合博物館は、いろんな資料を扱います。自然科学の資料を扱う科学博物館、歴史関連のものを扱う歴史博物館、その他に、美術博物館、野外博物館、動物園、植物園、動植物園、水族館があります。文部科学省の社会教育調査の分類基準によれば、九つの種類に分けられます（図－1）。

総合博物館を紹介しましょう。これは、神奈川県の平塚市の博物館です（写真1）。地域に密着した博物館です。例えば岩石の展示では、展示された岩石は平塚

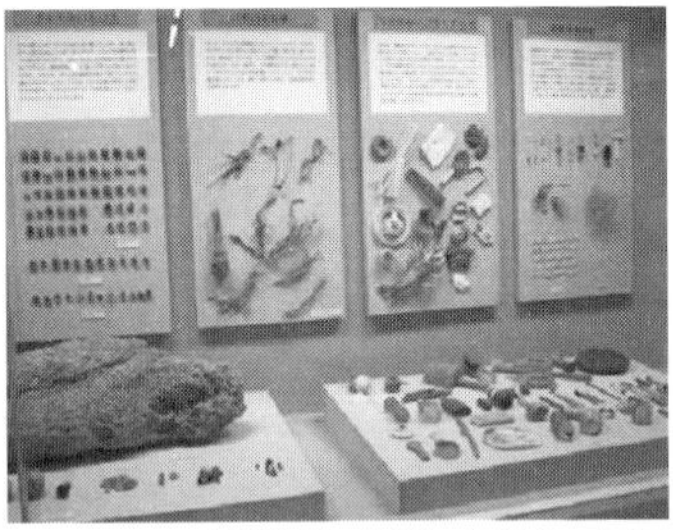

写真1　平塚市博物館　海岸の漂着物の展示

写真2　アメリカ自然史博物館ローズセンター

市のどこに使われている石なのかを提示しています。市役所の車止めにはなんという石が使われているかとか、どこの階段に使われているとか。身近なところにどんな石が使われているかということが展示されていて、面白い展示だなと思います。またビーチコーミングと言う海岸に流れ着いたものをとってくる。それは学芸員だけではなく、一般の人が拾って来たものを、学芸員が仕分けをして分類して展示しています。生き物の殻というものもありますが、最近ではこういうプラスチック製のものとか、釣り針だとか、そういうものが落ちていて、これが魚に悪い影響を与えているということがあります。こういうものを市民と協力して分類して展示をしています。

次に科学博物館です。これは私が四ヶ月間ほどインターンで勤めていたアメリカの自然史博物館です。恐竜が展示されている世界最大級の自然史博物館です。ナイトミュージアムで非常に有名になった博物館ですが、大きい球体のプラネタリウムを含むローズセンターがあります（写真2）。これはプライベートな寄付によって作られました。ローズ財団から寄付されており、当時のお金で二四〇億円ぐらいだったと思います。それでこの建物が全部建ったのです。こういう大きな博物館でも、たった一〇人くらいの子ども達を集めてプログラムを展開している事例があります。親子で参加する自然科学のプログラムを紹介します。プログラムは年齢別になっており、火曜日の午前中、午後、水曜日の午前中というようにクラスがいくつ

写真4　野外博物館スカンセン

写真3　ヴィクトリア&アルバート美術館の建築
（参加した92の名前が印刷されている）

かあります。私の家族が参加していますが、下の子が四歳だったので参加できて、上の子は七歳でしたが特別に参加させていただきました。午前中のクラスは、最初に朝食を摂ります。それから実験や観察をして、八週間続けて何かプロジェクトを完成させます。このときは熱帯雨林というテーマだったので、自分たちで最後に箱庭みたいな森を作ってそれで発表会を行いました。

次は美術館を紹介します。ヴィクトリア&アルバート博物館です（写真3）。一八五一年にこの美術館を中心に世界最初の万国博覧会が開かれました。ロンドンで世界最初の万国博覧会が開かれて、その跡地に美術館が出来ました。ここに万国博覧会に参加した国の名前が全部出ています。この博覧会を開催した時にいろいろなものを集めました。その集めたものを活用して、博覧会が終わった後に恒久的な施設を作り、博物館になりました。ロンドンのこの地域には、万博の跡地にできた科学博物館もあります。日本でも大阪万博というものが今から四〇年ほど前にありました。大阪万博終了後に、今は国立民族学博物館が建っています。これも博覧会が終了した後に、恒久的な施設として博物館ができた例と言えます。

写真4は世界最古の野外博物館です。スウェーデンのスカンセンという野外博物館です。スウェーデンの人たちが一日ピクニックをして楽しむような施設です。動物園があります。それからフィンランド、スウェーデン、ノルウェーの北部のラップランド地方の建物を復元してあります。

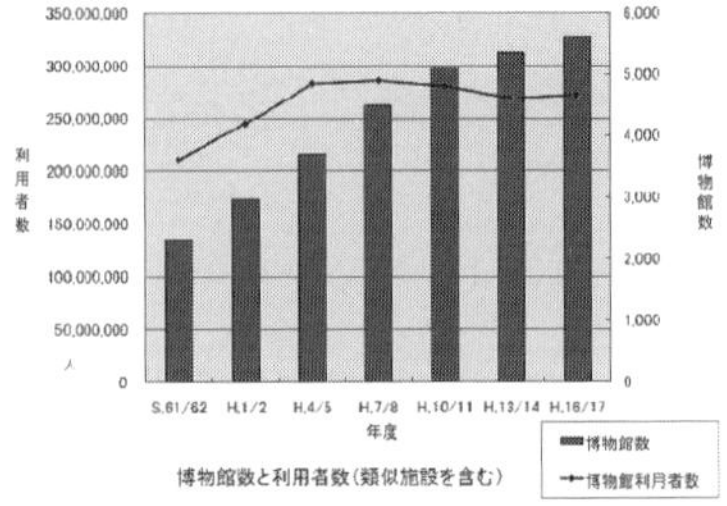

図-2　日本の博物館数と利用者数

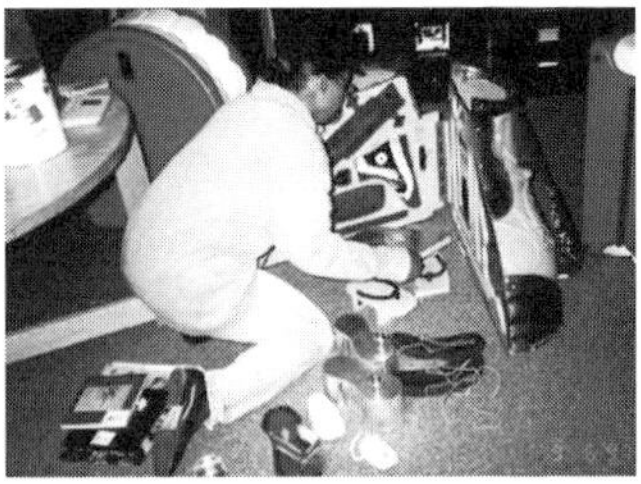
写真5　ブルックリン子ども博物館の貸し出し標本箱

世界最初の子ども博物館は、一八九九年に設立されたニューヨークのブルックリンにある子ども博物館です(写真5)。学校に貸出すキットがありますが、例えば靴という貸出標本箱だったら靴の形をしている。靴の貸出標本箱には、スニーカーや下駄が入っていたりして、色んな民族の靴が入っています。それを学校に貸し出して、子ども達に世界の様々な靴を見せて、文化の多様性を理解してもらうことが一つのテーマになっています。

4　日本の博物館の現状

日本にはどれくらい博物館があるのでしょうか(図－2)。このグラフにありますが、歴史博物館が三三二七、美術博物館が一一〇一、科学博物館は四八五、総合博物館は四二九、となっており、全部足すと五七五〇程度あります。科学系の博物館は、科学博物館、水族館、動植物園、植物園、動物園、野外博物館、先ほど紹介した野外博物館の中に動物園が入っている場合もあります。総合博物館の中にも自然科学の資料を扱うものもあるかもしれません。

入館者数ですが、博物館の数と入館者数を統計的に見たものです。一九八六(昭和六一)年から三年ごとに統計を取っています。博物館の数は年ごとに少しずつ増えてきております。入館者数は、二億八〇〇〇万ぐらいでもう頭打ちです。日本の

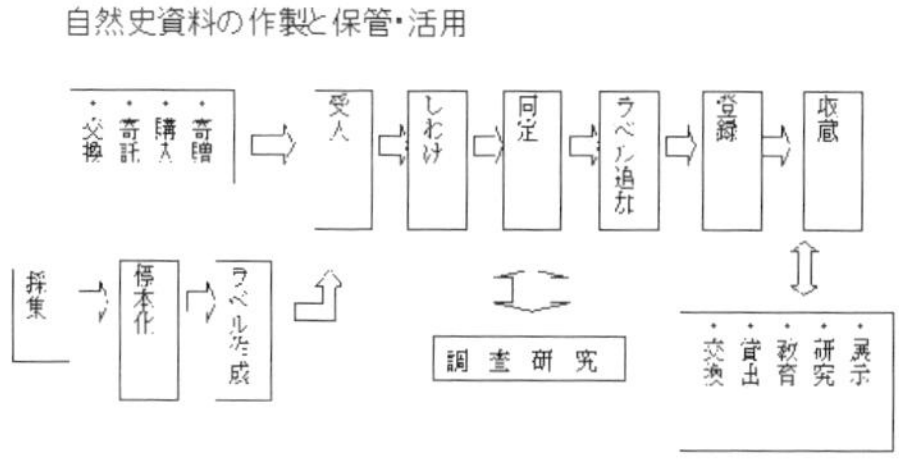

図-4　博物館における資料の収集保管事業

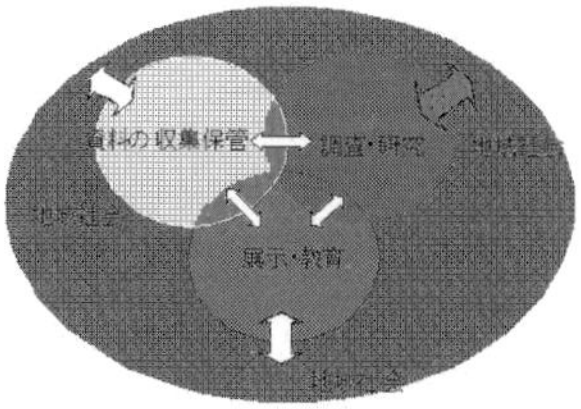

図-3　博物館の基本的機能

総人口は一億二〇〇〇万人くらいですので、国民一人が年間二～三回程度行っているということになります。博物館の数は増えるのですが、入館者数は増えないので、一館当たりの入館者数は減ってきています。そこが博物館の大きな課題です。

■5　博物館の基本機能と具体的活動

基本的機能を振り返ってみましょう（図－3）。最初に説明した博物館の定義ですが、資料の収集保管と調査研究、そして展示教育を行っているのが博物館です。それは先に述べた平塚市の博物館と同様に、地域社会と結びつきがあります。当然展示教育をするのは地域社会と結びつきがありますけれども、平塚市博物館の場合は、資料を収集するのに学芸員だけではなくて一般の人にも収集してもらいます。調査研究するのに、例えば海岸で拾った物を分類するに当たっても学芸員一人だけじゃなくて、他の人とも一緒に行っています。調査研究や資料の収集においても地域社会と関係があります。

国立科学博物館の場合も調査研究、資料収集、そして展示教育という三つの機能を持っています。ここでは主に資料収集の話題を取り上げます（図－4）。五年間で二〇万点の資料を充実するということを国民に約束していますので、五年間で二〇万点増やしています。一年間で四万点以上増やす。資料はどのように集めるか

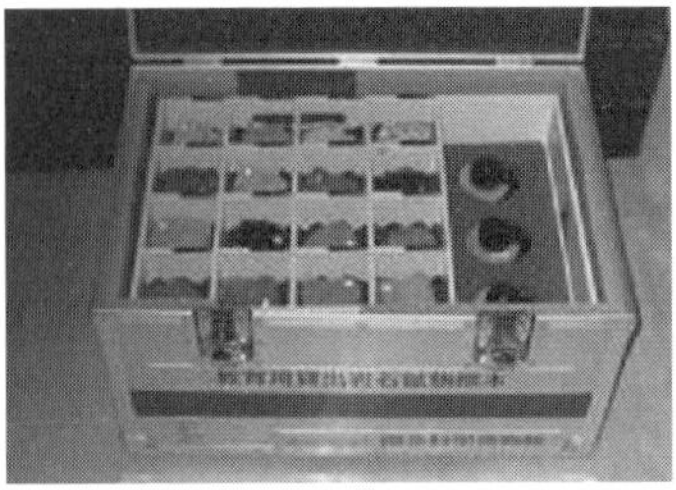
写真6　国立科学博物館貸し出し標本
（化石レプリカ製作セット）

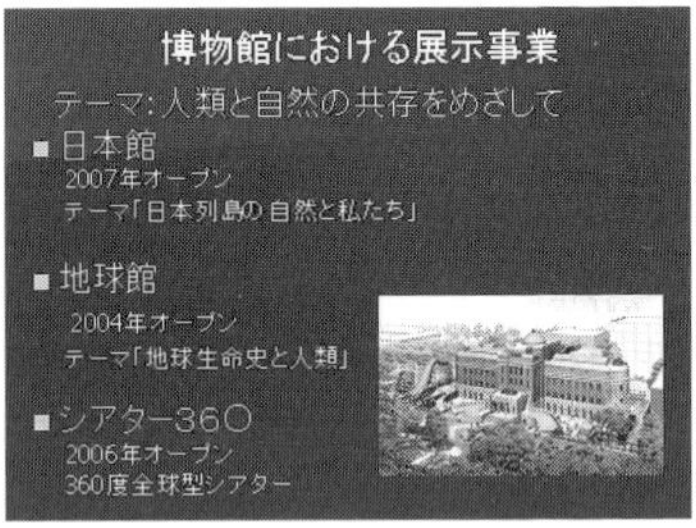

図−5　博物館における展示とテーマ

というと、寄贈、購入、博物館同士の交換、採集等です。採集した植物をそのままにしておくと枯れたり腐ったりします。そこで動物は剥製に、植物は腊《さく》葉標本と言って水分を抜いて、葉を薄くして平らにして、押し葉にします。きのこは新聞紙にくるみ、乾燥させて乾燥標本にします。という具合に標本の製作方法が色々ありますが、この過程を標本化と言います。標本にしてラベルをつけます。いつどこで何がとれたかということを書いてあるのがラベルです。標本化された資料を博物館に受け入れをして、仕分けをして、同定します。同定はすごく重要なことですが、これが新しい種なのか、今まであったものなのかを見極め、定める作業です。そしてそれを登録します。ここまでの作業を五年間で二〇万点やりなさいということです。そこら辺にある石を二〇万個拾ってきて、できました、というわけにはいかないのです。学術的価値を調べて二〇万点にしなきゃいけない、ということです。標本にはラベルが付いていますので、研究さらには展示・教育で使われます。

展示事業は、国立科学博物館には日本館と地球館とシアター三六〇という展示施設がありますが、展示にはそれぞれテーマがあります（図－5）。テーマを持って資料を並べることを展示というのですが、「日本列島の自然と私たち」「地球生命史と人類」というようなテーマをかかげて展示をしています。常設展だけではなくて特別展も行っています。

教育事業としては学校との連携があります。大学パートナーシップ、教育用標本

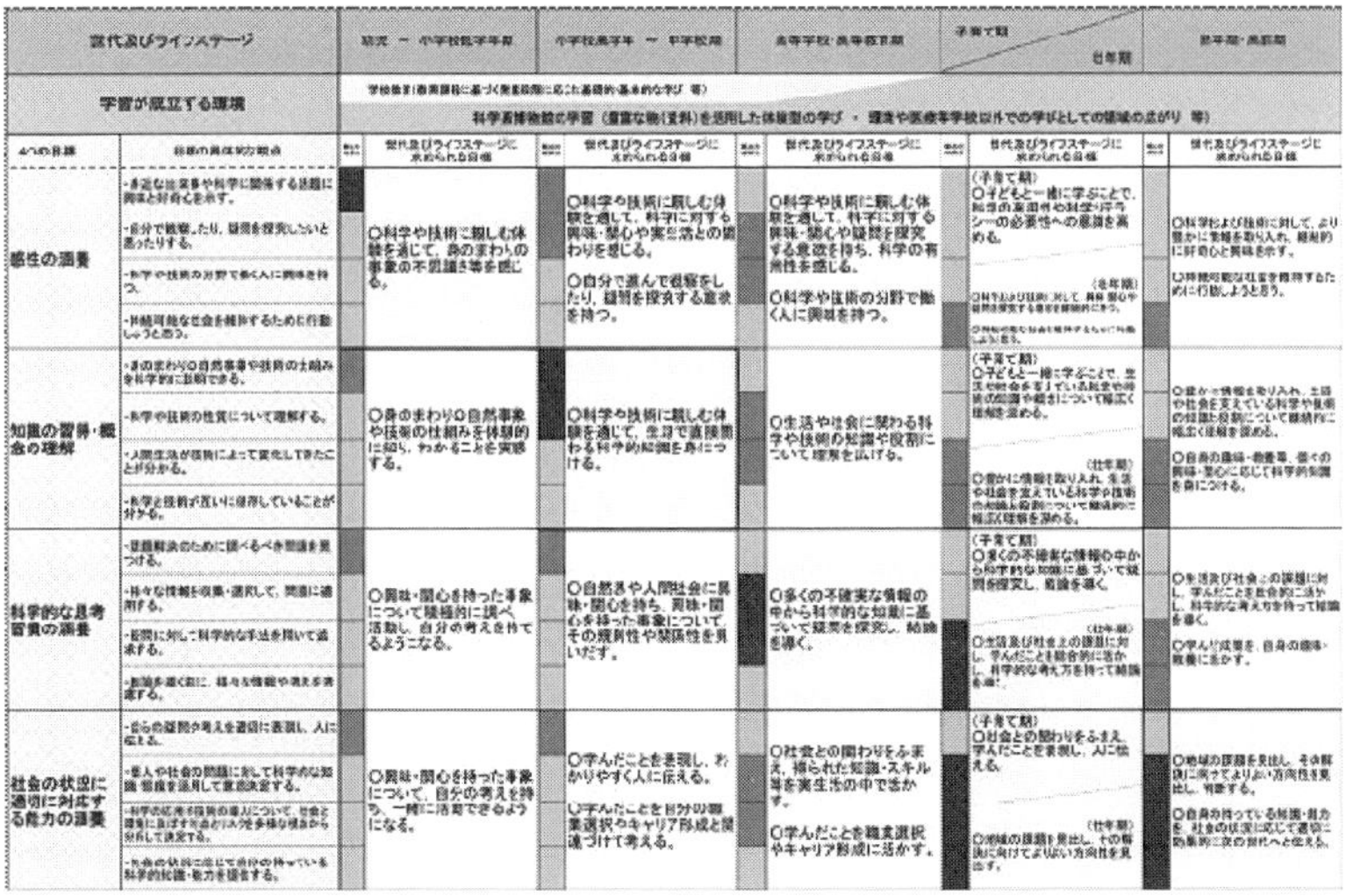

図-6　科学リテラシー涵養活動の枠組み

の貸し出し等があります（図－6）。ここにあるのは化石のレプリカセットですが、博物館に来られない学校のために標本を貸し出して学校で授業が出来るようにしています。教員の免許更新制の講座も実施しています。また当館にはボランティアが四〇〇名ほどいます。ボランティアは、解説を主にしてくれますが、来館者の体験を手伝っていただいたり、展示の解説をしたりしています。そのためには私たちはボランティアの養成研修をします。AEDの使用方法に関する研修もあります。例えばそのような基本的な研修も含めて、展示の解説の仕方等の研修もしております。

■6 科学リテラシー涵養活動

私たちはただ事業をやるだけではなくて、世代別に学習プログラムの枠組みを作っているところです（図－6）。五つの世代と四つの目標の枠組みに基づき、学習プログラムを企画・実施しようと考えております。例えば幼児は感性の涵養を重視した学習プログラムを、小学校高学年から中学生向け、高校から

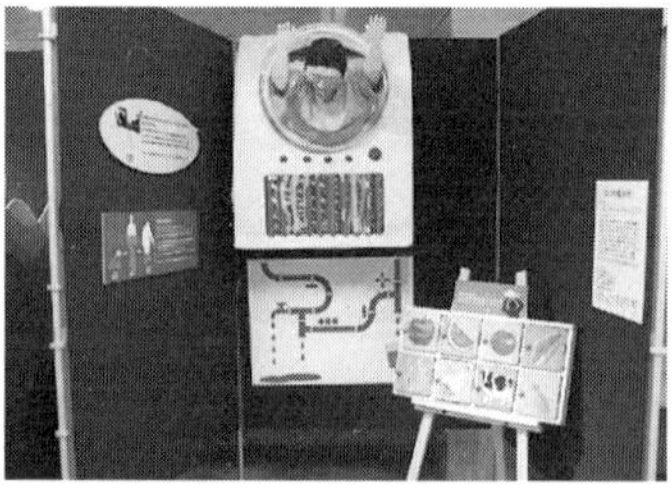

写真7　アフタースクールプログラムの展示
（ただいま脱水中）

大学生向け、子育て壮年期、熟年高齢期、などそれぞれの世代別にプログラムを作って行く。例えば、中高生はアフタースクールプログラムを実施しています（写真7）。これは中学・高校生二〇名ぐらいで半年間博物館で展示を作り、展示し、来館者に対し解説する活動です。展示を制作するのは大変です。展示のテーマをどう決めるか、様々な議論をします。参加した中高生にはやりたいことが一杯あるけれども、展示スペースは決まっていますので一つのテーマに絞らなきゃいけない。それをお互いに一生懸命議論して絞っていくのです。テーマが決まったら、設計して、模型を作り、実際に物を作って、解説パネルを作って行きます。写真7は二〇〇八年度のものですが、「水」問題をテーマにした展示です。高校生が二人、中学生が三人で作った展示です。こじろう君という名前を付けて、キャラクターが世界中の色んなところを旅するのですが、行く先々でいろんな水問題に当たります。砂漠に行くと、一秒間に何平方メートルの砂漠が増えている、海に行くと一秒間に何トンの水が吸い上げられている、などのような環境問題を取り上げてテーマにして展示を作っています。一番ショッキングな展示は、ほぼ人間と同じくらいの大きさの人形の模型を紙粘土で作って、人間の体の中は六〇%が水なので、六〇%の水をとったらどういう人間になるかと、ミイラのモデルを作りました。ほぼ実物大ですので、彼らが自分の家から博物館に持ってくる途中、電車の中で随分注目されたと言っていました。リアリティのある人間の顔と体を作って、洗濯機で六〇%の水を絞ったらこんな顔や体になるぞということを表した展示です。色々調べると二〇代の人は七〇％くらいです。赤ちゃんは八〇％ということです。ですから肌のつやが違うでしょう。我々くらいになってくると大分肌が乾燥してしまう。

それから熟年高齢期の人はビール造り。これはビールが飲めるということで熟年と高齢者の方に非常に人気がありました。キリンビールという会社と連携して、循環型社会を考えようと意図して実施しました。ビール工場は一〇〇％循環型です。今の最先端の食品工場はほとんどゴミを出しません。ビールの滓はきちんと飼料として使うのです。それを実際に体験してビールを造って、出来たころにはもう飲みながら自分たちの家の周りでそういう循環型社会が提案できるかということを議論しました。年齢が高い方は自治会の仕事をしていたりする人が多いのです。そういう方が来てビールを飲みながら、ゴミの回収の仕方を変えればもっと効率的に集まるんじゃないかというようなことを提案してもらいました。こういうようなことを年代別でやっています。

７　博物館とコミュニケーション

博物館におけるコミュニケーションが今日の主な課題になります。これから実際にコミュニケーションをやってみましょう。皆さんには紙が渡っていると思いますが、このA4の紙の真ん中に博物館と書いてください。そして、この博物館という名前から連想できるものを書いて下さい。それは昔の思い出でも構いません。今の考えでも結構です。これからこうあるべきだという考えでも構いません。イメージでもいいです。ただし、ここに書くのは文章じゃなくて単語を書いて下さい。例えば明るいとかね。次に、書いた単語を線で繋いで下さい。交差しても構いません。博物館から連想されるものを色々書いて、これを最後出来上がったところで近くの友達に説明します。自分のストーリーをつくるということです。私は博物館についてこんな物語を持っているという風に自分を紹介してください。作業を開始してください。

書けたら二人組になってください。どちらかをAかBとします。説明しますよ。Aの人が自分の描いたマップをもとに、Bの人に私は博物館に対して、こういう物語を持っていますと説明してください。そしたらそれを聞いたBの人はAの人のマップを見ないで、あなたが言ったことはこういうことですか、ともう一度確認します。フィードバックしてください。それが終わったら今度はBの人が自分の物語はこうですとAの人に紹介してください。そしたらAの人はBの人にあなたの物語はこうですかと確認してください。

誰か代表に相手の紹介をやってもらいたいのですが。自分の紹介ではなく、相手の紹介です。誰かいませんか。

ご発表ありがとうございました。博物館は娯楽と教育に分けられるということを言ってくれましたが、実は色々調べると、博物館に何のために行くのかというときに、娯楽でいく人と教育で行く人とがいるんですね。しかし若い人たちは、誰と行くかということが重要になってくるのです。誰と体験を共有できるかにすごく重きを置いているということが、調査によって段々分って来ました。名古屋万博に行っている人を調査した結果、誰と思い出作りになったかというところが記憶に残っているようです。何を見たかではなくて、誰と行ったか。誰と体験を共有できたか、が重要だということです。一方で教育という場面もあります。修学旅行だとか学校の授業の一環だとか、自分で調べに行くとか。博物館は同じものですが、人によって変わってくる。それが最初に言ったように皆さんがこの授業に対して何を期待するのかが多様であるのと同じです。学校生活もそうだと思いますが、何を自分で求めているかによって、とらえ方が全く違ってきます。博物館も同様です。ある人にとってはデートの場所である。ある人にとっては思い出作りだし、ある人にとっては勉強する場所かもしれません。また同じ人でも小学校の頃は勉強に行ったかもしれませんが、大学になったら遊びに行くかもしれません。もっと年を取ると自分で

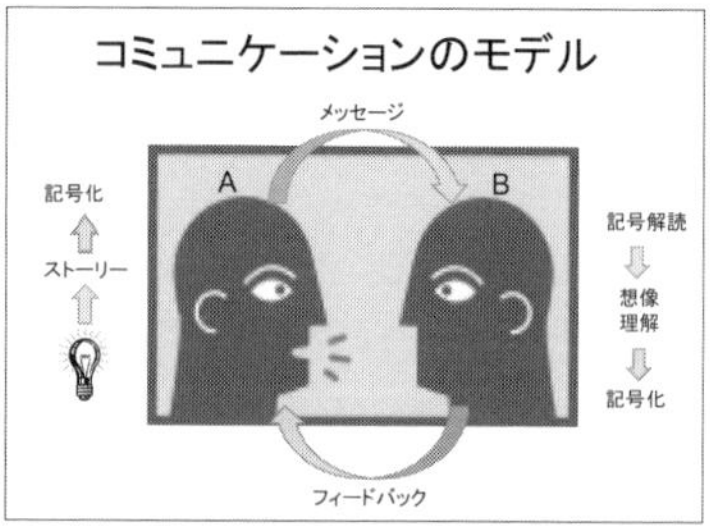

図-7　コミュニケーションのモデル

研究するために行くかもしれないですね。人々にとって博物館は人生とともにとらえ方が変わるということです。隣の人と話してみてわかったことは、博物館といっても人によってとらえ方が違うということです。遊びの場所であったり思い出の場所であったり、人によって違うのです。

■8　コミュニケーションの必要性

今日行ったことをまとめると三つの意味があります。ひとつは、コミュニケーションというのは、Aの人からBの人にメッセージが伝わって行きます。それがAへ戻って行きます。Aから言葉によるメッセージがBに伝わります（図－7）。先程小林さんを紹介してくれた方は、小林さんの言っていたことが十分に理解されていなかった。ということは彼女が発した言葉は伝わっているけれど、Bの頭の中には十分に入っていないということです。二人は完全には解り合えない。だからコミュニケーションがあるのです。恋愛と同じで、人が全てを知ってしまったら興味が無くなってしまう。これはもう別れる寸前の話です。あの人はどういう人なのだろう、色々知りたいなというのが始まりですね。お互い知っていくことによって恋愛が成就していきます。解り合えないからこそ、解り合おうとする、それがコミュニケーションです。今日の講義では二組の学生さんが発表してくれましたが、必ずしもBという人がAの人の全部を理解したわけではないし、伝わっているけれども全部理解が進んでいないということです。コミュニケーションのギャップがあるからコミュニケーションがあるということです。そういうことを実感していただいたと思います。

9 多様性を理解

二つ目は、博物館から連想できるキーワードを結んでマップを作ってもらいましたが、博物館からイメージされることは人それぞれで違う。博物館にくる人は何かひとつの展示を見ても、それぞれ自分の思いが違います。だからそれを一方的に解説したって通じる人も通じない人もいます。この授業をやっていて、自分の興味がない人は私が一生懸命言ったって全然頭に入りません。それと同じです。ですから博物館に来た全ての人に共通するような解説をするのはとても困難なことです。それぞれみんな二〇年、三〇年、四〇年、五〇年の人生を背負ってきているのです。小さな子どもでも一〇年の人生を背負ってきています。その中で、色々な展示物が並んでいる中で自分の好きなものが一つでも見つかればいい。それが博物館の教育です。学校は自分が好きであろうと嫌いであろうと、全部覚えなさい、こういう風にやりなさいと決まっていますが、博物館の場合はそれが選べるということです。

そういうのを今日実際にやってみて、それぞれ隣の人はこんな考えを持っているのであろう、自分と随分違うなということが解ればいいのです。

■10 展示はストーリーが大切

三つ目は、展示に関連することです。博物館から連想できるキーワードを線で結んでマップを作りましたが、ひとつひとつのキーワードをつなげるとストーリーになるということですね。それをつなげると先程の小林さんのストーリーが出来るのです。小林さんは、伝えたいメッセージをストーリーに込めているからですね。博物館の展示も同じです。すなわち一つ一つの展示物をつないでストーリーができています。丁度皆さんがＡ４の紙に書いていただいたキーワードをつないでストーリーを作ったようにです。資料が線で結ばれているものが展示です。今度博物館を見るときはこういう見方をしてほしいのですが、何故ここにアンモナイトが置いてあるのか、何故ここに剥製が置いてあるのか、そこには物語があります。その物語を博物館で読み取って展示物を見ると、より豊かな博物館の見学が出来ると思います。有名な言葉で、「資料は人と出会って初めて展示となる」という言葉があります。これは資料が学芸員という人に出会って、情報を取り出して展示を作ることができます。展示を見て来館者が自分なりに情報を取り出して意味づけをすることも

写真8　ボランティアによる解説

できると思います。

■11　博物館における学びの特徴とサイエンスコミュニケーション

この写真（写真8）は国立科学博物館にある土壌断面の展示を子どもが指をさして、左側のボランティアが解説をしています。このボランティアの考えと子どもの考えは決して一致をしていません。子どもが思っていることは、先日泥遊びをしたことを思い出しているかもしれません。ボランティアは高度なことでこれは第何層だからこんな土壌動物がいるということを解説しようと思っているかもしれない。ここにはギャップがあります。そこがコミュニケーションの面白さです。こういうことが博物館の中で行われているということです。これはうちの子どもの写真ですが、一〇年前の写真で今うちの子どもは一八歳になりました。この頃は非常に可愛かったですね。まぁ一〇年経つとずいぶん変わります。一〇年経つとコミュニケーションが巧く親父と出来ないということで、コミュニケーションギャップがより広がった感じがあります。

今の話を図にしますとこういうことですね（図－8）。学校では子ども達に先生が一方的に教える場面が多いですが、博物館では実物の標本があってコミュニケータと来館者が対話をするというモデルを示しています。例えば博物館というキー

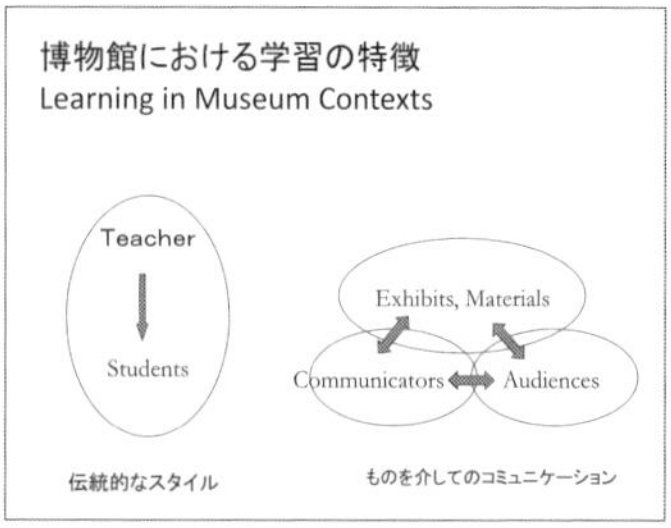

図-8　博物館でのコミュニケーション

ワードからどんな物語を作るかというのはその人次第です。コミュニケータと来館者は違うストーリーを持っています。それをお互いにぶつけ合ってコミュニケーションをとります。これが博物館の学びの特徴です。

　これはショッキングな絵ですが、子どもの頭を開けてその中にサイエンスという液体を流し込めば理解できてみんな頭が良くなって色んな問題が解決できるだろうと考えた時代がありました。でもこれでは現代的な課題に対応できない。例えば、BSEの牛肉の問題ですが、安全だと思っていたのに実は危険だった。じゃあ危険とは何なのか。一〇〇%安全なんてない。八〇%だったらいいのか。六〇%でいいのか。そうすると色々自分で情報を得て自分で判断しなければならない時代になってきているのです。そして人とコミュニケーションをして合意形成をするというのがサイエンスコミュニケーションの基本です。選択肢はいろいろありますが、話し合って決めようということです。例えば一年間で一万人近く人が死んでいますが、自動車は便利な道具なので使われています。自動車は現代社会では不可欠な存在となっています。ところが沢山の死傷者を出しています。でもゼロにするわけにはいかない。危険だけど使う。ということを合意形成、話し合って決めるというのが今の社会の在り方です。サイエンスコミュニケーションの目的はここにあります。それで、私は社会の中で六つくらいの領域で行われているコミュニケーションをサイエンスコミュニケーションと呼ぶことにしています。科学者の集まりである大学の

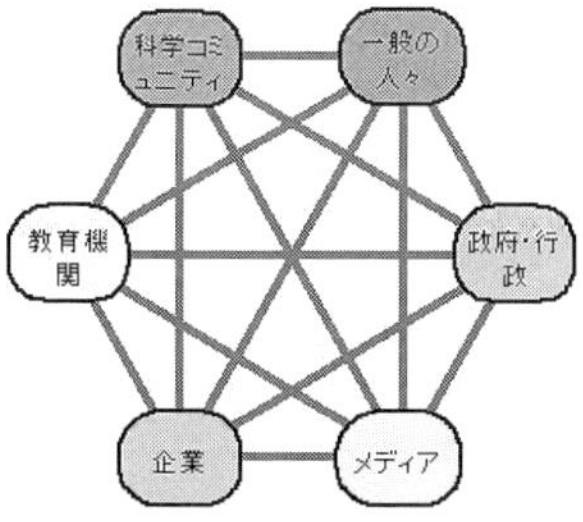

小川義和, 亀井修：サイエンスコミュニケータに期待される透視能力-つながる知の創造を目指して, 日本教育工学会研究報告集,JSET06-4, pp.61-66.2006.7

図−9　サイエンスコミュニケーションが行われる場のイメージ

中で行われているもの、また学校と博物館での間で行われているもの等、サイエンスコミュニケーションと呼ぼうと考えております（図－9）。

国立科学博物館ではサイエンスコミュニケータ養成講座を立ち上げるに当たっては、大学パートナーシップの枠組みで行っています。実は大人の科学技術に対する興味・関心が、二〇代が一番低い。小学校は実験があって面白いと思うのですが、中学生から下がってきて二〇代が一番低くて三〇代四〇代からまた上がってきます。そこで大学生の科学技術に対する興味・関心、知識を高めたいと思って、サイエンスコミュニケーション講座を立ち上げたということです。講座の中ではプレゼンテーションをやったりワークショップを運営したり、それから外部資金の獲得方法等を学びます。その結果外部から資金をもらって実際にイベントを実施したり、科学のフリーペーパーを作ったりしています。修了したサイエンスコミュニケータは、様々な分野に就職して、活躍をしています。

おわりに～知産知承

最後に再び川島みなみの話をして終わりにしたいと思います。「われわれの事業とは何か。何であるべきか」を定義することが不可欠です。博物館は何であるべきか少し理解していただけたでしょうか。

これは私の考えですが、新しい時代の文化を担う市民を育てるのが、博物館の使命だと思っています。これからの博物館は、知識のある博物館が知識のない人に流し込むような、一方的な考え方（欠如モデル）では市民は育ちません。この欠如モデルから脱却しなきゃいけないということです。利用者と博物館が双方向性で対話をすることによって、地域住民が成長し、博物館の学員も育つ、そのような博物館運営が必要です。最近私は「知産知承」という言葉をよく言っていますが、「地産地消」のまねならいですが、博物館は知を産んで、そしてそれを継承していく場でもあります。地域の文化を創造して継承していくプラットフォームだと思っていますので、そういう博物館を目指しています。

自分たちはこれからどうすべきなのかということを、もう一度考えて頂きたいと思います。皆さんがこれから人生を生きていく中で、今自分が何をやっているか、そして将来何をするのか、何であるべきか、それを是非真剣に考えて頂きたいと思います。

【参考になる本】

・国立科学博物館編、『標本学　自然史標本の収集と管理』、東海大学出版会　二〇〇三年
・日本展示学会編、『展示論　博物館の展示をつくる』、雄山閣　二〇一〇年
・ジョン・H・フォーク、リン・D・ディアーキング著、高橋順一訳、『博物館体験

学芸員のための視点』、雄山閣　一九九六年
・スットクルマイヤー／他編著、佐々木勝浩／他訳、『サイエンス・コミュニケーション　科学を伝える人の理論と実践』、丸善プラネット　二〇〇三年
・千葉和義・仲矢史雄・真島秀行編、『サイエンスコミュニケーション　科学を伝える五つの技法』、日本評論社　二〇〇七年
・George E. Hein 著、鷹野光行監訳、二〇一〇、『博物館で学ぶ』、同成社
・岩崎夏海、『もし高校野球部の女子マネージャーがドラッガーの『マネジメント』を読んだら』、ダイヤモンド社　二〇〇九年
・福原義春編、『地球に生きるミュージアム　１００人で語るミュージアムの未来Ⅱ』現代企画　二〇一三年

第7章　地域とNPOの連携による環境教育

小川雅由（おがわまさよし）
NPO 法人こども環境活動支援協会事務局長

1972 年兵庫県西宮市役所入所。1983 年環境局に配属。1992 年環境教育事業「2001 年・地球ウォッチングクラブ・にしのみや（EWC）」を実施。1998 年「こども環境活動支援協会（LEAF）」（市民・事業者・行政のパートナーシップで活動する非営利の団体）の発足に携わる。同協会は 2002 年 4 月に兵庫県より NPO 法人の認証を取得。2003 年 西宮市環境都市推進グループ課長着任。同年 12 月に西宮市は、全国初の「環境学習都市宣言」を行う（環境学習を通じた持続可能なまちづくりを提唱）。2004 年環境都市宣言を受け、新環境計画の策定、環境基本条例などの制定を行う。2006 年西宮市退職。2007 年 NPO 法人こども環境活動支援協会事務局長就任、現在に至る。神戸女学院大学人間環境学部非常勤講師（2007 ～ 2009 年）、同大学院非常勤講師（2010 年～）。
兵庫県環境審議会委員。

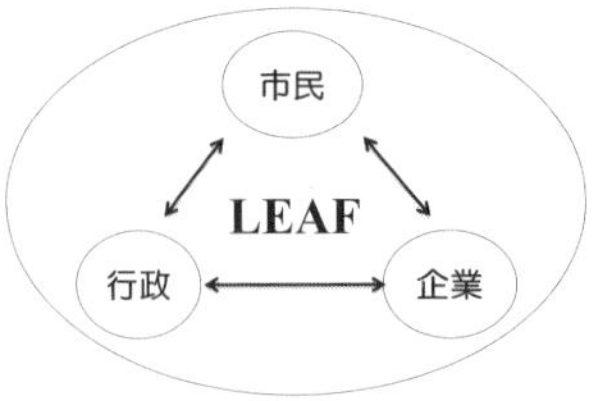

地域の中でネットワークづくり、つなぎ役

図-1　LEAFの役割

■1　LEAF発足の経緯と社会的役割とは

一九九八年、市民・事業者・行政のパートナーシップで子どもたちの環境活動を支援しようとの西宮市の呼びかけの下、こども環境活動支援協会（LEAF）は発足しました。二〇〇二年、兵庫県から特定非営利活動法人の認証を取得し今日に至っています。

LEAFの最も重要な役割は、持続可能な社会に向けた地域づくりにおける市民・事業者・行政のつなぎ役となることです（図－1）。こうしたことから、LEAFの理事も全てのセクターから選出されており、社会の力関係のバランスが保てるようにしています。

また、理事の就任期間は概ね一〇年とし、組織活性化と時代ニーズに即応できる体制の確保に努めています。

主な活動分野は、次のとおりです。

①地域に根ざした持続可能な社会に向けた教育の推進
②自然体験活動を推進するための支援
③企業会員と連携した環境学習支援
④世界の子どもたちの環境活動交流

事業としては、西宮市の環境学習事業や環境関連施設の管理運営受託、企業会員からの食農教育事業などの受託、独立行政法人国際協力機構（ＪＩＣＡ）からの研修受託、各種助成金事業などがあります。

二〇一二年度の収入は、約一億一千万円で環境分野のＮＰＯとしては比較的大きな予算規模となっています。

同年度の職員数は、正規職員が八名、契約職員二名、アルバイト職員二五名です。環境問題に関わりながら一定の収入を得ることができる、職場としてのＮＰＯを目指した経営努力を行っています。また、就業規則を設け、職員の退職金規程や各種保険制度への加入など事業者としての社会的責任を果たせるよう、組織運営面での努力も行っています。

■２　ＬＥＡＦの主な事業内容

持続可能な社会に向けた地域のしくみづくり

市民・事業者・行政など様々な主体（マルチステークホルダー）の協働で地域社会の持続可能性を高めていくために、どのようなしくみ（社会システム）が必要なのか。そして、多様なしくみをどのように有機的に結合させながら社会の中で無理なく機能する高次の社会システムへとステージアップさせることができるのか。

このことを実証的に研究開発してきたのが、西宮市との二人三脚で進めてきたこの一三年間の事業内容です。子ども・大人、市民・事業者・行政、様々な社会的課題（環境・人権・福祉など）、世界の国々や地域、地域における様々な住民組織、行政の各セクション、過去・現在・未来などの各局面において、多様なつながりを実際の活動の中に取り入れ、大きな社会ネットワークが形成されることを目指しています。

自然体験活動の推進と自然環境保全

西宮市内の山・川・海の自然フィールドには、それぞれの体験学習の拠点となる施設が設置されています。

山の拠点となるのが、「甲山自然環境センター」です。同センターは、宿泊できる自然の家、キャンプ場、自然学習館で構成されており、周辺には、生物保護地区として保全されている湿原もあります。ＬＥＡＦは、指定管理者として同センターの管理運営を行っています。周辺の貴重な自然環境を多くの学校園が自然体験や環境学習のフィールドとして、より効率的かつ効果的に活用できるよう、フィールドへの野外解説板を設置する「甲山３０９（みわく）プロジェクト」を企画しました。

また、二〇〇二年には、環境省の鳥獣保護区（一部は特別保護地区）に指定されている甲子園浜に、海の拠点施設となる「甲子園浜自然環境センター」が設置されました。この施設は、阪神間に唯一残る自然の砂浜や干潟などを保全し、市民の体験活動をサポートする役割を担っており、学習交流室の運営をＬＥＡＦが担っています。

二〇〇五年には、市民の環境学習の活動支援を行うための中心的な役割を担う施設として「環境学習サポートセンター」が開設されました。ここには、市内の河川に生息する水辺の生物を展示したミニ水族館が併設されており、川の学習拠点としての役割も担っています。このサポートセンターは、生活協同組合が所有する施設で西宮市は賃貸契約を交わしてセンターを設置し、運営管理の一部をＬＥＡＦが行っています。

また、ＬＥＡＦも賃貸借契約を交わし同じフロアーに事務局を置いています。

企業・事業者と連携した環境学習・活動への支援

二〇〇三年から、市内を含む周辺地域から約三〇の企業・事業所が参加して、教育関係者と協働で循環型産業構造と消費者の役割を考えるための環境学習プログラムを研究開発し、小中高等学校で実施しています。このプロジェクトでは、企業メンバーが「衣」「食」「住」「エネルギー」「びん」「エコ文具」をテーマとした各分科会を構成し、ライフスタイルと環境とのつながりを見直す体験型の学びの機会をつくっています。

また、学習者（子ども）だけではなく支援者（教育・企業関係者）に対しても貴重な学びの場を提供しており、企業にとっては、社会、教育、経済活動とのつながりに気づき、企業の社会的責任（CSR）について考える機会となっています。企業の中には、環境レポートやCSRレポートなどでこれらの活動を紹介してくれています。西宮市において企業が関わってくれている活動には、次のようなものがあります。

地域（エココミュニティ会議）の環境保全活動への支援

- ごみ減量プロジェクトに協力
- 学校と地域で取り組んだ省エネ活動への協力
- マイバッグ運動、ペットボトルキャップ回収運動への協力
- 市民参加による森林保全活動

資金提供を通じた地域活動への支援

- 「持続可能な地域づくりサポート基金・にしのみや」への資金提供

学校や海外研修生への環境学習支援

LEAF農地プロジェクト

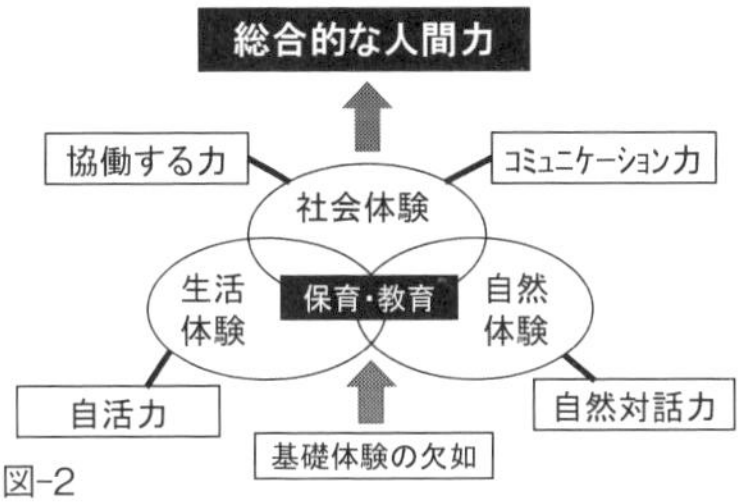

図-2

写真1

・環境学習プログラムの提供
・各種教員研修での講師及び施設見学の受け入れ
・JICA（独立行政法人国際協力機構）の研修受け入れ
自然観察のための野外解説板設置への協力
都市近郊農地の保全と食農教育の推進（写真1、図－2）
地域活動への参画
・「エコカード」や「市民活動カード」へのエコスタンプの押印協力
・エココミュニティ会議の構成メンバーとして参画
市民団体と連携した持続可能な地域づくりに向けた活動への参画
・ESD（持続可能な開発のための教育）ふるさとウォーク実行委員会への参加

3　世界の子どもたちの環境活動交流と国際協力

当協会では、設立当初より「世界の子どもたちの環境活動の交流事業」を活動の柱の一つとして様々な取り組みを行ってきました。この活動の原点となっているのは、西宮市が一九九二年に始めた「二〇〇一年・地球ウォッチングクラブ（EWC）・にしのみや」の活動です。「地球ウォッチング」という取り組みを「地域」と「暮らし」を振り返る（見直す）活動として位置付け、一〇年後を目指して、世界の各地域でこの活動が行われれば、草の根活動で地球環境の保全ができるのではないかという思いが込められていました。また、「地球ウォッチング」を「国際交流の旗印に」という考え方の下、世界の各地域で行われている子どもたちの環境活動とのつながりを作ろうと、毎年三月に行われる活動発表の場である「ＥＷＣ環境パネル展」に海外からも作品を募集しました。

一九九八年にＬＥＡＦが西宮市からこのＥＷＣ事業を受託し、海外からの作品募集をさらに本格化させました。二〇〇一年度にはＥＷＣ一〇周年とも関連付けて「環境省アジア太平洋こどもエコクラブ会議」が西宮市で開催され、その企画運営をＬＥＡＦが担い、また二〇〇二年には世界の子どもたちの環境活動をホームページで紹介する「地球キッズネットワーク」を立ち上げるなど海外とのつながりを強化してきました。

その後も、ＥＷＣ環境パネル展への作品募集を継続し、毎年、二〇ヶ国前後から活動をまとめた作品や絵画などが送られています。海外から送られてきた英語の作品の翻訳についてはボランティアの方々にお世話になり、広く市民の方々にも内容を理解していただいています。環境パネル展の会場では、来場者の方々に海外作品への感想やコメントをいただくようにしており、これもまた翻訳し、感謝状とともに出展者に送り返しています。こうしたことを通じて、少しでも環境活動を通じた国際交流が進むことを願っています。

持続可能性を危うくする諸問題

「持続可能性」を脅かしているのは、言うまでもなく人間活動そのものであり、社会を構成する市民、事業者、行政などすべてのセクターが、「持続可能性」に向けて「自らの暮らしや社会活動のあり方」について見直す必要性に迫られています。

現在、そしてこれからの日本社会が直面する持続可能性に大きな影響を与える諸課題には、人口問題（少子高齢社会、一〇〇年後の人口半減社会）や年間三万人超の自殺者を生む社会構造、一次産業従事者の激減や食料自給率の低下、海外依存度の高いエネルギー・産業構造、地震や津波、台風など自然災害が多発する地理的環境などがあります。

こうした諸課題を俯瞰的に捉え、解決していくことが求められています。

社会・経済・環境のつながりとバランス

環境教育で扱う「環境」の概念は非常に幅広く、自然の分野でも生物系だけでなく、化学、地理、地質、気候風土なども含まれ、昨今では歴史、文化、景観やまちづくりといった分野との関わりも重視されています。当然のことながら、今日の地球環境問題に見られるように、問題は経済や産業のみならず政治や行政制度ともつながり、また市民一人ひとりの暮らし方とも密接につながっています。

また、平和がなければ環境を守ることもできませんし、人権を尊重せず、福祉をないがしろにしている社会では他の生物の命に配慮するような社会状況も生まれにくいものと思われます。こうした世界の政治経済に関わる様々な動きや人間活動のグローバル化などを考えると、環境問題の解決には「環境」分野だけで物事を考えるのではなく、「経済」や「社会」といった分野も含めた統合的・総合的な視点や判断力が必要とされてきています。

しかし、多様な社会構造、多様な立場、多様な価値観を有する社会の中で、環境問題を巡る人々の考え方は千差万別。地球環境を守りたいという共通の課題に向けて取り組みを統一したり、優先順位を付けたりするための合意形成を図ることはなかなか容易ではありません。様々な利害関係者が「対話すること」や「対話できる力」を、次世代の子どもたちを含め育成し続けていくことが何よりも重要なことと考えます。

環境問題を学ぶ上での基礎概念

地球温暖化など地球規模での環境問題を解決していくために、日本政府は二〇〇七年に環境立国戦略を策定し、地球温暖化の危機を克服するための「低炭素社会」、資源浪費の危機を克服する「資源循環社会」、生物多様性の危機を克服するための「自然共生社会」という三つの社会像を提唱しています。

エコシステムと社会経済システムのアンバランス

今日の環境問題の最大のキーポイントは、地球のエコシステム（許容量）と人間の社会経済活動とのアンバランスです。今後、様々な科学技術が開発され、より効率的で環境負荷のかからない物品や製造方法、社会システムが創造されていくでしょうが、このバランスを崩したままでは他の生物と共存しつつ人間社会の持続可能性を維持することはできません。

こうしたアンバランスを生み出したのは、一九、二〇世紀と産業活動を急発展させた先進国です。少ない人口が大量の資源やエネルギーを使い社会を繁栄させた結果、地球温暖化などの問題が発生しました。逆に多くの人口を抱える途上国では資源やエネルギーを活用することができず貧困が拡大するほか、地球温暖化などの影響と思われる自然災害などで甚大な被害を受けるなど成長のアンバランスからくる地域間不平等も生じています。また、現在では、中進国（中国、ブラジルなど）の台頭によりさらに複雑な状況も生まれてきています。

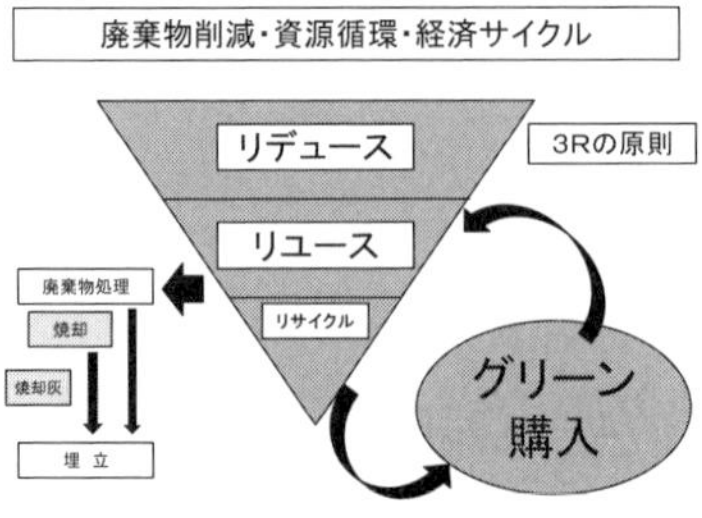

図-3　3Rの逆三角形

3Rとグリーン購入（経済サイクル）のつながり

こうした地球規模での環境問題に対して、子どもたちをはじめとする市民一人ひとりができることの一つとして、「3R」という活動が提唱されています。

まず、第一に重要なこととしてごみを減らす（リデュース）、そして使えるものは繰り返し使う（リユース）、最後に資源化できるものは分別回収（リサイクル）し、清掃工場で焼却するごみを少なくする（焼却灰の捨て場となっている埋め立て地を小さくする）といったことです。この順番が大切なことから逆三角形で示されています（図－3）。

もうひとつ重要なことは、紙やペットボトル、アルミ缶などのリサイクルされた資源は再生され、グリーン商品として生まれ変わり市場に出ますが、これらの商品を市民が買わなければ、リサイクルにまつわる産業の経済サイクルがまわらないことになります。「私は資源ごみを分けて出しているから環境を大切にしている」と、そこで終わってしまってはいけない社会構造になっています。「3R」と「グリーン購入」をつなげて考える必要があります。

生物多様性を支える生態系ピラミッドと自然循環

地球のエコシステムの中で、生き物が関わり合い、その時代の環境に適合しながら連綿と生命の営みを受け継いできた最もシンプルで重要な概念が、「生態系ピラミッド」「食物連鎖」からなる「自然界の摂理」です。私たち人間の原点もこの中にありますし、この構図の中からはみ出して生きていくことはできません。

動物も植物も死ぬと「分解者」たちによって、土に戻り、また植物の栄養分となり、次の命のサイクルを回していきます。人間が作ったプラスチックなどは土に戻るのに長い年月を要しますし、動物の体内に入ってしまうと消化されないため命を奪ってしまうこともあります。

動植物の生死を巡るつながりや体の構造も地球の四六億年の歴史の中で創造されてきた自然界の産物です。今日の社会では、この地球のしくみに合わない速度やリズム、物質を急激に作ってしまったことで自然環境に深刻な被害や影響を与えています。

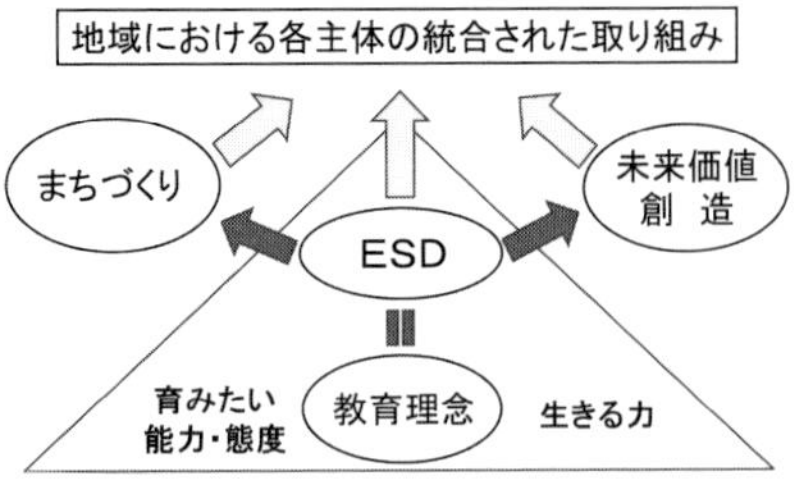

図-4　ESDの3つの視点と統合化

■4　持続可能な社会システム構築に向けて大切にしたい視点

持続可能な開発のための教育（ESD）が求めるもの

ESDを三つの視点で整理しています。一つ目は、文明論の視点から社会の価値観を見直すこと。二つ目は、教育論の視点です。人々が社会的存在として意味ある生き方を行えるよう哲学的な学び方を取り入れることです。三つ目は、社会運動論の視点です。市民が自発的によりよい地域づくりを進めていく能力を身につけ、また社会がこれを容認する制度を確立することです。そして、これらを統合的に進めていく必要があります（図－4）。

市民の生活や地域において、環境、福祉、人権などの諸課題はばらばらに存在するものではなく、全てがつながりあい、一つとなりながら地域社会を構成しています。

このことからも、まさに地域は「持続可能な開発のための教育（ESD）」を実践する場であるといえます。ESDを地域で進めていくには、現在行われている様々な活動を結び付けたり体系化するとともに長期的なビジョンも必要となってきます。

「生きる力」を育む総合的な学習の時間

そして、持続可能な地域・社会づくりに向けた人材育成に求められる重要な教授法として、「学際的なアプローチ」「探究性や実践性を重視する参加型アプローチ」「批判性や多元的な見方を重視する問題解決型アプローチ」『かかわり』『つながり』を重視する統合的なアプローチ」などがあげられています。

また、そのためには「論理的思考（システムズシンキング）」「コミュニケーション能力」「想像力と創造性（社会性）」「他者とともに働く能力」「自分とコミュニティへの責任感」といった基礎的な「力」や「意思」を育てておく必要があります。教育現場で重視されている「生きる力」を育む教育と共通するものがあります。

子どもたちが本来持っている可能性からこうした「力」を引き出し、育んでいくためには、国語や理科、社会、算数などの「基礎学力」を土台に、様々な体験（自然体験・生活体験・社会体験）学習による「経験知」を積み、これらの体験に裏打ちされた「表現力」を身につけていなければ、「思い」を言葉や形にしていくことができず、コミュニケーションをうまくとれないといったことにもつながります。

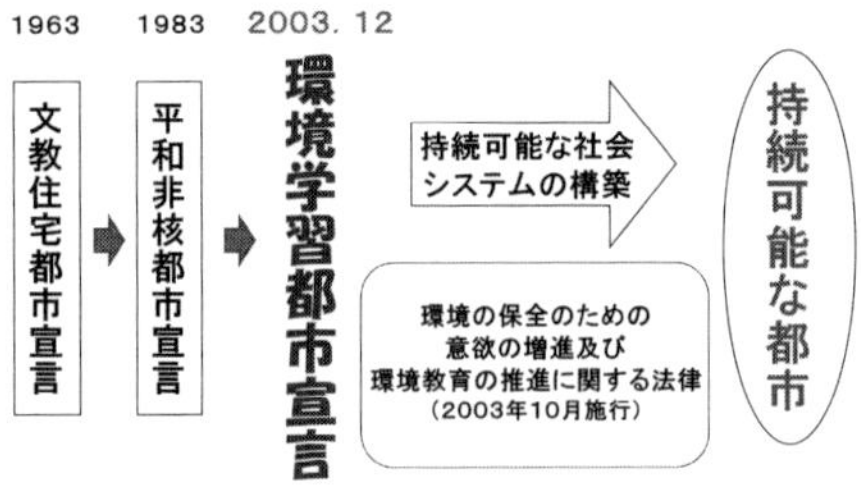

図-5　西宮市の3つの都市宣言の動向

あらゆる組織に求められる社会的責任（ＩＳＯ２６０００）

地球温暖化の影響と思われる自然災害の増加や社会経済のグローバル化に伴う経済危機の連鎖、生物多様性の減少など様々な分野で不安定要素は日増しに増大しており、社会の「持続可能性」を危惧する声が高まってきています。

こうした社会情勢の中、二〇一〇年五月に、コペンハーゲンで世界九九ヵ国から経済界、労働界、行政、消費者関係、ＮＧＯ・ＮＰＯ関係者、有識者ら四七〇名の作業部会メンバーが参加して、「すべての組織のための社会的責任」に関する国際規格ＩＳＯ２６０００の最終草案が合意され、二〇一〇年一一月に発効しました。

この規格では、「未来に向けた責任」が重視され、持続可能な発展にすべての組織が寄与するための行動規範を自ら形成することをめざし、具体的な行動指針が定義されています。また、わが国では二〇一一年三月一一日の東日本大震災からの復興への寄与も、大きな課題になっています。

西宮市における都市発展と都市宣言の推移

西宮市は、一九六三年以来、二〇年おきにその時代の社会的背景に応じたまちづくりの方向性を示す都市宣言を行ってきました。

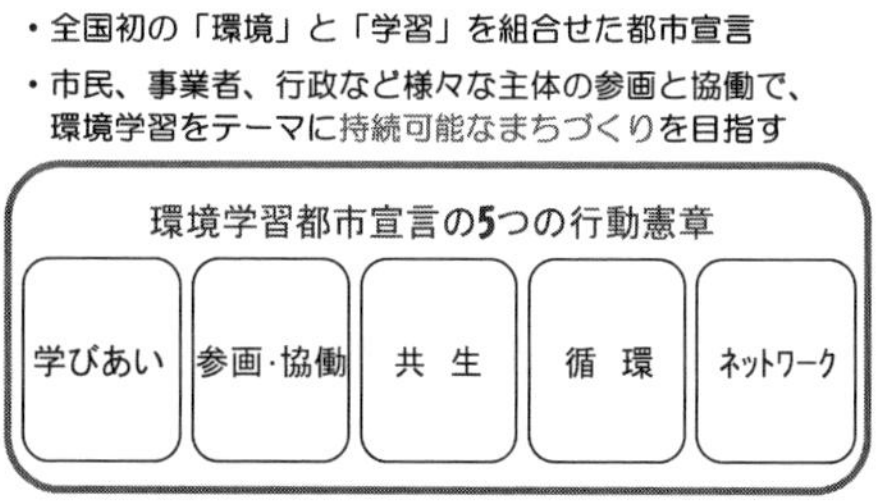
・全国初の「環境」と「学習」を組合せた都市宣言
・市民、事業者、行政など様々な主体の参画と協働で、環境学習をテーマに持続可能なまちづくりを目指す
環境学習都市宣言の5つの行動憲章
学びあい
参画・協働
共　生
循　環
ネットワーク

図-6　環境都市宣言と５つの行動憲章

石油コンビナート進出を阻止し、今後、市が進むべき都市理念を構築するために打ち出された「文教住宅都市宣言」（一九六三年）。冷戦下、核軍備拡張が進む世界を憂い、世界の非核化を訴えた「平和非核都市宣言」（一九八三年）。そして、それらの都市宣言の趣旨を踏まえ、環境の世紀と言われた二一世紀に入った二〇〇三年には、環境学習を通じた持続可能な社会の構築を目指す「環境学習都市宣言」を行いました。

人類にとって永続的な課題である「持続可能な地域づくり」をまちづくりの基本理念に位置づけ、「環境学習」をまちづくりを支える最も重要な市民活動として捉え、市民、事業者、行政、NPOなど様々な主体の参画と協働により地域に根ざした諸活動を展開していくことを内外に表明するために、全国初の「環境学習都市宣言」（図－5）を行いました。この宣言は、宣言文と五つの行動憲章からなっており、行動憲章では、「学びあい」「参画・協働」「循環」「共生」「ネットワーク」をこれからの市民活動の指針として示しています（図－6）。

■5　地域のつながりを生かした環境学習システムの構築

地球ウォッチングクラブ（EWC）事業の実施（一九九二年）

西宮市では、一九八六年頃から「身近な自然とのふれあいを通じて環境を考える」を基本視点とした環境啓発事業を実施してきました。特に、市民の環境問題への関心を高めることを重視し、環境学習用教材の学校への配布や小学校のプールに生息するヤゴ調査を実施したり、市民自然調査に小学校のクラス単位や中学生のクラブなどがまとまって参加する機会を設けてきました。

しかし、これまでの事業が単発的に学習会やイベントを繰り返すパターンであったため、一九九二年より、地域、学校、家庭を巻き込んだ継続性や発展性のある環境学習活動の方法を模索し、新たなしくみとして「わが町ウォッチング事業」をスタートさせました。「二〇〇一年・地球ウォッチングクラブ・にしのみや（EWC）」というネーミングのこの活動は、一九九五年からスタートした環境省の「こどもエコクラブ」の基本モデルになりました。

この当時のEWC事業では、子どもたちへ会員手帳を配布し、参加者と事務局（市）との双方向の関わりを確保しながら、一年間通じて環境学習活動を提供しました。また、市民ボランティア（約一四〇名）とともに、行政主導から市民主導への運営体制の転換を目指していました。

全小学生を対象としたエコカードシステムへの転換（一九九八年）

一九九八年、これまでのグループによる会員登録の方式を改め、市内小学生全員を対象とする事業に転換を図るため、西宮市とＬＥＡＦは共同で、子どもたちが自主的、継続的、総合的に環境活動に関わることのできるしくみを家庭・地域・学校という全生活領域を通して確立することを目的とした「こども環境活動支援ネットワークシステム」を開発しました。

環境学習は、単に知識を伝えるだけでなく、その活動を通じて具体的な行動変革につながることを目的としています。そのための具体的な方策として、家庭、地域団体、学校、行政、事業所の大人たちが、子どもたちの学びや活動を支える「しくみ」が必要となります。同システムは、環境教育・環境学習をまちのしくみづくりとして考え、地域に根ざした環境学習システムの構築を目指しています。

「活動のしかけ」は、「エコカード」と「エコスタンプ」

市内の全小学生二万九〇〇〇人に「エコカード（学年ごとに六種類）」を、学校や地域団体・行政・事業所などの大人約二〇〇〇人に「エコスタンプ」を配布しています（写真２）。

この活動のしくみは、子どもたちが、環境学習や活動に参加すれば「エコカード」に「エコスタンプ」を押してもらえて、一定数のスタンプが集まれば「アースレンジャー認定証」がＥＷＣ事務局より交付されるというシンプルなものです。エ

写真2　エコカード（小学生）

コスタンプの対象となる活動は、学校での環境や自然に関する学習（教科を問わない）や緑化クラブなどの活動、子ども会や自治会などの資源回収や美化活動への参加、環境保全商品の購入、量販店でのリサイクル活動への協力、公民館などに設置されるエコクイズへの取り組みなどです。子どもたちの活動を支援し、エコスタンプを押す役目（サポーター）を担うのは、学校の先生や子ども会・ボーイスカウトなどの地域団体の育成者やリーダー、文具店や量販店の店員、環境関連施設・児童館・公民館・植物園の職員などです。

発達段階に応じたサブシステムの導入

エコカードシステムを補強するしくみとして、子どもたちの発達段階に応じて活動の発展性や継続性を保つために新たなしくみを追加しました。

一・二年生のエコカードには家族欄を設け、家族の活動に対してもエコスタンプを押印してもらえます。そして、子どもと家族の両方に目標個数のスタンプが集まれば、家族単位で「アースレンジャーファミリー」として表彰されます。

三・四年生は、クラス全員で地域の大人たちからエコメッセージ（一人につき親を含む三人の大人から）を集め、全員がアースレンジャーになれば、自分たちが制作した環境壁新聞を公共施設などに掲示することができます。

五・六年生は、クラス全員がアースレンジャーになれば、西宮青年会議所から「活動資金（五〇〇〇円）」が提供され、その資金を使って社会的に意義のある活動（環境、福祉、国際、人権など）を行うことができます。

このように、子どもたちの成長段階に応じて、「家庭」「地域」「社会」と活動テーマが発展するしかけになっています。

一枚の「エコカード」が、「家庭・地域・学校」をつなぐ

子どもをとりまく日常生活の様々な場面（家庭・地域・学校）で、環境との関わりは多々生じています。しかし、このことに子どもも大人も気づいていなかったり、各場面での行動を関連付けて理解できていないことが多くあり、「意識的な環境との出会い」をどのように作っていくかが重要なポイントです。子どもたちの「気づき」を「つなぐ」、そして「学習」と「生活」を結びつけるという役割をこのカードとスタンプに託しているのです。このシステムを支える重要な鍵は、サポーターの「ひとこと」です。「エコカード」を介して、地域社会の中で子どもたちを褒めて育て、励ましの言葉をかけることを通じて、大人も自らの行動を振り返ることになり、こうした相互共育が地域の環境意識を醸成するものと考えています。

持続可能な地域づくり市民活動カードへと発展（二〇〇七年）

小学生のエコカード活動をさらに発展させていくことを目的として、二〇〇六年より西宮市に住み、学び、働く中学生以上の市民を対象とした「エコアクションカード」事業が始まり、二〇一〇年度からは持続可能な開発のための教育（ESD）の活動を意識した「持続可能な地域づくり市民活動カード」に変更しました。市内の中学生や小学校の保護者、各種地域団体、企業などに市民活動カードを配布し、毎日の暮らしや仕事の中で環境を大切にした「エコ活動」や社会に役立つ活動を行った場合に、カードにエコスタンプを押印（サインでも可）してもらうシステムです。エコスタンプを集める対象となる活動は、「環境学習・自然体験」、「美化・緑化」、「グリーン購入」、「マイバッグ」、「資源リサイクル」、「温暖化防止」、「国際交流」、「環境以外の社会的活動（福祉、人権、平和等）」などです。

この活動は、事前登録を行う必要はなく、カードを入手した時から自由に始めることができ、一五個以上のスタンプやサインがあればカードを事務局へ提出してもらいます。市民活動カードの提出先に公民館が入っているのも大きな特徴です。市民一人ひとりの活動を見える化し社会への関わりを促進することに加え、スタンプを押印する側の環境意識を高めることも重視しています。

幼児対象のちきゅうとなかよしカードも導入

二〇〇七年より、就学前の幼児を対象とした「ちきゅうとなかよしカード」事業が試行的に始まり、保育所や幼稚園で既に行われているビオトープ池を通じた環境学習活動なども結びつけ、「生き物と仲良くした」、「ごはんを残さず食べた」、「電気をこまめに消す」「友だちと仲良くした」などの行動を行ったときにスタンプを押印し、楽しみながら環境意識を継続的に高めてもらうことを目的としています。

エコカード活動が始まって一〇年目を迎えた二〇〇七年度、幼児から大人までのすべての世代の市民が、日常生活の中で環境活動に取り組めるしくみが構築されました。環境学習都市として、いつでも、だれでも、どこでも学び合えるしくみを継続的に運営し、持続可能な社会を支える基礎的な活動としてさらに定着させていく必要があります。

環境学習を通じた持続可能なまちづくり

二〇〇五年度、「環境学習都市宣言」を踏まえ、西宮市は新環境計画策定の根拠条例となる「西宮市環境基本条例」を制定しました。この条例も新環境計画と同様に宣言の五つの行動憲章を基本要素に構成されており、「宣言」「計画」「条例」を貫く考え方として「環境学習を通じた持続可能なまちづくり」と「市民・事業者・行政の参画と協働の推進体制の確立」を掲げています。

新環境計画に掲げる目標を達成するためには、市民、事業者、行政の各主体がそれぞれの役割に基づく責務を果たすとともに、各主体間の連携による協働の取り組みが必要となることから、計画の推進にあたって環境計画推進パートナーシップ会議やエココミュニティ会議、エコネットワーク会議、評価会議などの組織づくりが行われました。

環境計画を推進する中核組織としての環境計画推進パートナーシップ会議は、環境目標を達成するための各種実行計画の策定や目標数値の決定、計画全体の進捗状況管理、継続的な環境改善に向けた方針決定などを行う推進母体組織。各種団体関係者、公募市民、事業者、教育関係者、行政職員の二一名の委員で構成されています。

地域の環境活動を支えるエココミュニティ会議

新環境計画を着実に進めていくには、市内のすべての地区において、幅広い世代が協力しながら、より快適な環境づくりを目指す活動が欠かせません。その核となるのがエココミュニティ会議です。

エココミュニティ会議を発足させるには、既に各地区において様々な分野で活動を行っている各種地域団体（自治会、環境衛生協議会、社会福祉協議会、コミュニティ協会、青少年愛護協議会、学校園ＰＴＡなど）の関係者を中心メンバーとして構成されることが条件です。ここには、地域事業者および市職員もメンバーとして参画しています。地域事業者は、社会的責任（ＣＳＲ）の一環として、各企業が所有する事業のノウハウや経営資源等を地域の活動に提供するなど、地域づくりの担い手としての役割が期待されています。また、市職員についても環境局以外の職員も含めて全庁的に参加希望者を公募し、選任された職員が各エココミュニティ会議のメンバーとして参画します。

西宮市では、このエココミュニティ会議を地域に根ざした環境まちづくりを担う重要な活動母体と考えており、市内のすべての地区においての設置を目指しています（二〇一二年四月現在では一九地区）。

持続可能な地域づくりサポート基金・にしのみや

エココミュニティ会議の活動を資金面から支援するための基金です。このサポート基金の執行管理は、西宮ロータリークラブ、西宮商工会議所、西宮市、ＬＥＡＦで構成する「持続可能な地域づくりサポート基金・にしのみや管理運営委員会」が行います。エココミュニティ会議が申請する活動支援金の額は、各エリアで小学生から市民が活動した活動数により算出されます。地域市民の社会活動に対する意識が高まれば、より活動基盤が充実していくというこのしくみは、行政主導の地域づくりから、市民・事業者・行政という様々なステークホルダーが「自らのくらし」を「自らが支援する」持続可能な地域づくりを具体化したものです。活動支援金を申請するには、エココミュニティ会議の対象エリア内の小学生の「ＥＷＣエコカード」と中学生以上の市民が取り組んだ「市民活動カード」（一〇人以上の中学生の参加が必要）の活動総数に一〇円を乗じた金額（但し、一団体あたりの支給金額の上限を一〇万円とする）を提供します。

ＮＰＯ法人としての社会的立場を再認識し、協働の取り組みを推進

今後、ＬＥＡＦをはじめ様々な団体にとっての重要なキーワードとしては、「持続可能性」「社会的責任」「協働」だと思われます。持続可能な社会構築に向けた各主体間の連携のあり方が問われてきます。「社会的責任に関する国際規格ＩＳＯ２６０００」の発効や「社会的責任に関する円卓会議」の発足は、全ての組織や主体が対等に対話し、協働するためのお互いが順守すべき基準や方法論を提示することにより、新たな社会経済システムの創造を提唱しています。

ＬＥＡＦもＮＰＯ法人として法人格を付与されている自らの社会的立場を再認識し、「自律と協働の精神」で持続可能な未来に向けた取り組みを様々な主体と連携し進めていきます。

第8章　環境行政における環境教育

小林 光（こばやしひかる）
環境事務次官（当時）

現職は、慶應大学環境情報学部教授。

1949年東京生まれ。1973年に環境庁（現・環境省）入庁。気候変動枠組条約第3回締約国会議（COP3）の誘致や同条約京都議定書の国際交渉を担当。2009年7月に環境事務次官に就任。2011年1月に退官。

主な著書『エコハウス私論 ―建てて住む。サスティナブルに暮らす家』（ソトコト新書）など。

この授業は、2009年11月に行われたものであり、その後の変化については（注）として、巻末に補足した。

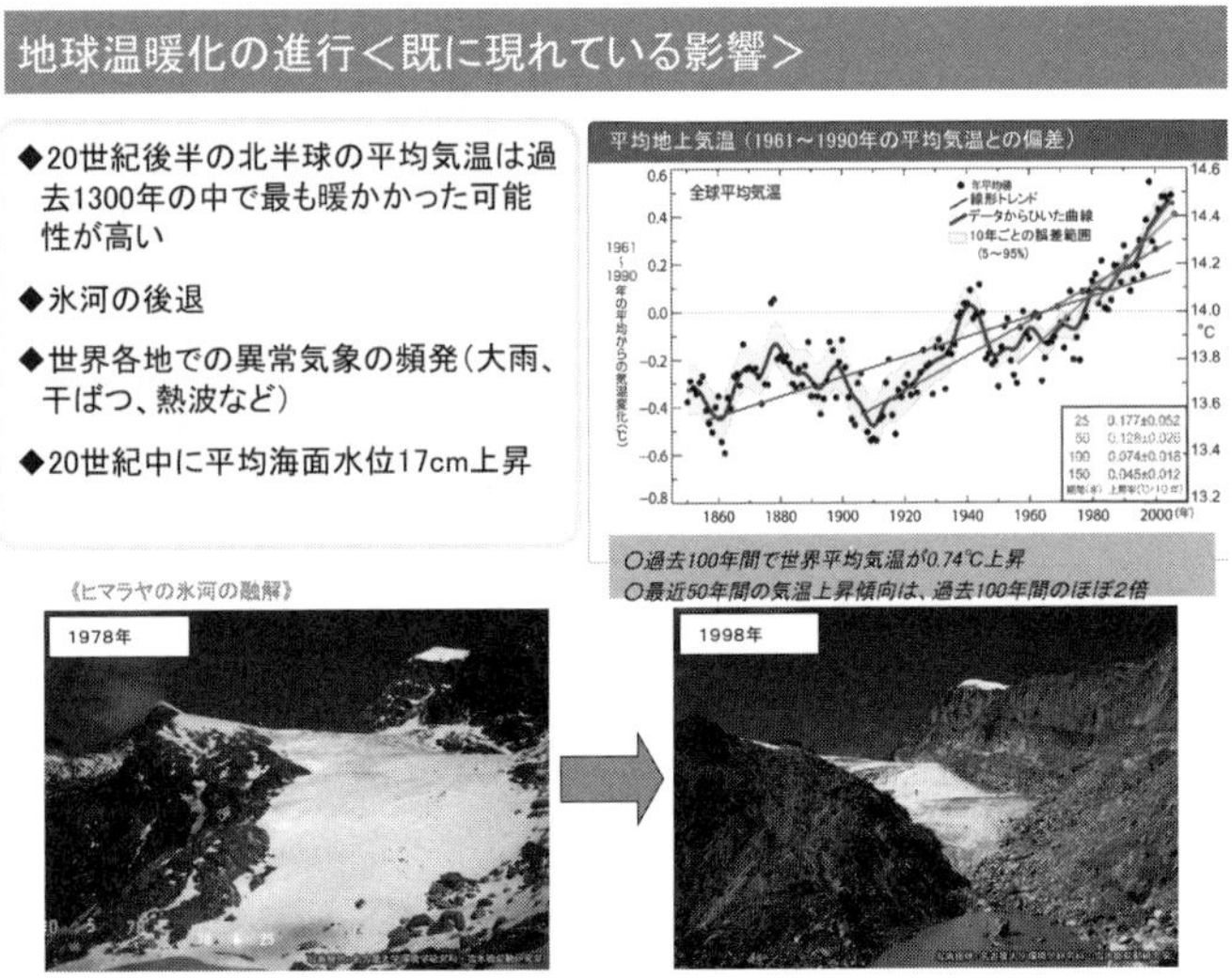
地球温暖化の進行＜既に現れている影響＞
◆20世紀後半の北半球の平均気温は過去1300年の中で最も暖かかった可能性が高い
◆氷河の後退
◆世界各地での異常気象の頻発（大雨、干ばつ、熱波など）
◆20世紀中に平均海面水位17cm上昇
平均地上気温（1961～1990年の平均気温との偏差）
全球平均気温
○過去100年間で世界平均気温が0.74℃上昇
○最近50年間の気温上昇傾向は、過去100年間のほぼ2倍
《ヒマラヤの氷河の融解》
1978年
1998年

図1-1　出所（上段右）：IPCC 第4 次評価報告書（2007）
出所（下段2 点）：名古屋大学環境学研究科・雪氷圏変動研究室

■ 1 地球温暖化問題にみる国内外の取り組み ～温暖化防止に向けた世界の動き～

世界は、一〇〇年間で大体〇・七度というスピードで、温暖化していると言われています。上記図1－1に示すグラフの角度が高くなっていることで温暖化のスピードが上がっていることが分かると思います。

私は課長として、京都議定書の温暖化対策の国際約束、国際折衝、あるいは国内の調整を担当していたのですが、その時には実際には世界中の排出量、原因物質のCO_2の排出量を五〇%くらい削る、つまり一〇年で五%くらい削れればいいスピードという感覚がありました。日本はマイナス六%ですが、京都議定書の先進国の平均的な削減率は五・一%とされています。

この意味は、この平均削減率を一〇倍した、つまり一〇〇年で五〇%くらいカットすれば温暖化はするが、がまんできるところで温暖化を止めることができる、というのが当時の感覚でした。ところが今、一〇〇年間で五〇%

世界で温暖化対策を行わない場合の影響

世界で温暖化対策を行わなかった場合、我が国においても、今後，国民生活に関係する広範な分野で一層大きな温暖化の影響が予想される。特に年を経るごとにその影響は大きくなる。そのため、子や孫の世代の負担を軽減するため気候を安定化させるための積極的な対策を実施することが早急に必要である。

○　対策を行わない場合の被害（【基準年】1981-2000年からの増加分）

	単位	2030年代	2050年代	2070年代	2090年代
洪水氾濫	兆円/年	1．3	4．9	8．7	8．3

※降雨強度と強い雨の頻度が増し、洪水氾濫面積が2070年代には最大で約1,200km2増加。

（その他の2090年代の被害）

- ・土砂災害　０．94兆円/年　【基準年】1981-2000年
- ・森林（ブナ林適域減少）　０．23兆円/年　【基準年】1990年
- ・海面上昇（砂浜喪失）　０．04兆円/年　【基準年】1990年
- ・海面上昇（西日本高潮）　７．40兆円/年※　【基準年】1990年
  （※　突発的な現象（台風）に関する項目であり、他の項目とは扱いが異なる。）
- ・健康（熱ストレス）　０．12兆円/年　【基準年】1990年

○　その他の影響

・農業（コメ）　温暖化の進行に伴いコメ収量の増加が見込めるが、さらなる気温上昇で減収に転じ、収量の変動も大きくなると予想。

図1-2　出典：地球環境研究総合推進費　戦略的研究プロジェクト「温暖化影響総合予測プロジェクト」研究成果

カットでは全くダメで、五〇年間で五〇％でないとダメだということが最近のサミットの結果でも言われるようになっています。要するに五〇年で五〇％というのは、京都会議での一〇〇年で五〇％くらいというのと比べてスピードが倍違うということで、それだけ温暖化の問題の危機感が高まり、また科学的な知見・知識が増えてきているのです。

他方で、「環境対策したくない」という人たちも知恵を使い、下がる時だってあると、図１－１のグラフを使って批判しています。二酸化炭素はずっとコンスタンスに増えているのに、地球の温度はそればかりではない。だから二酸化炭素は温暖化の原因物質ではない、あるいは極々最近の部分をみると右の部分が下を向いていますね。一番上の点を結んでいくと下を向いています。下を向いているので、二一世紀は温度が下がっている、と言う人がいるのです。

実は、人類の歴史をたどると暑かった時期の上から一〇番までは、全て二一世紀なのです。

私は科学者ではないのですが、一例をあげてみたいと思います。これが成績のグラフであったとします。横軸が勉強の量、縦軸がテストの成績だとしましょう。勉強すればするほど成績が上がらなきゃいけないが、勉強したのに成績が下がること

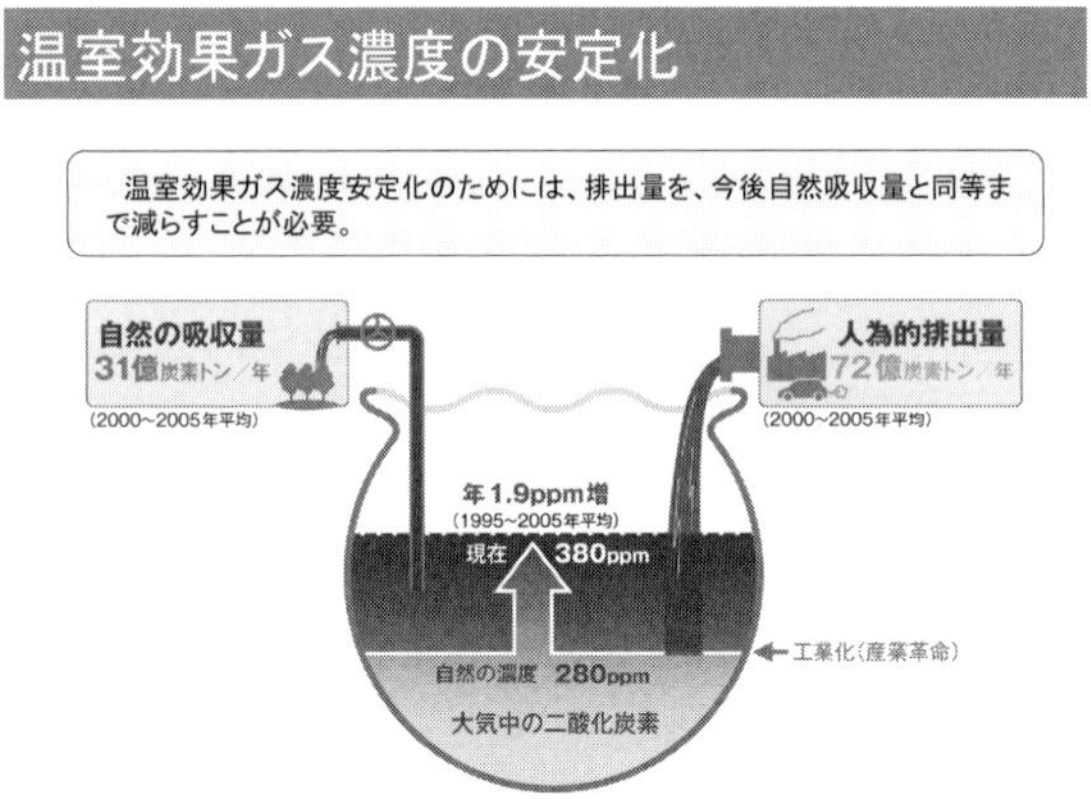

図1-3 （IPCC 第4次評価報告書(2007) より
国立環境研究所・環境省作成）

もあります。その時に、では勉強するのをやめるかということです。大きな目で見ますと、CO_2以外の他の要因があるにしろ、地球の温度は相当上がってきています。今後も温暖化が進み、被害が拡大していくと言えます。いや「そんなことない」という人の度胸は買いますが、冷静な議論と言えないと思います。

図1－2は、温暖化が進んだときどんな影響や被害が起こるかということを計算したものです。一番困るのは、例えば環境難民が出てきてしまうということです。途上国は日本と違って、温暖化に耐えるために、暑ければ冷房すればいいといっても冷房設備がない、洪水が来ても逃げる場所がない。洪水が来て家が壊れたらそれを直すための保険もないなど、ないない尽くしですから、温暖化の被害を一番受けるのです。結局、住めなくなると職を求めて、あるいは食料を求めて、他の国に移住するのです。それは世界的に政治的・経済的な摩擦を生むだろうということです。そういうことが一番怖いと思います。いずれにしても温暖化に伴って巨大な被害が生じ、それを克服するのに大きな費用が必要と言われています。

では、温暖化は原因物質の二酸化炭素を全部なくさないと、つまり出さないようにしないと止められないかというと、そうではないのです。地球の大気は、産業革命より前には安定した濃度で二八〇ｐｐｍ

程度の二酸化炭素が入っていました。そのせいで地球は平均気温で一五度くらいといわれています。このたった二八〇ｐｐｍの二酸化炭素がなければ地球は氷の惑星となってしまいます。二酸化炭素は地球が着ているマントとしては大変良いものなのです。ｐｐｍとは百万分率ですから、一立方メーターに二八〇ｃｃ二酸化炭素が入っているということです。図１－３に示すように人間が出している量が炭素の量で七二億トンです。その分が全部大気にたまっている計算だとするとあわないのです。あわない分はどうなっているのかといいますと、左のほうに出ています。恐らく三一～三二億トンくらいは自然が吸収しています。その差し引きが毎年増えているということです。逆にいえば自然が吸ってくれる量と同じ量まで人が出す量も減らせば、それ以上空気の中の二酸化炭素は増えない。だから温暖化も進まない、ということになります。バランスから言いますと半分くらい減らさなければならないのです。図１－４に示すように、それを何年でするのか、例えば二〇五〇年までに半分にするのか、一〇〇年で半分にするのかで、出来上がりの濃度が全然違います。例えば、九〇年比でいいますと二〇二〇年で二五％くらいに削る。二〇五〇年で八〇％くらい先進国は削る。世界全体で言いますと半分くらいになりますが、そうなると図表の左

IPCC第4次評価報告書の複数の排出パス

シナリオカテゴリー	地域	2020	2050
A-450ppm（CO_2換算）	先進国（附属書Ⅰ国）	90年比　▲25%～▲40%	90年比　▲80%～▲95%
	途上国（非附属書Ⅰ国）	ラテンアメリカ、中東、東アジア及びアジアの中央計画経済国におけるベースラインからの相当の乖離	すべての地域におけるベースラインからの相当の乖離
B-550ppm（CO_2換算）	先進国（附属書Ⅰ国）	90年比　▲10%～▲30%	90年比　▲40%～▲90%
	途上国（非附属書Ⅰ国）	ラテンアメリカ、中東及び東アジアにおけるベースラインからの乖離	ほとんどの地域、特にラテンアメリカ及び中東におけるベースラインからの乖離
C-650ppm（CO_2換算）	先進国（附属書Ⅰ国）	90年比　0%～▲25%	90年比　▲30%～▲80%
	途上国（非附属書Ⅰ国）	ベースライン	ラテンアメリカ、中東及び東アジアにおけるベースラインからの乖離

図1-4　出所：IPCC 第４次評価報告書
第3 作業部会報告書

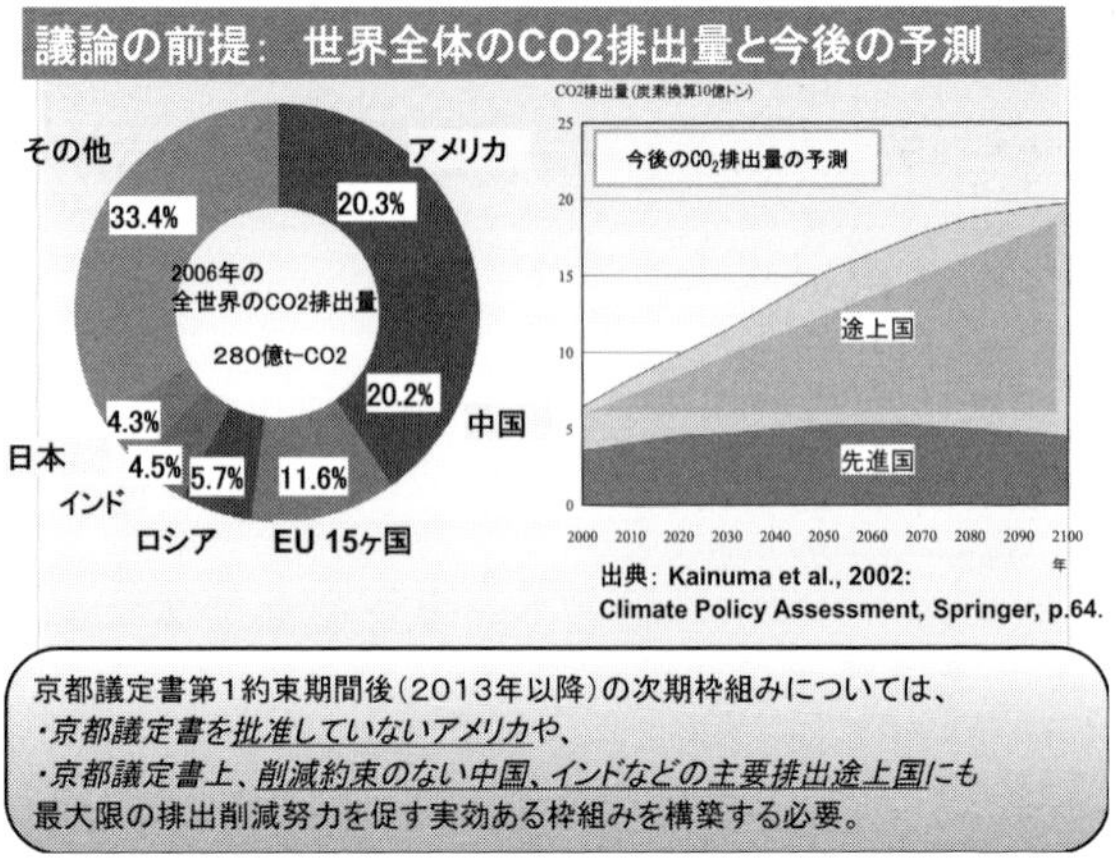

図1-5　IEA「CO2 EMISSIONS FROM FUEL COMBUSTION」2008 EDITION より環境省作成

にあるとおり四五〇ｐｐｍくらいで止まります。京都議定書で言われていた一〇〇年で五〇％くらい削ればいいというバランスでやりますと五五〇ｐｐｍくらいになります。

しかし、どうも今までの研究では五五〇ｐｐｍでは、耐えられないことになると言われています。ということでなんとか四五〇ｐｐｍ、温度上昇でいえば産業革命前に比べて言えば摂氏二度くらいの上昇、いまは〇・七度の上昇ですが、二度くらいの上昇で留めるようにする、ということなのです。

ここまでの話を聞いて温暖化は止められると思った人は結構多いと思います。でも実際は今、皆が交渉していることが全部うまくいっても二度は上がる。うまくいかなかったら、努力しても左側の真ん中にあります五五〇ｐｐｍ、これだと三度以上、上がるだろうと言われています。〇・七度上がったことで大きな影響がでてきます。それが二度だと、単純計算でいえば三倍、三度ですと大きな影響、変化があるだろうということです。温暖化防止と言っていますが、はっきり言えば温暖化は防げません。防げないので、二度くらい上がった世界でうまく適応するというのが、これからの戦略ということです。一年中の平均の気温で二度も上がるとこれは大変なことです。そこで、それを防ぐために、適応するためにいろんなビジネスが出てくると言えます。

変わってしまうことは仕方がないし、悲しいことです。高山植物が好きな人なら高山植物が見られなくなってしまう。変わっても暮らせるようにしなければならない。それには大変な知恵がいる、ということです。

これから世界中で排出量を全体の半分にしなければいけないということですが、図１－５の右側の帯グラフにあるように途上国はどんどん増えています。今ちょうど先進国が出しているCO$_2$と途上国が出しているCO$_2$は同じくらいです。左の円グラフ（古いデータですが）を見ますと、恐らく二〇〇七年にはアメリカと中国が入れ替わって中国が一番になったはずだと言われています。途上国は中国を先頭に排出量の半分以上を占めているということですから、世界の排出量を半分にするという命題がもし認められるのであれば、先進国がなくなってそれでやっとということです。途上国だけが排出していて、その途上国すら、排出量を増やしてはいけないということも含んでいるのです。

途上国の人も発展していかなければいけない、発展する権利がある、という中で、どこまで環境を使っていっていいということを保障するのか、また先進国が既得権みたいなことで先に環境を汚していますけど、これをどこまで減らすことが合理的なのか、そういうことを議論しなければならないと思います。

例えば日本の産業界は、限界削減費用が同じになるように先進国の対策をするべきだし途上国の対策もするべきだ、ということを言います。経済学ではいろんな対策、取り組みの限界削減費用が皆同じになる時に総費用が最小になるといいます。だから総費用最小ということを実現するためには限界削減費用がどこでも一緒というのが一番合理的ということになるのですが、それは経済学のイロハみたいに聞こえますが、本当にそうなのかなということを考えなければなりません。

途上国ではむしろ一トン削るのは、浪費しているし、あまり技術が高くないから安い。先進国は非常に技術が高いので削る余地が少ない、追加的に削らなきゃいけないから人を使うと人件費も高い。いろいろな理由で先進国が一トン削るのは高くつくのです。だから途上国で削れ、ということなのです。それは、国境が無ければそういうこともあるのかと思いますけれど、安い費用で削れるところで削るべきだというのは、実は既得権擁護の思想です。今ある環境を汚してしまう経済を前提に、そこからどれだけ犠牲を平等に、あるいは効率的に払うかということだったらそうかもしれませんが、実は初期配分と言いますが、先進国が汚していること自体には目をつむっている発想です。いまの資源の配分、資源の使い方が仮に正しいとすればというのが前提です。環境問題というのはそうではない、それが正しくないから起きたことですので、その意味ではどうやって直せばいいのかということを考えていく大きなテーマなのです。これまでに国際的に合意されたことなどを図表（図1－6、7）に示します。

温暖化対策の目標について（1）

＜これまでに、国際的に合意された目標＞

＜気候変動枠組条約締約国会議での合意＞

○京都議定書（1997年採択、2005年発効）：

2008～2012年の５年間平均で、温室効果ガス排出量を基準年（原則1990年）から、先進国全体でー５％、日本はー６％

＜主要国首脳会議（サミット）での合意＞

○Ｇ８北海道洞爺湖サミット（2008年）：

2050年に世界全体で温室効果ガス排出量を半減

○Ｇ８ラクイラサミット（2009年）：

2050年までに先進国全体で温室効果ガス排出量を80%以上削減

図1-6　出所：環境省資料

温暖化対策の目標について（2）

国名	削減率（1990年比）	削減率（2005年比）	土地利用・森林吸収源	海外クレジット
日本(前政権)	-8%	-15%	含まない	含まない
鳩山総理スピーチ(9/22)	-25%	-30%	未定	未定
米国	0%（予算教書） -7%（ワックスマン・マーキー法案）	-14%（予算教書） -20%（ワックスマン・マーキー法案）	含む	含む
EU (27カ国)	-20% / -30%	-14% / -24%	-20%: 含まない -30%: 含む	含む
ロシア	-10～-15%	+31～+38%	未定	未定
豪州	-3% / -14% /-24%	-10% / -20% /-29%	含む	含む

※米国の提案基準年は2005年
※EU、ロシアの提案基準年は1990年
※豪州の基準年は2000年（2000年比では-5% / -15% / -25%）

（参考）先進国全体の削減レベル
・IPCC第4次評価報告書：450ppmでの安定化のためには、
　2020年に1990年比25～40%削減
・G77及び中国の提案：　2020年に1990年比40%削減
・小島嶼国連合の提案：　2020年に1990年比45%削減

図1-7　出所：環境省資料

次期枠組み交渉の主要な論点

①長期目標を含む共有のビジョン

・「2050年までに世界全体の温室効果ガス排出量を少なくとも半減」の長期目標に合意できるか（中・印等が反対）

②緩和（温室効果ガスの削減）

・先進国の数値目標（削減レベル、基準年）
・中、印等の主要途上国の行動（拘束力、目標の形式）
・全ての国の長期（2050年）の排出削減の道筋、目標・行動の測定・報告・検証、新たなクレジットメカニズムの創設

③途上国への資金供与

・資金供与の額、供出の方法

④気候変動への適応、技術開発・移転等

・気候変動に脆弱な途上国への適応支援
・環境技術に対する知的所有権の扱い

図1-8　出所：環境省資料

国際交渉で何を交渉しているのかと言いますと（図１－８）、①は長期目標、具体的には二〇五〇年に温室効果ガスの排出量を少なくとも半減するという長期の目標に人類が合意ができるのか、ということです。これをやると実は人類の活動に箍《たが》がはまります。宇宙船地球号と言いますが、その枠の中で暮らさなければならないという明確な方針が出来てしまうのです。活動に枠がはまるということは、人間活

動も産業活動も炭素が入った有機物を酸化してそれで出るエネルギーで暮らしているのであり、そのエネルギーを酸化した結果で出てくるのがCO_2なので、CO_2の量に制限があるならインプットする量にも制限があるということになるのです。そうなると活動に枠が嵌るということになります。

しかし、②はそういったことに中国とかインドは自分たちの成長に枠を決めてしまうので、合意できるかということがあります。そしてその中で、先進国はどれだけ分担するのか、途上国はどう分担するのか、国際的に議論して決めるということが大きな論点です。

③は途上国は今まで汚して来たわけではないので、これから対策しなさいといわれたら発展がしにくくなる、その時に対策しなさいと言われると辛いからお金もだして、という話もしているのです。④は先に述べたように、二度上がるということですから、そういう暑い地球にどうやって適応するか、そのための仕組みも創らなければいけないということなのです。

そのような中で、二〇〇九年、鳩山首相は政権交代の途端に、国連の気候変動サミットで大胆な演説を行いました（注1参照）。前の政権の言い方では、九〇年比で九%、ここまでやりますということを言い、そして世界が色々お付き合いするならもっとやるということであるなら日本ももっと積み直しても良いですよ、という環境政策のあり方を示していたのですが、鳩山首相は逆に、みんなが頑張ってうま

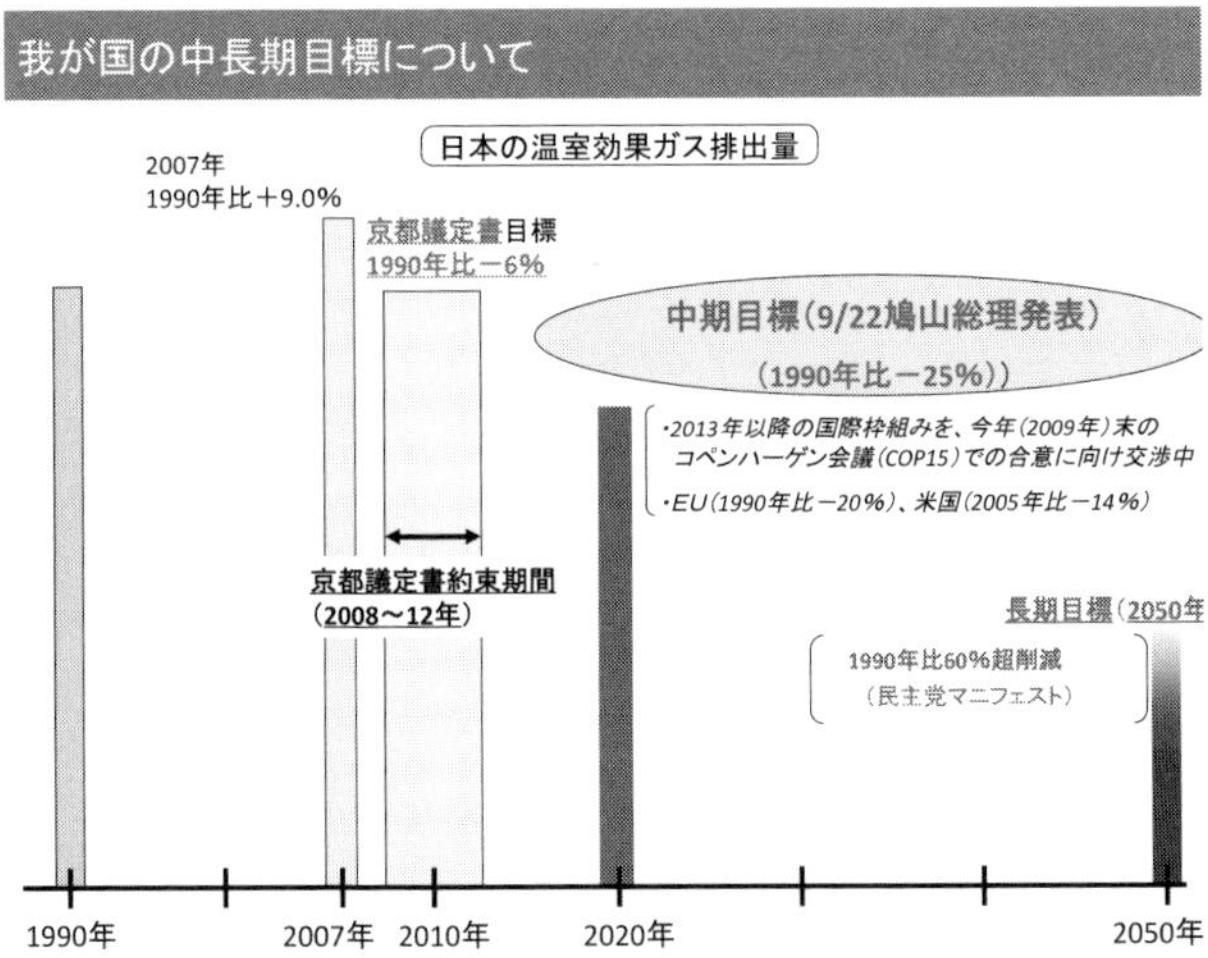

図1-9　出所：環境省資料

く合意ができれば、その中では二五％削るということがあってもいい、という理想を述べたのです。

バックキャスティング（こうあるべきだということから現実どうやっていこうかということを考える）とフォーキャスティング（現実はこうなっているから将来どこまで出来るかなと考える）やり方があるのですが、政権交代劇により、結果としてみれば環境対策をどういう発想でするかというのは一八〇度変わったといえます。

つまり「何が今を出発点としてできるか」という発想と、そうではなくもっともっとこうすべきなのだ、「そこに行くためにこうしていくべきだ」という発想と、まったく違う発想が一つポイントと思っています。鳩山首相は、そういう道を述べたのです。

仮にその通りになると、京都議定書では一九九〇年に比べてマイナス六％ですが、一九九〇年比二五％を二〇年ぐらいにやる。これも恐らく幅一〇年ということになると思うのですけど、そして二〇五〇年には恐らく、これは民主党のマニフェスト上ではマイナス六〇％と言っていますが、閣議決定ではマイナス六〇％からマイナス八〇％削減と言っています。どうも民主党は八〇％削減と述べておりますので、（国会で全てが決まるというわけではないかもしれませんが）いずれにしてもマイナス八〇％という数字はかなり確度が二〇五〇年に向けて高くなってきていると思います。オバマさんと鳩山さんの東京での会談でもマイナス八〇％、これ何年比マイナス八〇％とまでは言っていないので、正確ではないのですがマイナス八〇％ということは言われています。図１－９のグラフのように、あるいはこの右端のグラフはもっと小さい、もっと縮まるということかもしれませんがそれが世の中の流れになっています。それに向けて今、国際交渉が進んでいるのです。ＣＯＰ15（二〇〇九年一二月）のコペンハーゲンでの会合で、大枠だけが決まるだろうと言われております。来年に少し持ち越して細かいことが決まっていくと思います。（注２参照）

■2　我が国の温暖化対策

そういう中で日本はどのように温暖化対策を行うのでしょうか。現在の法律体系では図２－１に示すようになっています。エネルギーを使うこと、自然を取り扱うこと、それから街づくりなどや、書いていないがグリーン購入法等と各種あります。家での消費や家電製品の適切な選択や購入など、環境教育で進めて行くことも大事になりますが、様々なことが環境、特に温暖化対策に関わってきます。それに関した法律の体系が地球温暖化対策推進法です。エネルギー政策が鍵なのですが、この

我が国の地球温暖化対策等の枠組み
地球温暖化対策推進法
国・自治体・事業者・国民の責務、京都議定書目標達成計画、地球温暖化対策推進本部などを規定し、我が国の温暖化対策の基盤となる法律。
エネルギー関係
○エネルギー政策基本法
→温暖化防止が図られるようにエネルギー需給に関する施策を推進。
○省エネ法
→工場・事業場、建築物、輸送、機器器具の省エネ基準等を定めており、温暖化対策としての側面がある。(※)
○RPS法
→電気事業者に対し新エネ購入を義務付けており、温暖化対策としての側面がある。(※)
○新エネ法
→新エネの普及促進を目的としており、温暖化対策としての側面がある。(※)
森林・農地関係
○森林・林業基本法
→森林が温暖化防止に資する。
○バイオマス基本法
→バイオマス活用の推進が温暖化防止に資する。
○間伐促進法
→京都議定書目標達成計画と調和するように基本方針を策定。
等
○エネルギー供給構造高度化法
→エネルギー供給事業者に対する非化石エネルギーの利用促進や太陽光発電の買取制度を規定しており、温暖化対策としての側面がある。(※)
等
都市・地域関係
○都市計画法
→温対法に基づく地方公共団体実行計画の策定に当たって配意。
○中心市街地活性化法
→コンパクトシティの構築は、温暖化対策としての側面がある。(※)
○長期優良住宅普及促進法
→国産材の利用が温暖化防止に資する。
○農業振興地域法
→温対法に基づく地方公共団体実行計画の策定に当たって配意。
等
他の環境関係
○生物多様性基本法
→温暖化が多様性に影響を及ぼすとともに、多様性保全が温暖化防止に資する。
○フロン回収・破壊法
→温暖化防止が法目的のひとつ。
○環境配慮契約法
→政府実行計画の実施の推進に資するよう基本方針を策定。
等
その他
○海洋基本法
→海洋が温暖化防止に影響を与える。
等
(※)法律に明示的に規定されていないが、温暖化対策として大きな影響を持つもの。

図2-1　出所：環境省資料

民主党「地球温暖化対策基本法案」のポイント
【法案の目的】　地球環境・生態系の破壊を食い止めながら、国際的な協調を進めつつ、経済成長や豊かなライフスタイルの実現とともに脱温暖化社会をめざす
中長期目標の設定
温室効果ガス削減目標　：2020年までに25%の削減、2050年までの早い時期に60%超の削減（1990年比）
新エネルギー等供給目標：2020年までに一次エネルギー供給量の10%の導入
目標を達成するための基本的施策
◇国内排出量取引制度の創設(2011年度)
◇地球温暖化対策税の創設
◇固定価格買取制度の創設
◇新エネルギー等の利用の促進
◇建築物・機器等の省エネの推進
◇革新的な技術開発の促進
◇排出量情報等の公表(CO2の見える化)
◇温暖化対策関係の新規事業への支援
等
たとえば
国内排出量取引制度の創設
固定価格買取制度の創設・
新エネルギー等の利用の促進
排出削減コストの最小化
新しいマーケットの誕生
新たな削減技術開発へのインセンティブ
革新的な技術開発の推進
新エネルギー（太陽光、風力等）、燃料電池、原子力発電
技術による日本経済の発展
オイルショックを契機とした抜本的な省エネルギー対策は、我が国に技術力の向上、国際競争力、経済的メリットをもたらした

図2-2　出所：民主党資料

政策が少し聖域化しているようにも思えます。エネルギーを大切に使うのはいいことだけど、でもエネルギーが使えなくなるのは嫌だから、まずエネルギーは確保す

る、その中で温暖化対策を出来る範囲でしようと考えているのがエネルギー法ではないかと受け止めています。言いすぎかもしれませんが。直していかなければならないとも思っています。現在の法律では、エネルギー法の中には環境目的は入っていないのです。環境目的を書いた上で省エネ、あるいは新エネを使用していくべきと思います。

一応こういう体系の下で対策を取っていますが、さらに法体系を整理して、目標も明確にして進めていこうという提案が図2－2です。国会で議論が行われると思いますが、ばらばらな体系をもう少し風通しのいいものにしないといけないなと思っております。

CO_2排出削減に向けた技術対策

京都議定書のCO_2の六％削減目標を達成するための必要な実用化技術を図2－3に五例示します。①再生可能エネルギー：太陽光発電システム、②省エネ機器：ヒートポンプ技術、キャパシタ（蓄電器）、さらに空調機器、冷蔵冷凍機、給湯器などの高効率化の実現、③次世代自動車：ハイブリッド自動車などによる大幅な燃費向上、④公共交通機関の利用促進、⑤省エネ住宅など、により低炭素社会実現にむけてこうした技術を国内のみならず国外でも普及させていくことが我が国経済の成長のカギともなると思います。

では、八〇％削減を実現する社会の姿を示したいと思います（図２－４）。八〇％カットとは何でも八〇％カットするということではないのです。エネルギーの需要を四割減らし、六割で今と同じことを出来るようにするということです。例えば石炭はほとんど炭素です。天然ガスは炭素に水素がついているので、水素が燃える分だけCO_2が減るということになるのです。そのようにしてエネルギーの炭素密度を七割減らすと炭素密度はゼロになるのです。太陽光や風力から直接電気を持ってくらすことにしましょうということです。具体的には、六割必要なエネルギーに七割炭素密度が小さいエネルギーを当てればいいのです。実際出てくる二酸化炭素はその掛算になり、これで実際には八割カット以上になるのです。ですから、難しいわけではありません。ましてや二五％カットでは、四分の一削るのではなく、実際には少ないカット率で実は達成が出来るということになるのです。

そこで、計算してみますと、かなり経済成長率が高くて、大都市集中みたいな暮らし方でも八割カットは出来（タイプＡ図２－５）、逆に、地域に分散して自然と仲良くゆったり暮らす、その代わりＧＤＰの成長率は低いのですが、田舎でのんびりしているほうが人口は恐らく増える（タイプＢ図２－６）、と推定しています。

二〇五〇年では人口は九五〇〇万人になり、その代わりＧＤＰ成長率は二％くらい取れる。これに対して人口一億人で一％くらいの成長、という絵も描けるのです。

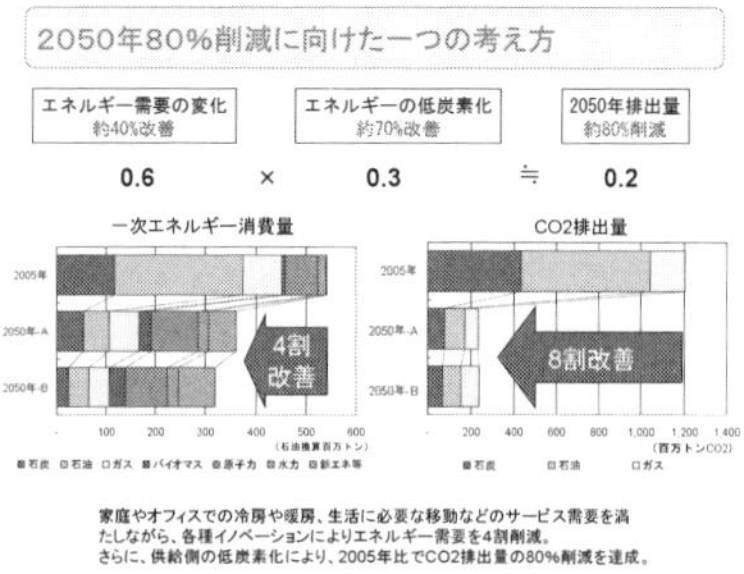

図2-4

図2-3

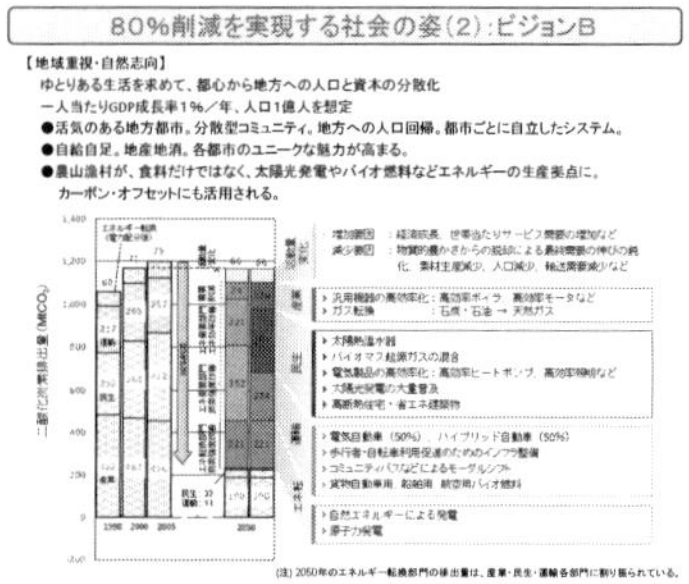

図2-6

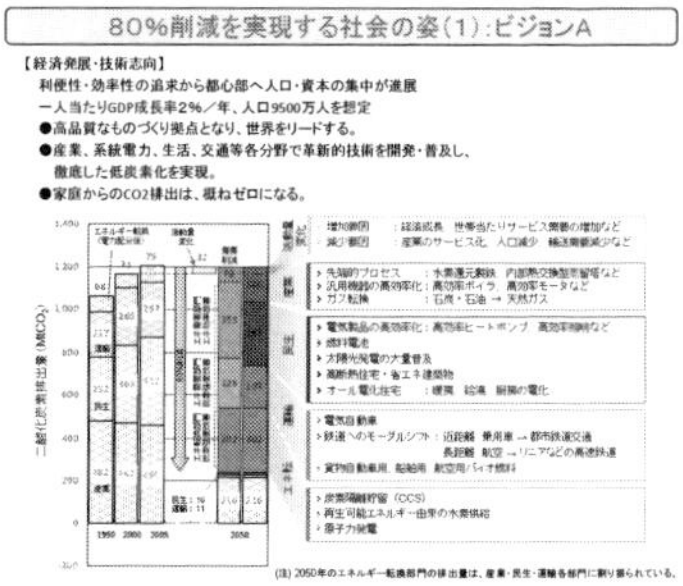

図2-5

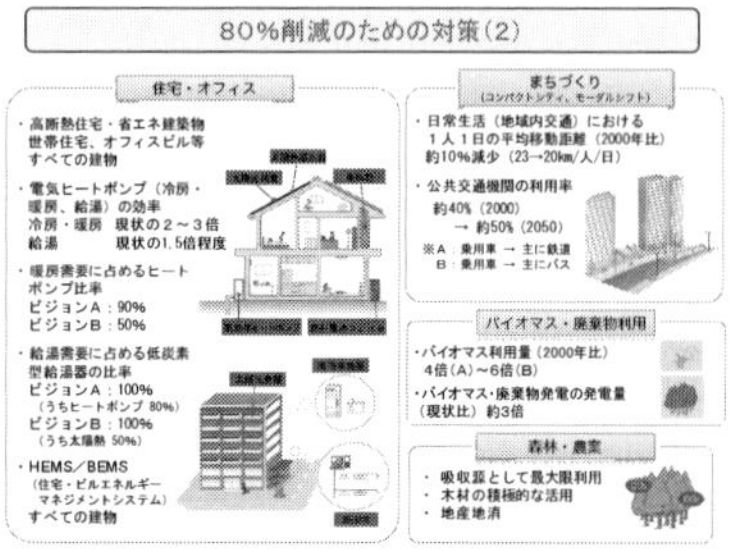

図2-8

図2-7

出所：環境省（2009）「温室効果ガス2050 年80%削減のためのビジョン」

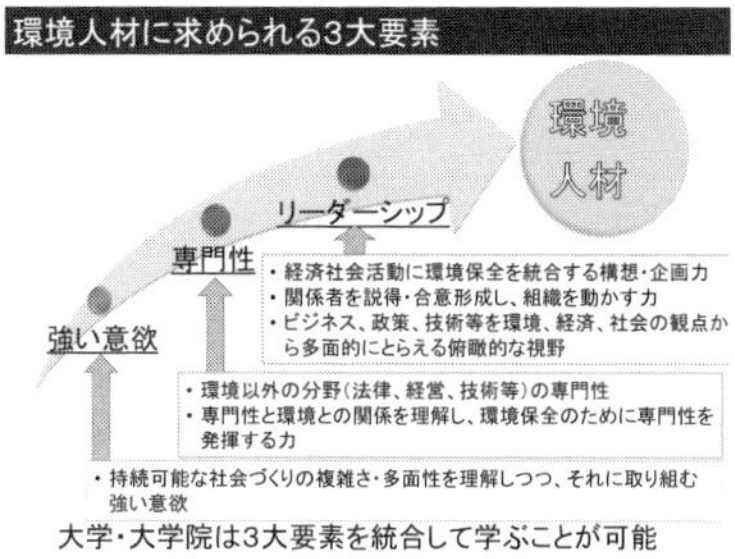
環境人材に求められる3大要素
環境
人材
リーダーシップ
専門性
強い意欲
・経済社会活動に環境保全を統合する構想・企画力
・関係者を説得・合意形成し、組織を動かす力
・ビジネス、政策、技術等を環境、経済、社会の観点から多面的にとらえる俯瞰的な視野
・環境以外の分野（法律、経営、技術等）の専門性
・専門性と環境との関係を理解し、環境保全のために専門性を発揮する力
・持続可能な社会づくりの複雑さ・多面性を理解しつつ、それに取り組む強い意欲
大学・大学院は3大要素を統合して学ぶことが可能

図3-1
出所：「持続可能なアジアに向けた大学における環境人材育成ビジョン」、環境省、2008年

いずれにしても、どのような技術を選択するかによって違いますが、それでも相当削減ができます。

それぞれの具体的なビジョンを図２－７、８に示すので、読み取っていただきたい。

3 環境教育の実践～環境人材の輩出に向けて～

環境人材とは大学・大学院で次のような要素を統合して学んで欲しいと考えています（図３－１）。ひとつはリーダーシップが必要ということです。環境は誰にとっても必要ですから、そこでいろいろな活動の仕方の中でどのように環境を守るのか、どう使うのかということは、相当知恵が必要です。単純なルールでは対応できないので構想力が求められます。特に、環境問題は温暖化だけではないのですが、空気の中に二酸化炭素を排出するということは人間が登場して以来、少なくとも火を使い始めて以来当たり前のことなのです。人間は生きて呼吸し、CO_2を空気に出しているのですから誰も疑っていない。それを疑わなければならないということですから、相当な企画力が要るのです。先に述べましたように関係者はすごく幅広いですから、そのような人たちに納得いただいて世の中を変えていくということですから、様々な人にお話が出来なければいけない。そのために多面的にとらえ、俯瞰的な視野からものを考えられるということが必要なのです。リーダーシップに関

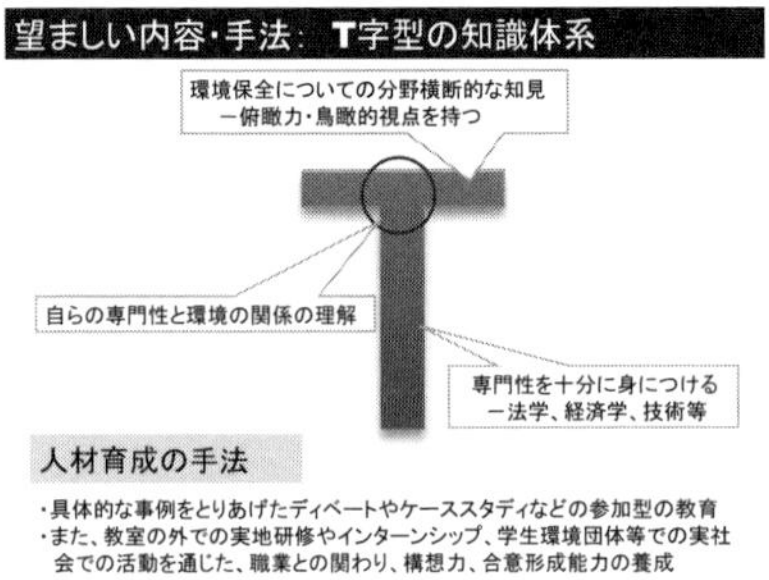
望ましい内容・手法：T字型の知識体系
環境保全についての分野横断的な知見
ー俯瞰力・鳥瞰的視点を持つ
自らの専門性と環境の関係の理解
専門性を十分に身につける
ー法学、経済学、技術等
人材育成の手法
・具体的な事例をとりあげたディベートやケーススタディなどの参加型の教育
・また、教室の外での実地研修やインターンシップ、学生環境団体等での実社会での活動を通じた、職業との関わり、構想力、合意形成能力の養成

図3-2
出所：図3-1に同じ

しては、専門性のもとにリーダーシップを発揮できますが、環境の場合には多角的に環境との関わりを考えた上で采配ができなければならないと思います。それから当然環境というのは幅広い生態系のシステムを扱っていますので好奇心が大事ですが、自分の分野と環境との関係を自分の分野に引き寄せて考えられるという専門性もなければいけない。当然、意欲も必要です。

環境人材に求められる知識体系（図3－2）として、二つの素養が必要です。まず、本来の専門分野――たとえば、法学、経済学、工学等――の知識を、縦軸としてしっかり身につけることです。と同時に、横軸として、環境という分野横断的な知見を獲得することで、鳥瞰的な視点あるいは俯瞰力も備えて、自らの専門分野に環境の視点を内在させるような素養が求められます。これを、T字型の知識体系と呼ぶことができます。現在は、この専門性と環境の統合を身につけるための教育が不足しています。次に、環境人材を育成する手法としては、従来からの知識伝達型の教育では、十分ではありません。具体的な事例をとりあげたディベートやケーススタディなどの参加型の教育が望まれます。さらに教室の外での実地研修やインターンシップ、学生環境団体等での実社会での活動を通じて、職業との関わり、構想力、合意形成能力を養うことも求められます。現在は、そのような教育手法は十分には行われていません。

4 日本の環境行政の充実強化

日本の環境行政は、被害を防ぐという行政だったのですが、被害を防ぐではなく、むしろ環境のもたらす恵みを増やしていくことが大事だということが言われはじめてきました。「持続可能な開発の概念」が導入され、一九九三年に環境基本法が制定されました。一九九二年にブラジルのリオデジャネイロで地球サミットが行われ、国際会議としては盛り上がり、一九九二年は人類にとっての大きな節目になったのです。それから二〇年がたち、発想の転換に迫られることもこれからもあると思います。

また全く新しい原理の環境行政というのが、この二〇年間の蓄積で出てくると思いますが、原理原則も考え直さなければならないということがあるのです。環境には国境がないのだから、地球環境保全ということを保護法益、法律の目的として、そしてそれゆえに日本人が規制をされなければいけないという立論をしていく必要があります。その初めの例としてオゾン層保護法というのがあります。初めて国際条約が出来たから仕様がない日本もやるというのではなくて、国際条約でやる以上に日本もやりますという法律を制定したのです。国際主義という面では、日本にはやることがあると思います。オゾン層保護法は地球環境の環境悪化へ日本として初めての対応であり、その後、国際法＋国内独自法を組み合わせて地球保全に日本の役割を発揮し、さらに地球保全を保護法益とした国内法制の発展につながっていったと思います。

では日本に、国際主義が行き渡っているかといえば怪しいと思います。その最たるものが温暖化問題です。化石燃料の使用が地球の環境容量と衝突するということで、根本的な環境問題といえます。私が大事だなと思って取り組んできたことは経済との関係です。日本の経験から、環境に配慮しないと経済的にも不利だということが明確になっています。さらに分析を積み重ねて訴えていかないといけないと思います。

例えば、今、私が担当している水俣病についても新しい救済案を検討しておりますが、水俣病は当時、新日本チッソ肥料株式会社が、いわば戦後復興の国の命運を担って、日本の再建のために高度成長の中で肥料を生産・販売していましたが、公害対策技術が劣っている中で悪意ばかりではなかったと思いますが、結果として対策を十分にとらなかった、つまり対策を惜しんだことにもなるのです。その結果、チッソは利益をあげたが、後で水俣病患者の方々への補償、あるいは汚染された海を修復という対策費用を持たなければならず、原因者にとっての損益分析(一九九一年)をすると一〇〇倍以上の損をしているのです。現在チッソが抱えている環境対策の特別損失としての負債は二〇〇〇億円くらい抱えていますが、それは日本国民一人頭にしますと一〇〇〇円以上という額になります。ですから最初から環境に配慮したほうが得だ、と言えるのです。環境省では公害防止投資のマクロ経

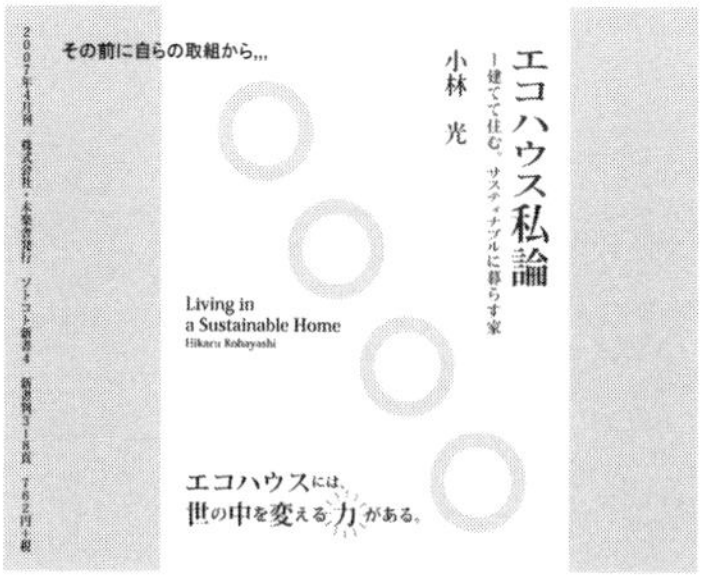

図4-1　「エコハウス私論」、小林光、ソトコト新書、2007年

済分析（一九九三〜九四年）を行っていますが、厳しい公害投資をいち早く開始した方が成長率が高いのです。さらに鉄鋼のような公害対策強化反対業界も公害対策の推進により利益を上げているのです。また国民経済というマクロ分析でみても、環境対策をしても決して経済に反しないということが言えると思います。

その他、環境税の考え方の導入の検討に始まり、グリーン税制改革方針、環境配慮契約法（二〇〇七年・環境性能と価格との総合評価、環境性能による入札参加、資格制限、プロポ方式の採用）、環境コミュニケーションへの取り組みを促進する環境配慮促進法（二〇〇四年）による環境レポート、環境金融の検討・推進など世界のグリーン・ニューディールの流れとの同調による環境資源の投入を減らして儲かる経済へという方向で、環境に取り組む企業の増加や環境への投資増加を視野に入れた環境行政の強化を図ってきています。また日本では、省エネ家電エコポイント、エコカー減税と補助金、エコハウス減税、環境企業へのゼロ％利子融資などを進めてきております。環境対策の取り組みの場はどこにでもあり、自分の足元の対策が基本といえます。

エコハウス私論

自分の家をエコハウスにしましたので、その紹介をしたいと思います（図４－１）。エコハウス実践の理由は三点あります。一つは、産業界にCO_2削減を訴えて

図4-2　30を越える対策（出典「エコハウス私論」）

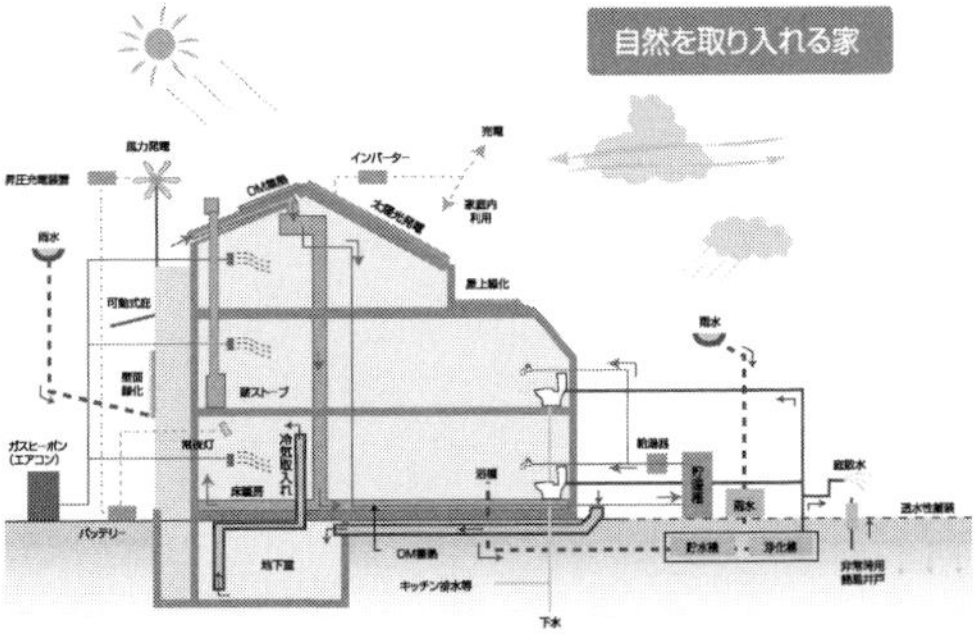

図4-3　羽根木エコハウスOMソーラーシステムによる
床暖房と給湯のしくみ（出典「エコハウス私論」）

も国民（家庭）が出す分を規制せよ、という。そこで家庭部門（国民）だって削れます、と反論するためにも実践をしてみたのです。二つ目は、エコハウスの建設を通じて新しい経済の作り手、つまり新たな枠組みの構築が可能となる、という気持ちがありました。三つ目は、仕事が政策をつくることですから、どういうところに政策のタネがあるかを探る、ということです。一〇年前に建築しましたが、考えられることはほとんど導入しました。当時は燃料電池は無かったので、その設置はしていませんが、図4－2、3に示すように太陽光発電、太陽熱給湯、床暖房、高断熱、複層ガラス断熱ドア、インバーター照明、屋上緑化などを取り入れています。図4－3は断面図です。左側に太陽が照っています。左屋根が南でそちらが小さいので直接に取るために太陽熱を集め、北屋根は太陽光発電に使用しています。そのほか壁や屋根を高断熱にし、それからバイオマス利用として、二階の暖房は薪

（写真提供：小林光）

写真4-1　羽根木エコハウス全景

写真4-2　南面の太陽集熱パネル

写真4-3　白い管はOM式のダクト

写真4-4　２階リビングに設置された薪ストーブ

写真4-5　日射を遮蔽するオーニング

写真4-6　２階南ベランダの壁面緑化

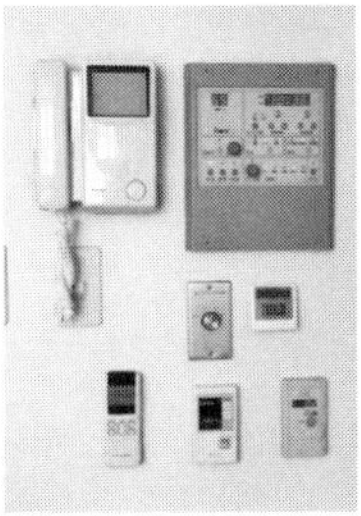
写真4-7　OMソーラーシステムのコントロールモニターなど

ストーブにしています。風呂の処理水と雨水をあわせてトイレの洗浄水に利用する、屋上緑化や壁面緑化、稼働庇など考えられることは全て取り入れています。

写真４－１は東から見た外観です。左側が南面で壁面緑化しているところです。風力発電機があり、北面に屋根材一体型の太陽電池を設置してあります。写真４－２は南面でガラス面がありますが、この下で暖まった空気が家の中に取り込まれるのです。写真４－３の左にあるダクトを通って暖かい空気が床下まで行って、床下に暖かい空気が入るのです。高気密高断熱になっていますので、どこかで抜かないと空気が取りこめませんのでグリルから暖かい空気が出てくるのですが、よく誤解がありますがこの暖かい空気で暖房しているのだろうといわれますが、そうではなくて床下に暖かい空気を取り込んで床全体が温まる、実は床の下に蓄熱コ

ンクリートがあるのですがそれの放射熱で温めているという仕組みになっているのです。ですから対流式の暖かい空気で温めるというものではないのです。写真4－4は二階にある薪ストーブ。左にある薪くらいで、一日十分暖かいのです。写真4－5は可動庇で巻き上げている写真です。写真4－6は壁面緑化を見たところです。雨水を溜めたタンクからパイプで水がきていて、バルブを捻りますと黒い蛇のようなチューブからポタポタと水が落ちる形でプランターに水を上げています。写真4－7は制御盤です。冬ですが一〇時三六分ですでに屋根の温度は六五度です。このエコハウスは一一〇平米ですが、簡単に一〇〇平米くらいあるとして、一年間で降り注ぐ太陽光の一二%を電気に変換出来れば自給できるのです。自然の力というのはすごいのです。だから技術が進むと、特に太陽エネルギーに関しては必要以

環境対策費の内訳（単位：万円・税抜き）	今回工事費用	通常工事費用	純粋な環境対策費
発電設備工事 太陽光発電、同インバーター、風力発電装置、同蓄電池、工事費	309		309
空調設備工事 ガスヒートポンプ、室内機、配管、地下室冷気導入設備等、工事費	250	120 ※1	130
OM式給湯設備・温風床暖房工事 装置、工事費	188	50 ※2	138
外部建具工事 複層ガラス入りアルミ製断熱サッシュ断熱ドア等を含む	270	180	90
断熱工事 次世代基準適合のグラスウールを含む	80	50 ※3	30
中水・雨水利用設備工事 風呂排水浄化槽、雨水タンク、散水設備等、工事費	80		80
薪ストーブ工事 煙突工事費込み	65		65
基礎工事 OM式蓄熱コンクリート工事分を含む	180	130	50
電気設備工事 インバーター照明	190	188	2
内装工事 国産唐松ムク床材、月桃製壁紙を含む	237	200	37
塗装工事 亜麻仁油を含む	90	80	10
外構工事 透水性舗装、植栽フェンス等、工事費	110	100	10
合計	2049	1098	951

※1 1階温水床暖房工事と7部屋分の電気ヒートポンプ付き空調機を想定
※2 貯湯槽付き大型給湯器を想定　※3 現行の省エネ基準に対応する壁断熱工事を行った場合

図4-4　環境対策ごとの費用内訳

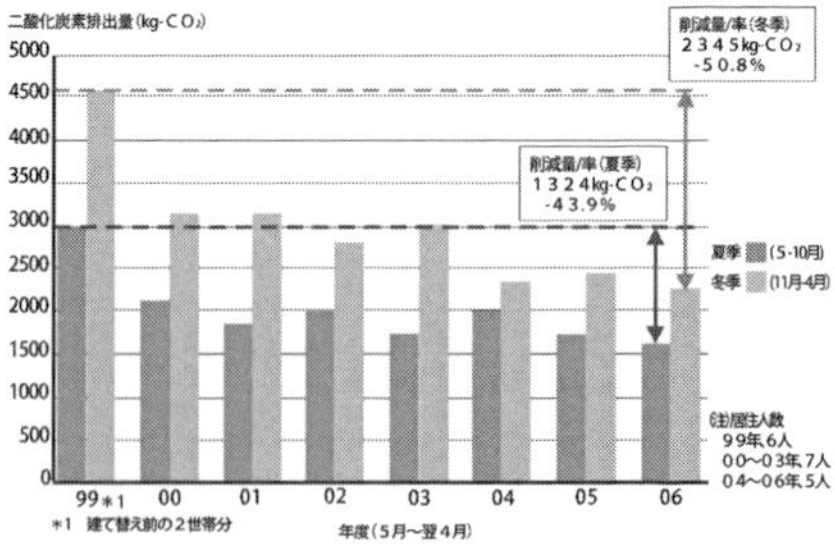

図4-5　羽根木エコハウス二酸化炭素排出量の推移（夏期／冬期）

上にありますからそれを使うというのは決して夢ではないと思います。

このような仕組みの導入で建設費は九〇〇万円くらい余分に出費しています（図4－4）。坪単価では二〇万円くらい高くついています。この中で費用がかかっているのが太陽光発電設備です。太陽光発電は設置すると休まずに働いてくれる、何もしなくても電気を出してくれるので大変優れものだと思います。こういう一〇年前の水準の技術でも三五年で元が取れる、という計算になりました。そして削減効果のほうも五〇％くらいです（図4－5）。先に述べたように世界中で五〇％減らすことが求められているのですから、自分の家も五〇％削減に貢献できたのです。一〇年前の技術でも出来るということです。

エコハウスに頼り過ぎるのではなく、住まいの中で一番エネルギーを使うのは冷蔵庫ですので、省エネ型に買い換えなども必要です。さらに住まいの中には結構小物が沢山ありますので、良い耐久消費財を使う、使い方を工夫するというのも大きなポイントになるのではないかと思います。

注１

二〇〇九年国連気候変動サミット鳩山総理演説

2009年国連気候変動サミット　鳩山総理演説

削減目標

○IPCCの議論を踏まえ、先進国は、率先して排出削減に努める必要がある。
○わが国も長期の削減目標を定めることに積極的にコミットしていくべき。
○中期目標についても、温暖化を止めるために科学が要請する水準に基づくものとして、1990年比で言えば2020年までに25%削減を目指す。国内排出量取引制度や、再生可能エネルギーの固定価格買取制度の導入、地球温暖化対策税の検討をはじめとして、あらゆる政策を総動員して実現を目指していく決意。
○我が国だけが高い目標を掲げても気候変動を止めることはできない。世界の全ての主要国による、公平かつ実効性のある国際的枠組みの構築が不可決。すべての主要国の参加による意欲的な目標の合意が、我が国の国際社会への約束の「前提」。

途上国支援

○途上国も、持続可能な発展と貧困の撲滅を目指す過程で、「共通だが差異のある責任」の下、温室効果ガスの削減に努める必要がある。とりわけ温室効果ガスを多く排出する主要な途上諸国においては、その必要が大きい。
○とりわけ脆弱な途上国や島嶼国の適応対策のために、大変大きな額の資金が必要。わが国は、国際交渉の進展状況を注視しながら、これまでと同等以上の資金的、技術的支援を行う。
○途上国への支援について、以下のような原則が必要と考えており、「鳩山イニシアティブ」として国際社会に問うていきたい。
① わが国を含む先進国が、相当の新規で追加的な官民の資金での貢献
② 途上国の排出削減について、とりわけ支援資金により実現される分について、測定・報告・検証可能な形での、国際的な認識を得るためのルールづくり
③ 途上国への資金支援については、予測可能な形の、革新的なメカニズムの検討。国連の気候変動に関する枠組みの監督下で、世界中にあるバイやマルチの資金についてのワンストップの情報提供やマッチングを促進する国際システム
④ 低炭素な技術の移転を促進するための方途について、知的所有権の保護と両立する枠組みづくり

（注1）　出所：環境省資料

注2

その後、二〇一一年一一月末から一二月初めに開かれた気候変動枠組み条約第一七回締約国会議において、①産業革命前に比べて一・五度ないし二度の気温上昇で、今後の温暖化をとどめるためには、現在の各国の削減目標では不十分であることを認識しつつ、二〇一五年までにすべての国に適用される法的ルールを定め、二〇二〇年から実行する、②二〇一七年まで、もしくは二〇二〇年までの間、先進国は引き続き京都議定書の枠組みを利用して削減を行う、との合意がなされた。

参考文献

「エコハウス試論」、小林光、ソトコト新書　二〇〇七年

第9章　生物多様性と環境行政

黒田大三郎（くろだだいざぶろう）
環境省参与　現；公益財団法人 地球環境戦略研究機関 シニア・フェロー

東京都生まれ。1975年環境庁（現環境省）入庁。自然環境局、国立公園レンジャー、国土庁、釧路市役所などを経て野生生物課長、自然環境計画課長。2005年大臣官房審議官、2008年自然環境局長、2009年環境省参与となりCOP10の準備、調整に当たる。この授業は、2010年11月に行われたものであり、その後の変化については（注）として、巻末に補足した。

■1 国連・生物多様性年

二〇一〇年一〇月に愛知県名古屋市で開催された生物多様性条約の第一〇回締約国会議で何が議論されたのか、これから先どうなるかという話を中心に展開します。

一〇月に本体会合が二週間、その前にカルタヘナ議定書の会議が一週間あって、都合三週間、生物多様性条約に関する会議が開催されました。その三週間のうち最後の三日間は各国から環境大臣が集まった閣僚級会合があり、開催国で議長国でもある日本からは菅総理もご出席されました。この条約には一九二の国と地域（EU）が加盟をしています。国連の加盟国が一九二あります。実は国連に加盟してない国で生物多様性条約にだけ入っている国があり、ちょうど同じ数字となっています。会議はNGOの人たちも含めて、多くの人たちが参加をして一万三〇〇〇人という大規模な会議になりました。前回のドイツのボンで開催されました二年前のCOP9では六〇〇〇人の参加者でしたから、その倍になる非常に賑やかな会議でした。

本会議のスローガンは、日本からの提案で「ライフ・イン・ハーモニー、イントゥ・ザ・フューチャー」（「いのちの共生を、未来へ」）です。各国代表団による本体会合は政府間の国際交渉、外交交渉が中心ですが、それでも大ホールが埋め尽くされるほどの大きな会議になりました。また、この時にそれまでの色々な活動をまとめようということで、コカ・コーラの学生環境サミットをはじめ、色々な分野で三五〇ぐらいの公式サイドイベントがありました。各ＮＧＯとか地域の自治体、国際的なＮＧＯが色々なブースを出す生物多様性交流フェアも大々的に開催されて、大体一一万人位の方が来場しました。

この会議にいたる国際会合の流れを上記に示します。まず、今年（二〇一〇年）を「国連・国際生物多様性年」（ＩＹＢ；International Year of Biodiversity）とし、このプログラムの下でいくつかのことが行われました。五月二二日を「国際生物多様性の日」とし、グリーンウェイブという運動が行われて、地球上隅々に至るまで青少年による植樹をやる、この日の午前一〇時に植樹をすると、地球上で太陽の傾きというか回り方とともに、一〇時になると世界各地で木が植わって行くと宇宙から見ると波のよう

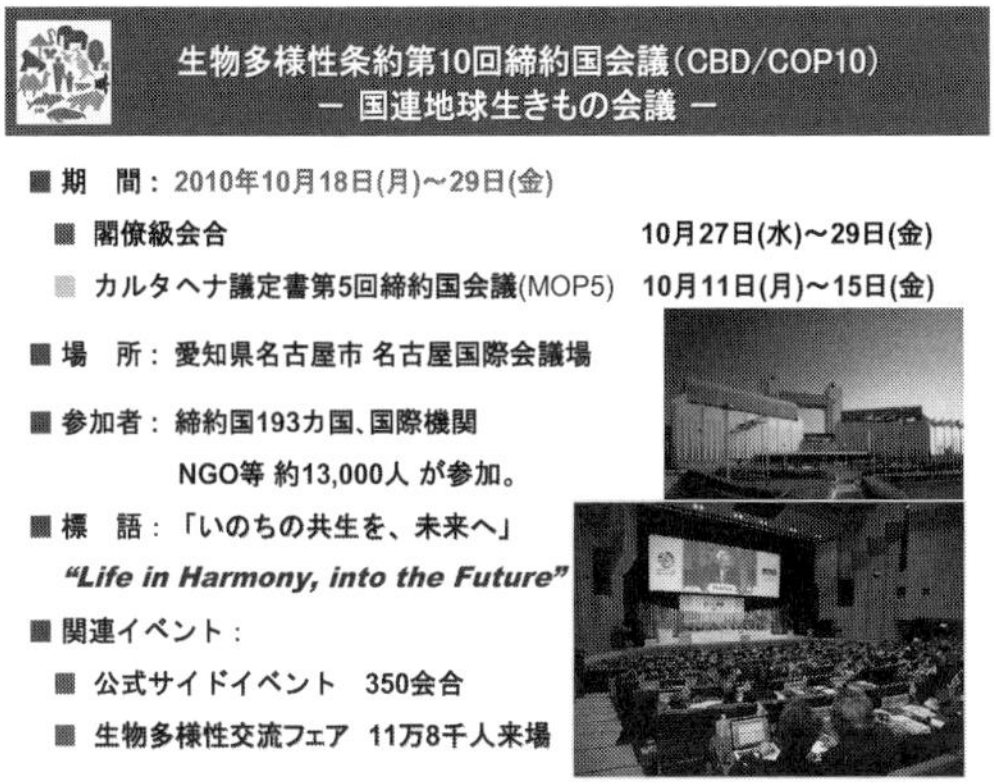

図-1　CBD/COP10

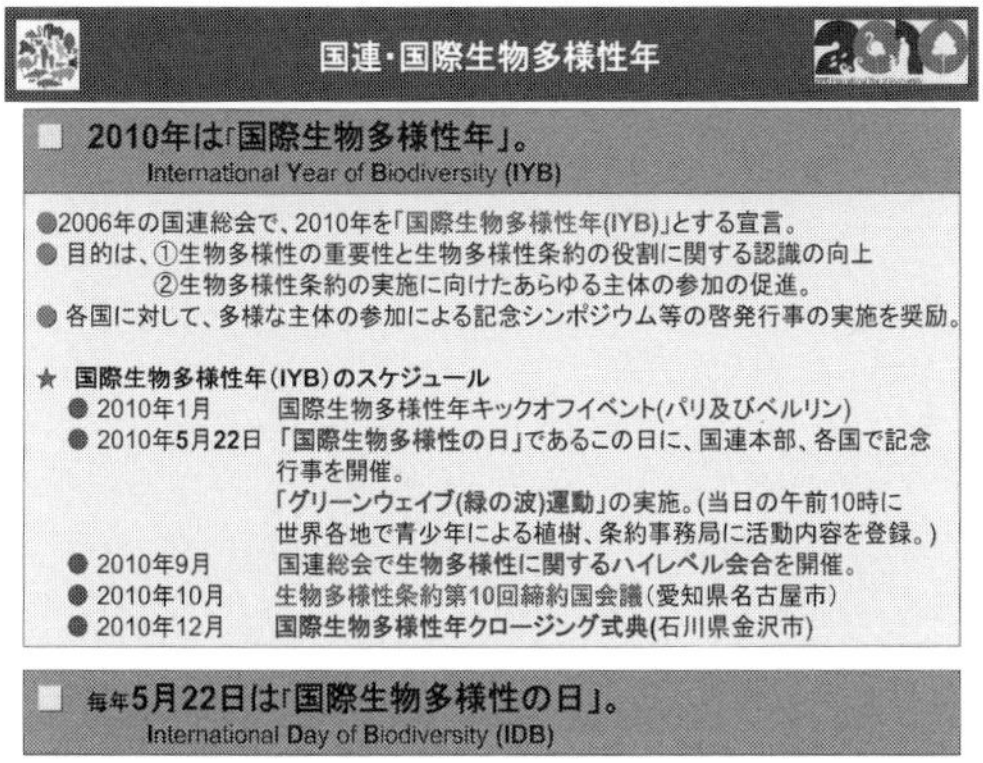

図-2　国際会議の流れ

図-3　CBD/COP10と国連・生物多様性年のロゴマーク

に見えるということでグリーンウェイブという名前が付きました。日本をはじめ色々な国や団体がこの運動を大々的に繰り広げて、来年以降続くことを期待しています。

今年、九月には生物多様性に関するハイレベル会合というのも国連で初めて開催されました。これも生物多様性年を記念して開催されたものです。そして一〇月にCOP10があって、一年間各国が色々な活動をしたしめくくりとして、一二月には世界全体の総括の会議を石川県の金沢で開催するスケジュールになっています。うまくすれば国連の事務総長パン・ギムンさんも来るかもしれませんが。

ロゴマークなどを図－3に示します。

■2　生物多様性とは？

生物学者の調査でラテン語の学名が付いている種が一七五万種類いるということです。ただこれが全てではなくて、推定では五〇〇万種類～三〇〇〇万種類くらいはいるだろうと言われています。足元の日本では、大体九万種類くらいは名前が付いた生物がいます。

「生物多様性」という言葉は非常にわかりにくいですね。日本語で生物という言葉も多様性という言葉も解ると思いますが、両方くっつくと途端にわからなくなる。

という感覚をお持ちだろうと思います。英語では、biodiversity といいますが馴染みにくい。これがこの分野で行政の仕事をしている各国の役人の間の共通の悩みです。ほかに置き換える良い言葉がないので使われています。

生物の多様性は大きく三つのレベルの多様性で捉えられています。①生態系にも色々なタイプがあり生態系の多様性と言われます。次に、②種がたくさんいること、つまり種の多様性があります。さらに、③種の中でも少しずつ性質の違うものがあり、種内（遺伝子）の多様性と言われます。同じゲンジボタルでも西日本と東日本のそれでは少し性質が違っています。これはひとりひとりが個体ごとに違うという違いよりも、もっとはっきりした違いです。蛍の発光の仕方に大きく差が表れていきます。そういうものは遺伝子に差があるのだということで、遺伝子のレベルでも多様性があるのです。そういう生きものが、お互いに作用し合っている。特にそれぞれの種があって、いくつかの仲の良いというか、一緒になって現れる種があります。樹だったら樹がまとまって森林になっていくのですが、そういうものは種が勝手にまとまっているのではなくて、環境に応じて仲の良い種というものがまとまって生えて、お互いに作用、働きかけをしています。それは植物同士だけではなくて、動物と植物の関係にもみられます。例えば、ある花が開くとある虫が受粉の手伝いをする。そういう付き合いがあって、色々な面で生物同士、種同士がつながり合っていくのです。そういうつながりは、あるとき、例えば今なら今、現在種のつながりがあるわけですが、このつながりというのはもうひとつ時間軸といいますか、縦に見ていったときにもあります。系統樹といいますが、今は色んな種で分かれていますが、元をたどっていくと一つになっています。地球が出来て四六億年くらいと言われて、生きものが地球上に現れて三八億年くらいです。ひとつの細胞というか生きものが地球上に誕生して、そこから色々分かれてきて今の生物がいる。そういう意味でもつながっています。そのつながりは、みな親戚というつながりです。時間的にもつながっており、今の空間の中でもお互いに作用し合ってつながっている。そういうつながって出来ているものが生物多様性で、こういう認識がとても重要です。

と、話すと「それがなぜ重要なのか」と問われます。これに対しては自然の仕組みから人間が色々な恩恵を受けているからというのが答です。このことを改めてしっかり認識すべきであるということで、恩恵について整理が行われました。国連が中心になって整理し、各国の研究者が合同で整理をした中で、どうも大きく分けると生物多様性、とりわけ生態系という自然の仕組みからいろいろな恵み、すなわちサービスを受けており、それは四つの生態系サービスに分けられるのではないかというのが今の主流の考え方です。

①供給サービス：食料、家を建てるときの材木、水、繊維、燃料などの物資物質の提供・供給

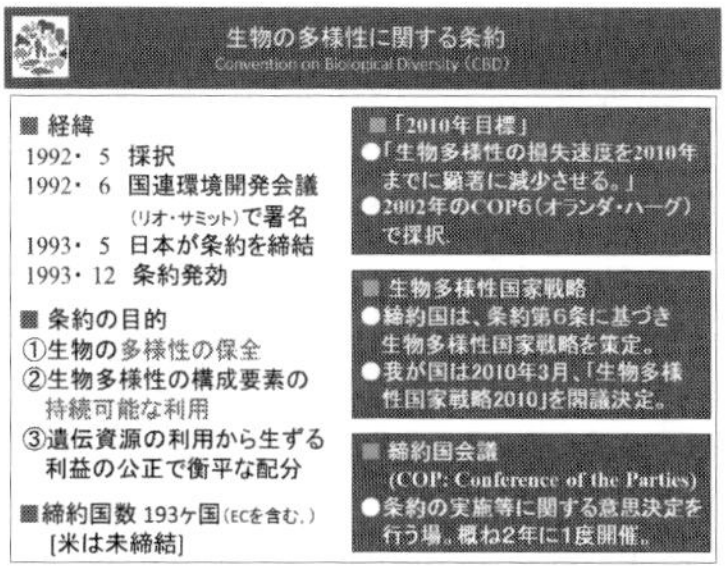

図–4　生物多様性条約の経緯・目的

②調整サービス：気候緩和、疾病予防、大森林地帯による水の循環、蒸散作用など
③文化的サービス：精神的充足、美的楽しみ、レクリエーション、教育的効果など
④基盤的サービス：光合成（酸素と有機物の生成）、土壌形成など

こうしたサービスから人間は福利として、（ア）豊かな生活を支える物資（食料、住居、衣料など）、（イ）健康（清浄な大気や水、健全な自然環境など）、（ウ）安全（防災、資源供給など）、を受けているのです。そういう恵みを認識して、ありがたみをきちんと受け止めないといけないのです。生物多様性が損われその恵みが減るというのは心地よい昼寝という恵みを支える、ハンモックのネットが少しずつ破れていって、最後にはハンモックから転がり落ちてしまうのと同じです。その恵みをいつまでも受けられるように生きもののつながりを保ち、恵みを受け続ける努力をしていかないといけないのです。

■３　生物多様性に関する条約

世界中で生物や遺伝資源を何とかしようという動きが一九八〇年代からあって、それでできたのが生物多様性条約です。条約が出来る過程は上段（図－４）に示していますが、一九九三年一二月二九日にこの条約が国際的に発効しています。この条約の目的は、①生物多様性の保全を第一の目的として、②生物多様性の構成要素の持続可能な利用、③遺伝資源の取得と利益配分の三つです。この三つ目の目的を少し説明します。生物多様性を使って、特に遺伝資源を新しいバイオ技術によって使うと色々な利益が生まれることがある。薬が開発される、化粧品が開発される、あるいは食料品でも使いやすい新たなものが生まれてくる。こういうことに成功して儲かったときは、その儲けを開発者が独占せず、遺伝資源を持っていた人にも配分すべきという考えが三つ目の目的です。遺伝資源を分析をして色々な製品を開発した人だけが儲けるのではなくて、そういうものの元になった、材料となった動植物や菌類を持っていた地元にも利益が還元できるようにすべきであるということです。実は、この第三の目的に着目して発展途上国もこの条約に期待をしており、ほとんどすべての国が入っています。入っていない国は、アメリカとアンドラ（フランスとスペインの間にある小さな国）です。

COP10の理解に重要な三つのキーワードがあります。

第一は二〇一〇年目標、すなわち二〇一〇年までに生物多様性の損失速度を顕著に減らそうという目標です。今年はこの目標年です。二番目は国家戦略です。この条約は枠組み条約に近くて、細かい手続きに関してあまり述べていないのですが、二つの義務が含まれています。一つは、各国で生物多様性の保全と持続可能な利用を図る上で大事だと思われる生物と重要な地域をリストアップする義務です。もう

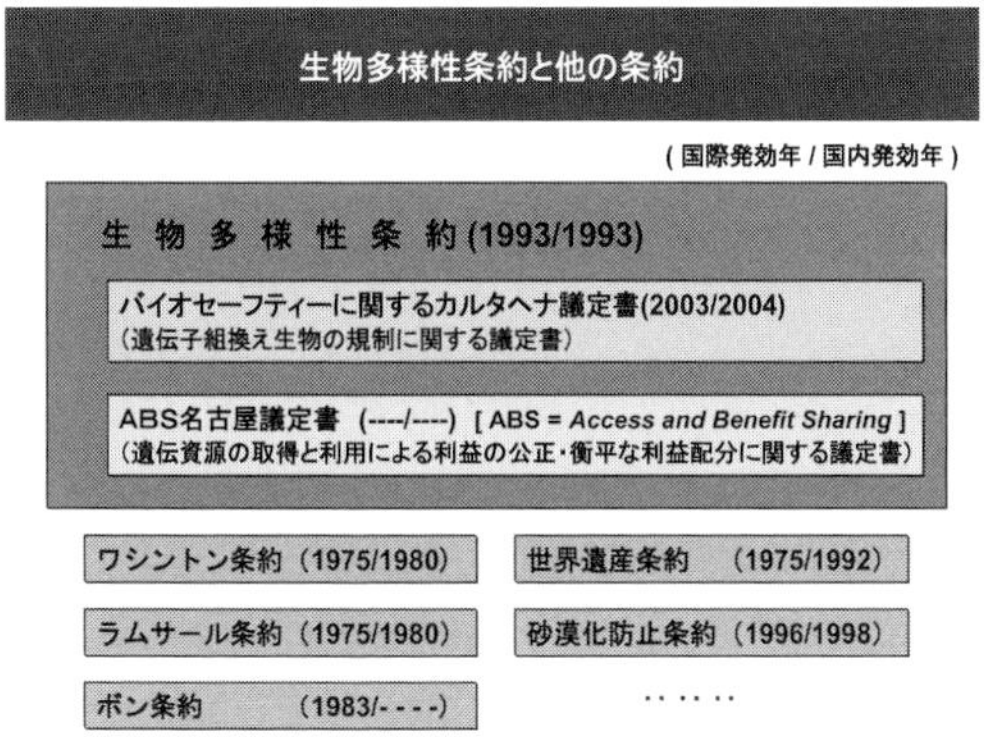

図-5　生物多様性に関連する条約

一つの義務は、条約第六条に基づいて、各国の生物多様性の国家戦略をつくることです。日本はこの分野において非常に優等生です。一七〇カ国ほどが国家戦略をつくっていてもつくりっぱなしの国が多いのです。しかし、日本は定期的に見直しをしていて今年の三月に、それまでの第三次生物多様性国家戦略を作り変えて、先を少し見通して第四次に相当する生物多様性国家戦略の二〇一〇というバージョンを作っています。これもCOP10に関わる重要な項目です。

温暖化防止のほうは今年、このあと一一月にメキシコのカンクンでCOP16、第十六回締約国会議が開催されます。生物多様性に関しては、この間名古屋で開いた会議はCOP10ということで第一〇回目の締約国会議です。COPという言葉は締約国会議の略称です。温暖化防止条約のためだけの言葉ではありません。いろんな条約の総会に相当する締約国会議は英語でConference of the Partiesと言います。締約国はPartiesと呼びます。生物多様性条約のCOPはほぼ二年に一度あるので、今ほぼ二〇年で一〇回目となります。温暖化防止条約のほうはCOPを毎年やるのでどんどん数字が重なっていきますので、生物多様性締約国会議との数字に開きが生じます。

生物多様性条約は枠組み条約ですが、細かいルールをつくらないといけないときもあります。そういうものは議定書と呼ばれます。この生物多様性条約の下ではすでに、遺伝子組換え生物の規制、バイオセーフティーに関するカルタヘナ議定書（図－5）があります。日本では組換え大豆の栽培はしていませんが、人間の食品の材料や家畜の飼料として組換え大豆が大量に輸入されています。組換え生物は生物界には本来ないものですから、それが生態系に入って混じることで、生態系に思わぬ変化が生じる恐れがあるので、取り扱いを決めようと国際的な約束としてカルタヘナ議定書が出来たのです。カルタヘナとは、議定書の議論をした南米コロンビアの都市です。そういうように議定書にはしばしば議論された都市名が付けられます。カルタヘナ議定書が生物多様性条約のもとにありますが、今回COP10の中で新たに生まれたのが、ABS名古屋議定書です。

ABSとはAccess and Benefit Sharingで、先の生物多様性条約の第三の目的に絡むものです。遺伝資源の取得と利用による利益の公正・衡平な配分に関する議定書です。

生物多様性条約はその条約の中で完結するのではなく、色々な関係する条約の上位に位置する、すなわち傘になる性格を持っている条約だといえます。自然環境に関する条約としては、ワシントン条約（絶滅のおそれがある野生動植物の国際取引を規制する条約）、ラムサール条約（湿地の保護条約）、ボン条約（国境を越えて移動をする動物の保護条約、国内では発効していない）、世界遺産条約（遺産条約には自然遺産と文化遺産がある）のうちの自然遺産などがあり、これらは生物多様性とつながりが

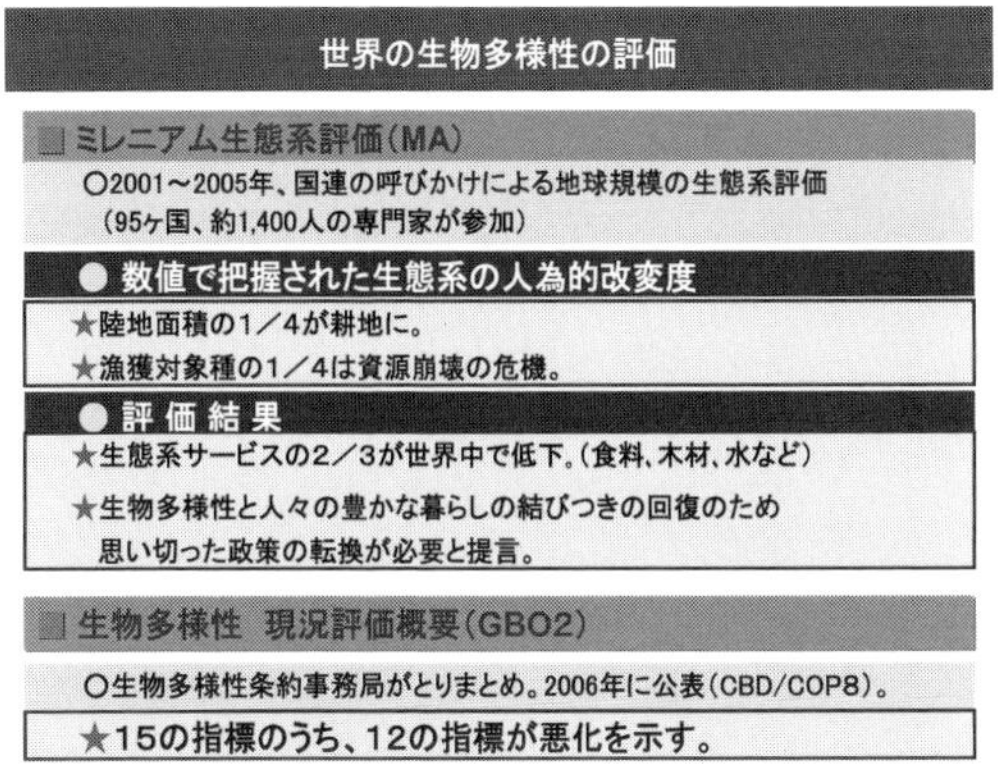

図-6　世界の生物多様性の評価

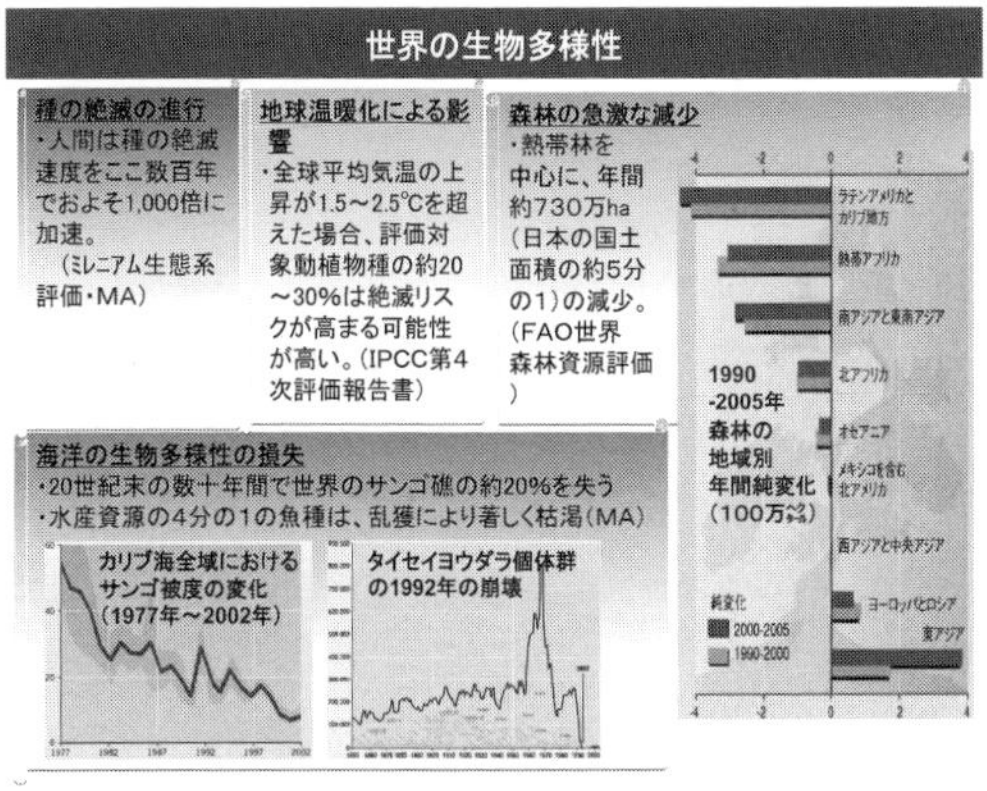

図-7　世界の生物多様性の現状

あります。さらに砂漠化防止条約などもありますが、こうした条約の上位に立つ条約として生物多様性条約は位置付けられています。こういう他の条約の規則、ルールの変更とか運用とか、そういうときにも生物多様性条約がどうなっているか、あるいは生物多様性条約の締結国会議の決議の中で示されていることと整合しているかなどが、非常に大きく考慮されています。

■4　生物多様性の評価

世界の生物多様性が損なわれているということが言われ続けていました。そこで二一世紀に入り国連の呼びかけで生態系の評価が始まりました。二〇〇一～二〇〇五年にかけて九五カ国、約一四〇〇人の専門家が参加してデータを集め、世界の生物多様性を分析しました。ミレニアムエコアセスメントといい、普通はMAと言っています。

その結果は図－6の表に示すとおりですが、生物多様性の恵み、さらに生物多様性の現況評価の指標で分析をしても生物多様性の状況というのは良くはなっていない。具体的には、一五指標のうち一二指標が悪化しているということが明らかになりました。実は残りの三つの指標のうち二つは適切に評価できなかったので、結局良い方向に動いているという指標は保護地域が増えているという指標だけだったのです。全般としては、生物多様性、生きもの、自然環境をどんどん使いまくっていてこの先危ないぞという警告が発せられたのです。このMA（ミレニアムエコアセスメント）以外にも、例えば温暖化の関係で色々な評価をしたIPCC（気候変動に関する政府間パネル）という国際機関やFAO（国連食糧農業機構）の報告でも生物多様性が急激に悪化してきているという指摘がありました。（図－7）

■5　我が国の生物多様性の危機〈3プラス1の危機〉

日本でもだんだん症状が悪化してきています。環境省が中心となって政府が分析し、解り易く三つの危機に、温暖化の危機を加えて「3＋1の危機」という言い方で説明しています。

第一の危機――人間活動による生態系の破壊、種の減少・絶滅（図－8、9）。例

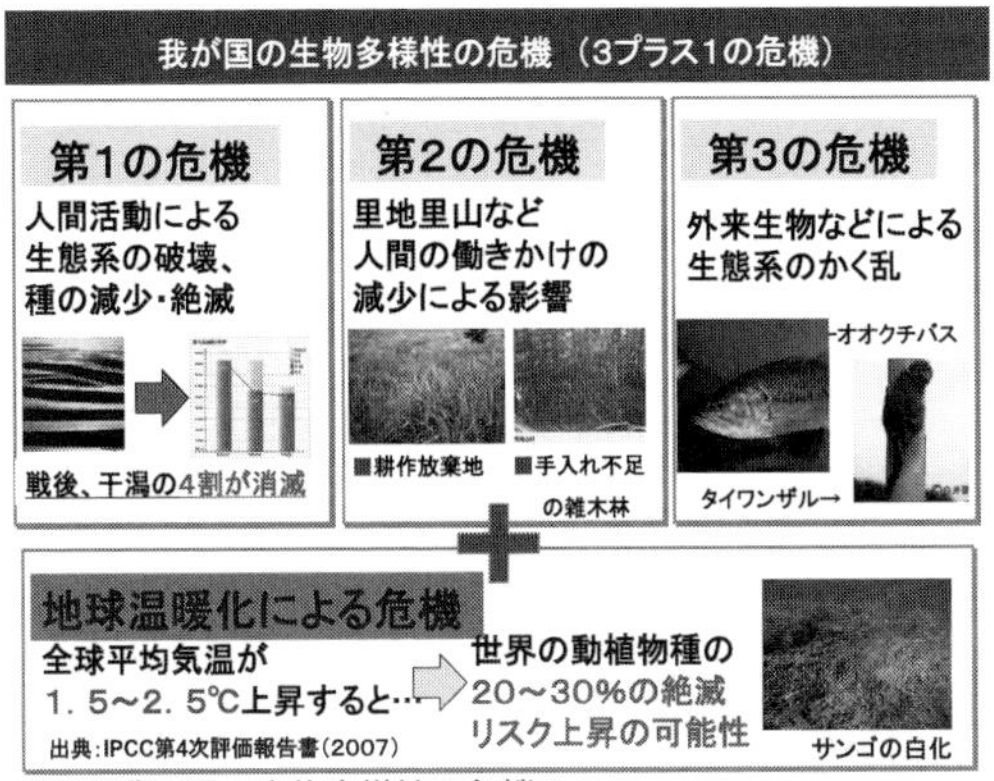

図-8　我が国の生物多様性の危機

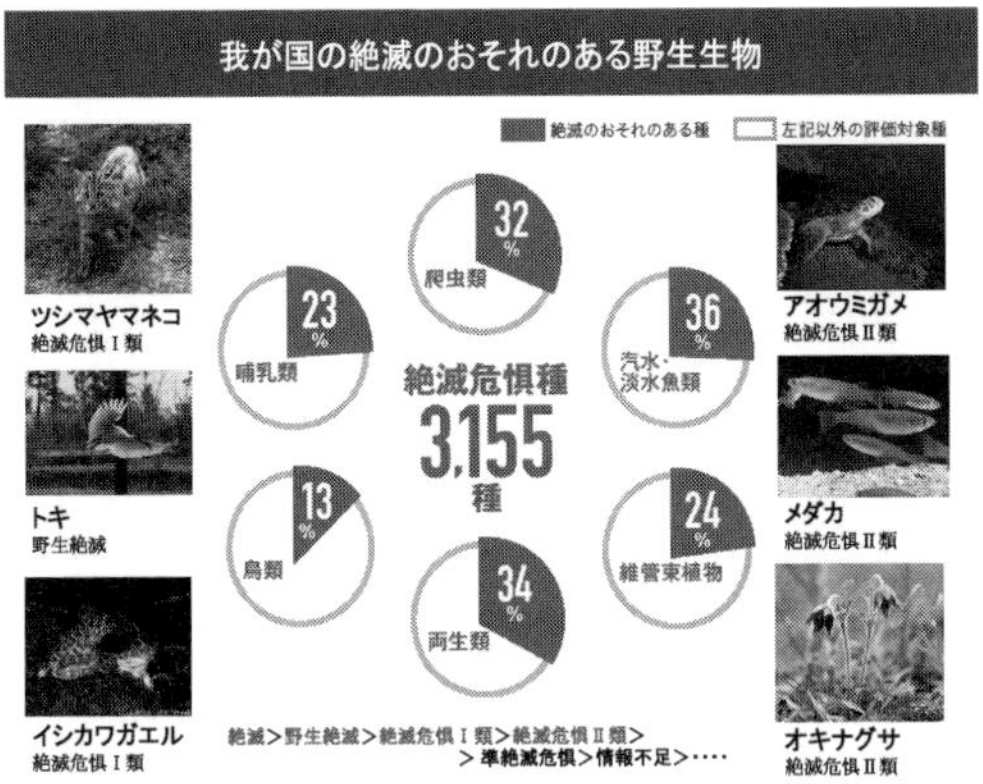

図-9　我が国の絶滅のおそれのある生物

えば、戦後、生命のゆりかごと言われている干潟の四割が消滅し、明治大正時代と比較すると、六割以上の湿地が消失しています。

第二の危機――里地里山などの人間の働きかけの減少による影響。例えば、耕作放棄地や手入れ不足の雑木林などの増加が問題となっています。

第三の危機――外来生物などによる生態系のかく乱。アライグマ、ブラックバス、セアカゴケグモの蔓延やアルゼンチンアリという凶暴な強いアリが西日本で分布を広げるなど問題が深刻化しています。

プラス一の危機（地球温暖化による危機）――これは温暖化による自然界への影響です。

暖かいところでしか見られなかったナガサキアゲハが東のほうでも見られるようになってきています。暖かいところの生物が分布を広げるというだけではなくて、生き物が活動する時期にもズレが生じてきています。例えば、コムクドリという鳥の産卵時期が段々だんだん早まってきています。産卵時期が早まるということは孵化する時期が早まるということです。そうすると孵化したら直ぐに餌となる虫がいないと困ります。しかし、虫のほうは温暖化に対してあんまり敏感に影響を受けていない。すると、雛は産まれるが十分な餌が確保できないというように、種の存続を支えるつながり、バランスが保てないケースが生じています。これも温暖化がもたらす非常に頭の痛い問題です。

人間の営みにも影響が出ています。解りやすい影響としては、白濁化してコメの品質が低下してきています。そしてコメ所の越後平野や山形でも白濁米が報告され始めてきました。ミカンにも温暖化の影響がでてきて、皮が浮いてきたり、日焼けなどで商品価値が下がることがあります。こういうことが積み重なってくると、北海道ではお米がたくさん穫れるようになるかもしれません。でも他のところでは穫りにくくなる、あるいは品質が下がるということで、蝶々や鳥だけのことではなくて、人間の生活にも大きな影響が出てくるのです。長い間付き合ってきた自然というものが変わってきて影響を受けてしまうということです。

■6 日本の生物多様性国家戦略

日本は一九九三年に生物多様性条約を締結し、二〇〇七年には「第三次生物多様性国家戦略」（概要を図－10の上に示す）を閣議決定しました。ここに至るまで日本は国際的に優等生で、何回も作り直してきています。二〇〇八年に生物多様性基本法を策定（図－11）し、二〇一〇年には「生物多様性国家戦略２０１０」を策定しました。

我が国では、二〇〇八年に生物多様性についてそれぞれの立場で現状を認識し、

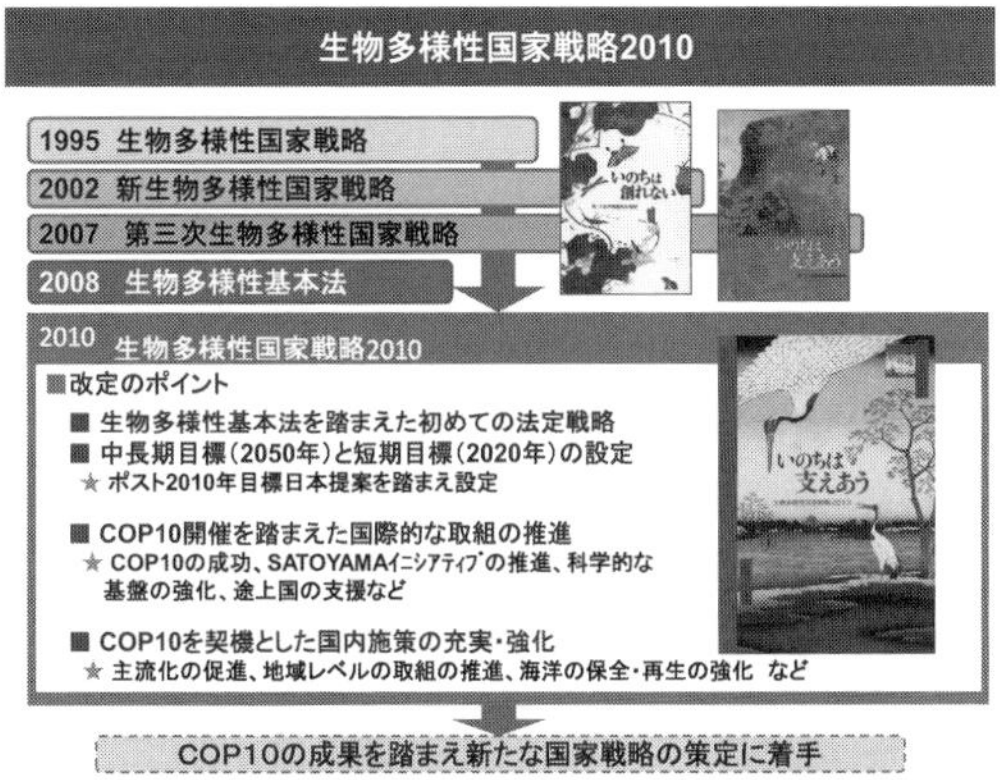

図−10　生物多様性国家戦略

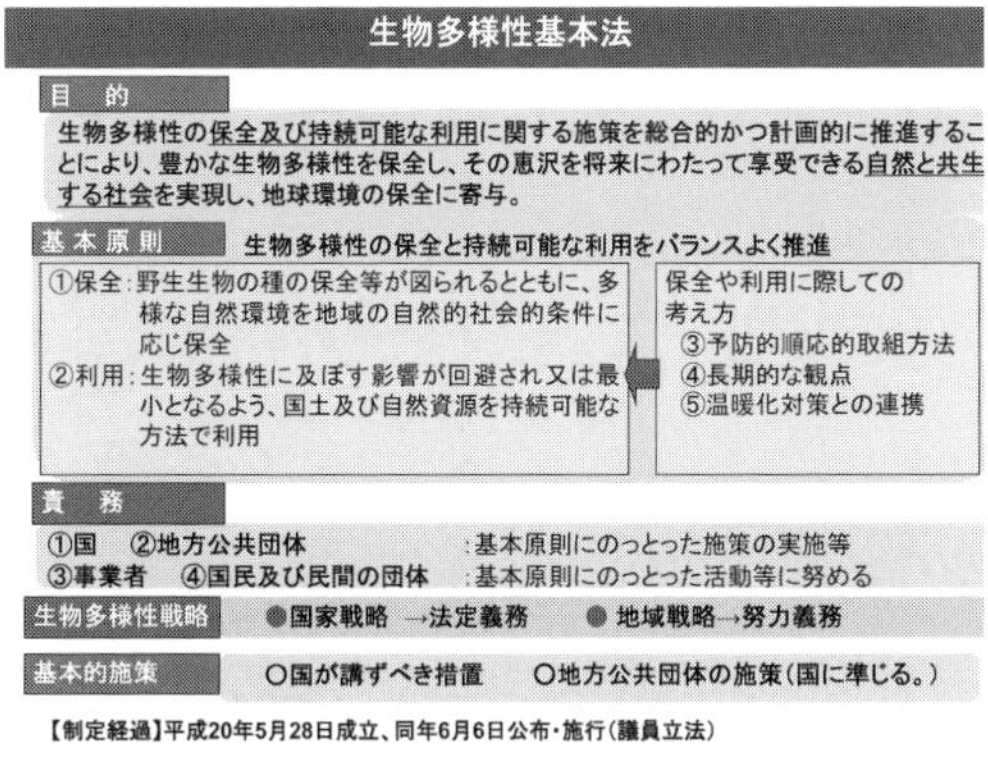

図−11　生物多様性基本法

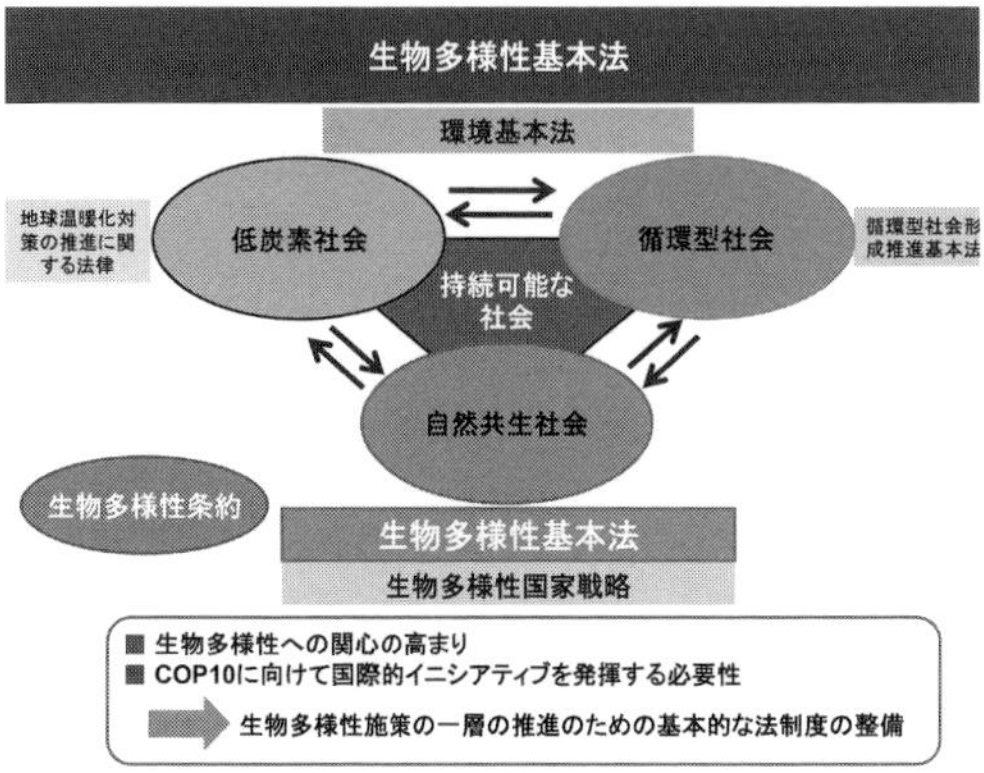

図−12　持続可能な社会の３つの柱

行動するという責務を明らかにしようと議員立法によって生物多様性基本法ができました。生物多様性条約を踏まえて生物多様性の保全と持続可能な利用ということを実現する方向を示した基本法です。今まで条約に基づいて閣議決定をしていた国家戦略もこの法律に基づく国家戦略に格を上げることになりました。さらに生物多様性は地域によって大きな差があり、かつ社会の状況や仕組みも地域によって差異があるということで、地域の状況に合わせて、地域戦略をしっかり策定すべきとされました。

この生物多様性基本法と他の環境政策の関係を整理したのが図－12です。環境を保全し持続可能に利用していくためには、持続可能な社会をつくる三つの柱を基本とすることが重要です。温暖化防止のための低炭素社会と、リサイクルなどで資源の循環が図られる循環型社会と、それと共に、自然と共生する社会をつくるという二一世紀環境立国戦略が二〇〇七年に策定されています。この自然共生社会の枠組みを示したのが生物多様性基本法です。生物多様性条約と生物多様性基本法と、両方を上位に位置づけて生物多様性国家戦略を策定するというように整理されています。

7 COP10の主な議題 ～ABS～

三週間の会議の後半二週間がCOP10の会議でした。会議の結論がまとまるかど

譲らぬEU 進まぬ会議

COP10議定書 交渉難航

「議長支援団」頼みの綱

多様性保全 合意見えず

COP10全体会合

図–13　COP10の困難な交渉の新聞記事

うか最後の最後まで全く判らず会議の調整は難航を極めました。基本的には発展途上国と先進国との争いという構図ですが、発展途上国でもアフリカと南米ではお互いに主義主張が少しずつ違うので非常に複雑な展開となりました。そこで「生物多様性合意見えず」という新聞の見出し（図－13）にも書かれてしまいましたが、議長の権限の下で行われたいろいろな調整が功を奏して、最後一日半くらいのところで急速に動きが出て方向がまとまり、最終的に名古屋議定書が出来ました。また、二〇一〇年目標の次の世界共通の計画の採択もできました。大きな成果を挙げたCOP10は、後々、歴史的な会議として評価されるだろうと思います。

COP10でまとまるかどうかということで最も注目されていたのが「遺伝子資源へのアクセスと利益配分」（ABS）です。生物多様性条約が出来るときに遺伝資源に関して決められたことが二つありました。ひとつめは遺伝資源はそれぞれの国の主権的権利に含まれるということです。もうひとつは薬などの開発のために遺伝資源の素材が取得できるよう手続きをそれぞれの国で整備することが条約の中で決められています。

ABSに関して、マダガスカルのニチニチソウ事件を紹介したいとおもいます。マダガスカルで糖尿病の薬として地元で使われていたニチニチソウに着目して研究が行われていたのですが、結果としては糖尿病ではなく小児白血病に対して薬効の高い薬が開発されました。これによって小児白血病の致死率が格段に下がって、白

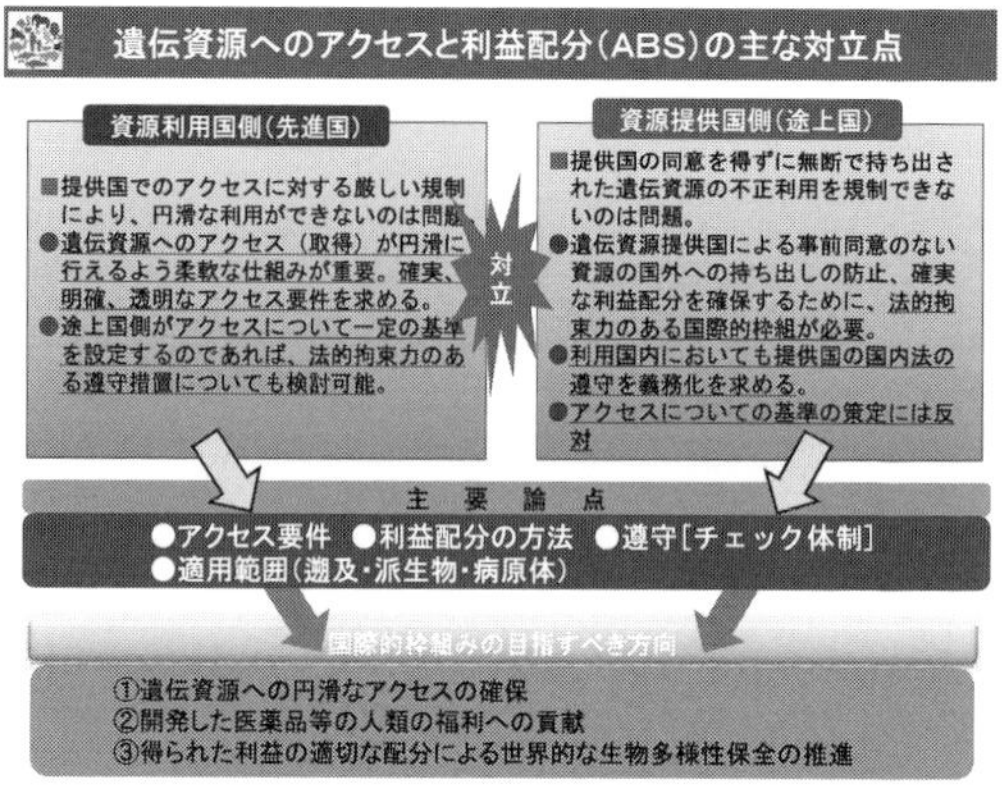

図-14　ABSに関する先進国と途上国の対立

遺伝資源へのアクセスと利益配分（ABS）に関する主張と議論の結果

論点	資源利用国（先進国）	資源提供国（途上国）	結果（議定書）
アクセスの要件	法的確実性や透明性の確保が必要。	議定書で義務づけるべきでない。	各締約国に対してアクセスの明確化、透明化を義務付け。
利益配分の方法	相互合意に基づき、提供国に利益配分。	相互合意に拘わらず、原産国にも利益配分すべき。	相互合意に基づき当事者間で決定。
遵守	チェックポイントを明示すべきでない。（特許等）	チェックポイントを明示すべき。（特許等）	各締約国に1つ以上のチェックポイントの指定を義務付け。特許等のチェックポイントの明示はされず。
適用範囲（遡及）	議定書発効後。	議定書発効以前。（条約発効以前まで遡るとの意見もあり）	遡及適用を認めず。（議定書は、生物多様性条約の範囲の遺伝資源等に適用。）
（派生物）	遺伝資源が対象。	派生物（化学物質など）も対象。	「遺伝資源の利用」には派生物の利用も含み得る。
（病原体）	WHOなど他の専門的機関で議論すべき（議定書の対象とすべきでない。）	議定書の対象とすべき	病原体を含めた人や動植物の健康に係る緊急事態での特別の対応を認める。

図-15　ABS交渉の論点と決着

血病を克服とまでは言わないまでもその一歩手前くらいまでになりました。その結果、薬を開発した会社は巨万の富を手にしたといわれています。これに関してマダガスカルにとって一円の得にもならなかったのは問題である。すなわちマダガスカルにも利益を配分すべきだったという議論が起こりました。この結果先に言ったように条約を策定する時に遺伝資源の主権的権利は各国に属するということと、各国は責任を持って遺伝資源の取得（アクセス）に関する手続きや仕組みを作って使いやすくしないといけないと決められました。

ではどのようなルールにするのかという議論が一〇年以上にわたって続けられてきました。途上国からは法的拘束力を持たせて不正利用を厳しく規制すべきとか、さらに途上国だけでは十分な取締が出来ないので、先進国もしっかり途上国の法律違反を取締るという議論が出てきました。一方、先進国からは、アクセスの国際的ルールが必要という意見が出てくる。その根深い対立を示したのが図－14になります。遺伝資源へのアクセスと利益配分（ＡＢＳ）に関する主張と議論の結果をまとめたのが図－15になります。

議定書の中で各加盟国に対してはアクセス、どういう風な手続きをしたらいいかということをはっきりさせなさい、そういうものが解りやすい形で透明化できるようにしなさいということで、どこに届け出ろとか具体的な話はそれぞれの国の主権に基づいて決めるんですが、とにかくはっきりさせようということは基本ルールとして合意が成立しました。先ほどの適応範囲の遡及のところでは、議定書の発効以前、あるいは条約の発効以前も、植民地時代に持っていったものも、そこから開発した薬の利益も分けろという途上国の要求に関しては、ウィーン条約の考えで押し通して遡及は適用しないとなりました。この新たな議定書が発効したらきちんとやろうということです。病原体に関しても、迅速に提供する必要がある。ただし利益配分はしっかりやろうということで各論点について合意が成立して、名古屋議定書というものが出来たわけです。

■8　愛知ターゲットとＳＡＴＯＹＡＭＡイニシアティブ

「二〇一〇年までに生物多様性の損失速度を顕著に減速させる」といういわゆる

二〇一〇年目標については、ミレニアム生態系アセスメント、GBO2、さらにGBO3という新しい評価が出て結局失敗という結論が出ました。具体的には、生物多様性地球規模概況第三版（Global Biodiversity Outlook 3）で、①世界では、21の個別目標の中で地球規模で達成されたものはない。②生物多様性を保全するための取り組みは増加したが、その一方で生物多様性への圧力も増加しており、生物多様性の損失は続いている。と、達成状況が評価されました。

そこで二〇一〇年目標は中途半端であったという反省にたち、議長国の我が国から一〇〇年後には生物多様性の恵みが今よりも多く受けられるようにという発想を提案して、各国から受け入れられました。ABS議定書の名前は名古屋議定書になりましたが、二〇一〇年の次の目標に関しては愛知ターゲット、愛知目標（正式には二〇一〇年－二〇二〇年の戦略計画）という名前が付けられました。二〇五〇年までには「自然と共生する世界」をつくっていこうという世界共通の大目標が満場一致で合意をされました。

西洋文明が支配的な中で、「生物多様性の保全」と「持続可能な利用」というのは別のものと考えられてきたようです。すなわち地域で見ても保全する地域は保全をするが、そうじゃないところは使っていくというようにふたつに分ける。あるいは絶滅危惧種は保護する。そうじゃないものは使っていくというように分ける。こんな感じで分けていたんですが、そうじゃなくてそれらは一体のものとして考えるべきだと我が国は主張しました。保全をすることが持続可能な利用を支えることは多くの人が理解するんですが、持続可能な利用が保全に結びつくんだというのはどうも理解しにくいようです。日本の里山なんかで見られていますが、上手く使っていかないと藪の中ではカタクリなんか消えていっちゃうわけですね。そういうことを例にして保全と利用を一体としてやって行くことが大事だ、それには調和が大事なんだということを説明しました。しかし、当初ヨーロッパ諸国からはハーモニーというのは中途半端でよくわからないと言われてしまいました。しかし、最後のほうには各国の理解も進み、「調和」や「共生」はとても良いと受け入れられ、二〇五〇年の目標として採択されました。ただ二〇二〇年までに何をするかということについては、ヨーロッパ諸国は大分強硬に二〇二〇年までに生物多様性の損失を止めるということを明確にしろと主張し、他の国と少し論争になりました。最終的にはやや玉虫色ですが、二〇二〇年までに生物多様性サービスが損なわれずに提供されるように、生物多様性の損失を止めるための行動を実施するということで合意され、愛知ターゲットが決められたわけです。

愛知ターゲット（図－16、17）はその下に五つの戦略目標と、二〇の個別目標で構成されています。この中の目標19・20がＣＯＰ10で最後まで論争のあったところです。この名古屋議定書と愛知ターゲットを決めるときに紛糾した中で、非常に大きな要素としては、途上国から自分たちには金も技術もないという主張でした。こ

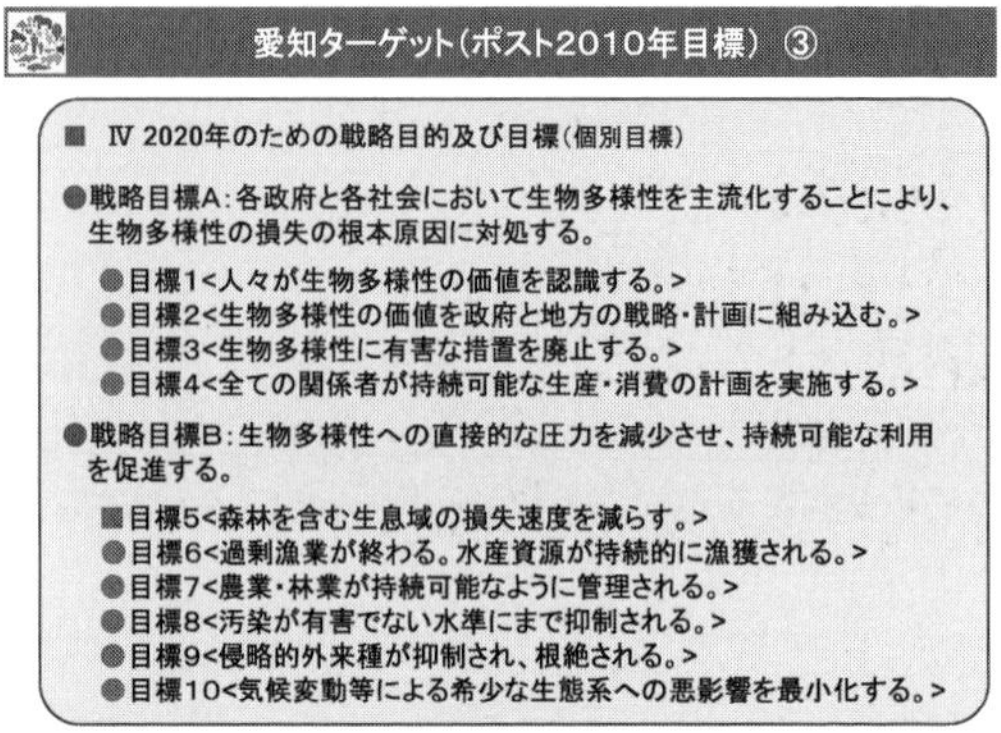
愛知ターゲット(ポスト2010年目標) ③
■ Ⅳ 2020年のための戦略目的及び目標(個別目標)
●戦略目標A:各政府と各社会において生物多様性を主流化することにより、生物多様性の損失の根本原因に対処する。
●目標1<人々が生物多様性の価値を認識する。>
●目標2<生物多様性の価値を政府と地方の戦略・計画に組み込む。>
●目標3<生物多様性に有害な措置を廃止する。>
●目標4<全ての関係者が持続可能な生産・消費の計画を実施する。>
●戦略目標B:生物多様性への直接的な圧力を減少させ、持続可能な利用を促進する。
■目標5<森林を含む生息域の損失速度を減らす。>
●目標6<過剰漁業が終わる。水産資源が持続的に漁獲される。>
●目標7<農業・林業が持続可能なように管理される。>
●目標8<汚染が有害でない水準にまで抑制される。>
●目標9<侵略的外来種が抑制され、根絶される。>
●目標10<気候変動等による希少な生態系への悪影響を最小化する。>

図-16　愛知ターゲット　個別目標A・B

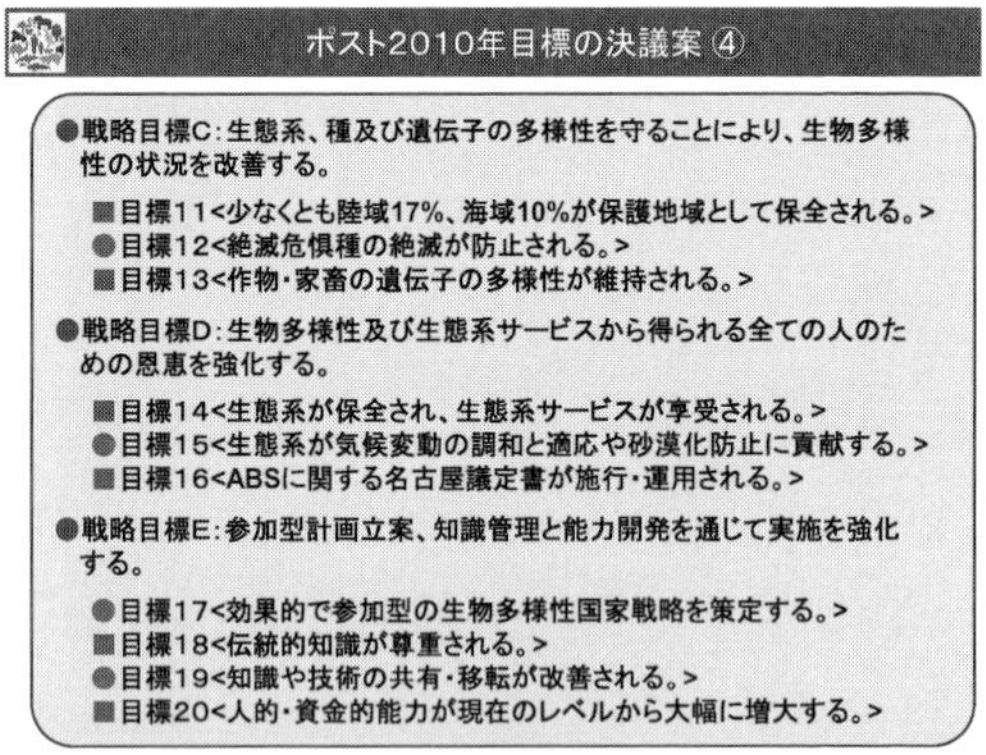
ポスト2010年目標の決議案 ④
●戦略目標C:生態系、種及び遺伝子の多様性を守ることにより、生物多様性の状況を改善する。
■目標11<少なくとも陸域17%、海域10%が保護地域として保全される。>
●目標12<絶滅危惧種の絶滅が防止される。>
■目標13<作物・家畜の遺伝子の多様性が維持される。>
●戦略目標D:生物多様性及び生態系サービスから得られる全ての人のための恩恵を強化する。
■目標14<生態系が保全され、生態系サービスが享受される。>
●目標15<生態系が気候変動の調和と適応や砂漠化防止に貢献する。>
■目標16<ABSに関する名古屋議定書が施行・運用される。>
●戦略目標E:参加型計画立案、知識管理と能力開発を通じて実施を強化する。
●目標17<効果的で参加型の生物多様性国家戦略を策定する。>
■目標18<伝統的知識が尊重される。>
●目標19<知識や技術の共有・移転が改善される。>
■目標20<人的・資金的能力が現在のレベルから大幅に増大する。>

図-17　愛知ターゲット　個別目標C 〜E

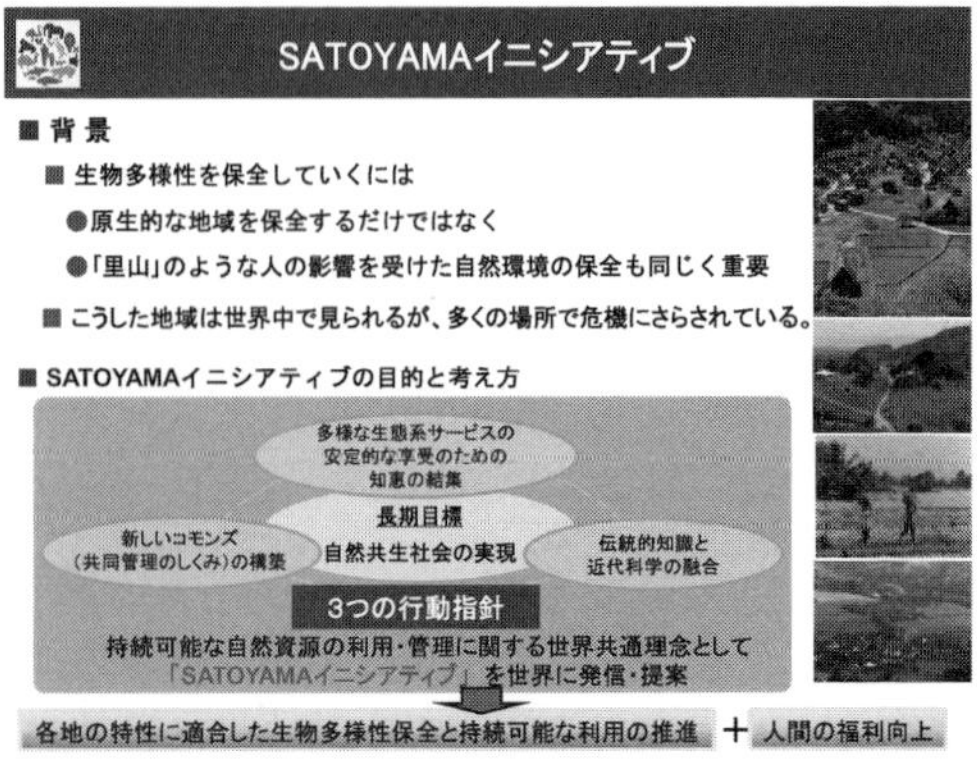
SATOYAMAイニシアティブ
■ 背 景
■ 生物多様性を保全していくには
●原生的な地域を保全するだけではなく
●「里山」のような人の影響を受けた自然環境の保全も同じく重要
■ こうした地域は世界中で見られるが、多くの場所で危機にさらされている。
■ SATOYAMAイニシアティブの目的と考え方
多様な生態系サービスの安定的な享受のための知恵の結集
長期目標
自然共生社会の実現
新しいコモンズ(共同管理のしくみ)の構築
伝統的知識と近代科学の融合
3つの行動指針
持続可能な自然資源の利用・管理に関する世界共通理念として「SATOYAMAイニシアティブ」を世界に発信・提案
各地の特性に適合した生物多様性保全と持続可能な利用の推進
＋
人間の福利向上

図-18　SATOYAMAイニシアティブ

のように資金動員の要請があって、日本は「いのちの共生イニシアティブ」ということで、世界全体の生物多様性を守るために二〇億ドルの資金の提供を表明し、高く評価されました。日本政府もお金がありませんから、今までODA海外援助の中で使ってきたお金を、生物多様性というものを念頭に置いた形で使っていくと宣言したのです。

名古屋議定書と愛知ターゲット、資金動員　三つはパッケージとして会議の重要な成果となりました。

次に、日本が関わった事例を二例ばかり紹介したいと思います。

一つは、ＳＡＴＯＹＡＭＡイニシアティブ（図－18）です。日本には古くから里山を上手く使ってきたという歴史があります。こういう地域の知恵を持ち寄って、上手く自然と人間が付き合っていくことがとても大切です。条約で言えば「保全と持続可能な利用の両立」を実現していこうということです。日本の里山と同じような世界各地の知恵を集め、国内では里地里山の保全再生活動、世界では里山イニシアティブということで勉強を進め、さらに参加する人たちの間でパートナーシップをつくって行こうという議論が行われました。ＣＯＰ10では、世界五一の機関が参加してＳＡＴＯＹＡＭＡイニシアティブ国際パートナーシップが立ちあげられました。

二つめは、ビジネス界の参加です。ビジネスと生物多様性については今まで色々な取り組みが成されてきました。日本の生物多様性基本法でも、そこを大きく取り上げています。このＣＯＰ10を機会に、経団連、それから日本商工会議所、経済同友会が中心となって、こちらのほうもパートナーシップが形成されました。すでに四二四の企業がこのパートナーシップに入っています。これをさらに広げてやがては国際的なパートナーシップをつくっていくことになり、サイドイベントも開催されました。民間企業も参画する形で愛知ターゲットの達成を目標に、色んな分野で色んな人たちが取り組んでいこうということになっています。

■おわりに

愛知ターゲットを実現するために、国連総会で生物多様性の一〇年というものを決めようという気運が盛り上がり、生物多様性条約の中で決議がなされました。今年一二月の国連総会で、二〇一一年から二〇二〇年までを「国連・生物多様性の一〇年」として決議される見通しです。皆さんにも生物多様性について考えて行動していただきたいと思います。そのためには単に知識を持つだけではなく、自分で生物多様性に「触れて」「感じる」、そして「考え」て「行動」していただきたいと思います。これらをお願いして、私の話を終わらせていただきます。

注　COP10以降の生物多様性に関する進展

最近では、新聞やTVでさらりと「生物多様性」と言う言葉が使われるようになりました。どうやら聞き慣れなかった言葉が、皆さんになじんでもらい市民権を得たようです。

COP10を経て、二〇一一年から二〇二〇年までの一〇年間が国連生物多様性の一〇年となりました。日本では国内委員会が設立され、各地、各分野で幅広い普及啓発活動が行われています。もちろん、各省庁や地方自治体、企業も保全や持続可能な利用に資する制度作りや新しい事業、取り組みを進め、愛知ターゲットの達成を目指しています。また、国際的には二〇一四年に韓国でＣＯＰ12が開催され、愛知ターゲット実現のための資金動員プログラムが決まるものと期待されています。

　生物多様性の保全と持続可能な利用のためには、世界や国の大きな動きとともに、足下の一歩一歩が重要です。毎日の生活の中で生物多様性と是非とも付き合ってみてください。

第10章　環境教育論　食と農に関わる環境実践　都市と農村をつなぐ

曽根原久司（そねはらひさし）
NPO法人 えがおつなげて 代表理事

長野県出身。東京で金融機関のコンサルタントを行っていたが、バブル崩壊を機に山梨の農村へ移住。農業を基本とした都市と農村をつなげるソーシャルビジネスを展開し、現在に至る。2003年、農林水産省　オーライニッポン大賞ライフスタイル大賞受賞。2010年、SEOY日本プログラムファイナリスト。

〈NPO法人えがおつなげて〉　2006年　農林水産省　立ち上がる農山漁村　優秀事例選定。2007年　毎日新聞　グリーンツーリズム大賞優秀賞受賞。2007年　農林水産省　オーライ！ニッポン大賞　受賞。2008年（財）あしたの日本を創る協会、読売新聞、NHK　あしたのまち・くらしづくり活動賞　内閣総理大臣賞受賞。2008年　経済産業省　ソーシャルビジネス55選に選定。2008年　朝日新聞社／（財）森林文化協会　にほんの里百選に、えがおつなげての活動拠点「増富」が選定。2009年　THE WALL STREET JOURNAL『Solution to Japan's Jobless Problem: Send City Workers Back to the Land』掲載。この授業は、2010年に行われたもの。

■NPO法人えがおつなげてについて（以下「えがおつなげて」）

都市と農村をつなぐソーシャルビジネスの現状、そして農村の遊休農地を活用した様々な新しい事業についてお話ししたいと思います。

私たちNPO法人「えがおつなげて」という団体は、都会と農村をつなぎ、「都会と農村が共に生きられるような社会づくり」を長期ビジョンとして掲げつつ活動をしています。私たちが活動するのは山梨県北杜市の増富という地域です。北杜市というのは、二〇〇四年に市町村合併で生まれた市です。北杜市は八ヶ岳のふもとにある高原地帯で標高が一〇〇〇メートル以上あり、夏でも非常に涼しく東京の人などは避暑地として訪れます。北杜市の中でも、増富という地域が「えがおつなげて」の活動拠点となっている場所です。増富という地域は限界集落です。限界集落とは六五歳以上の高齢者が人口の過半数を占め、それにより昔から行われていた農業や地域のお祭りなども出来なくなってしまったような限界的な場所のことを言います。この増富という地域はもうすでに限界集落に突入してしまいました。そこに「えがおつなげて」の活動拠点を設け、都会と農村が交流をしながら、この増富地域を活性化していこうという活動を行っています。

■経営コンサルタントから農業へ

今日の活動に影響した私の経歴についてお話ししたいと思います。現在私が住んでいる山梨県北杜市には、今から一五年前に東京から移住してきました。以前は金融機関などの経営コンサルタントをしていました。経済バブルの時代でものすごく景気が良かった時代です。しかしそうした経済バブルという時代は長くは続かず、破綻しました。私は、この経済バブルの絶頂期と、経済バブルが破綻して銀行の経営がきつくなり会社の倒産も激増していった時代を経営コンサルタントとして東京で経験しました。こうしたことを東京で経験する中で日本がこれから直面する三つの課題を予測していました。一つ目としてバブルの崩壊に伴い、不良債権が積み上がることです。二つ目は産業と雇用の空洞化、そして三つ目として総合的自給率の低迷です。残念ですが、三つとも全部当たってしまいました。

このようなことを予測し経営コンサルタントをしながら、日本の未来に明るいことをしたいと思うようになりました。そこで思いついたキーワードが農業とか農村の「農」という字です。農村にある様々な資源を活用してビジネスをしたら、これらの課題が緩和されてくるのではないかと考えたのです。農村にある農地や森林、エネルギー資源といったものを事業化していけば新しい仕事が生まれるはずです。また、農村資源を活用すれば食料自給率が上がり、エネルギー自給率も確実に上がります。そんなことを考えるうちに自分自身が実践活動をしてみたくなり、ついに山梨県北杜市に移住してしまいました。一五年前の三四歳の時です。さっそく自分の家のお米を作るために農業を始めました。現在では一五年も農業をやっているので、我が家のお米の備蓄米は五年分位、味噌も一〇年分位、そして醤油も作っているので何があっても大丈夫というような態勢を作り上げました。さらに自分自身で林業も始めました。薪ストーブ用の薪を調達するための林業です。自分の家だけで使うだけではなく、山梨県の八ヶ岳エリアにはたくさんの別荘があるので別荘の方にこの薪を販売するようになりました。その結果、年間三〇〇トンくらいの薪を販売するようになりました。

このような経験をする中で、私の仮説は正しかったと実感しました。農村は担い手が不足し、農地は空き、森林も荒れ果ててしまっていますが、このような資源をもう一度活用してビジネスにしたら、新しい形での仕事が生まれる可能性は十分あるだろうと実感しました。このようなことをしているうちに私の活動に関心を示し一緒にやりたいという人がだんだんと増えてきて、ネットワークが広がっていきました。ちょうど都会ではその頃から農村で暮らしてみたい、農業をやってみたいという人たちが増えてきている頃でした。私が個人で始めた事業をみんなで行う組織としてＮＰＯ法人「えがおつなげて」を二〇〇一年に設立しました。

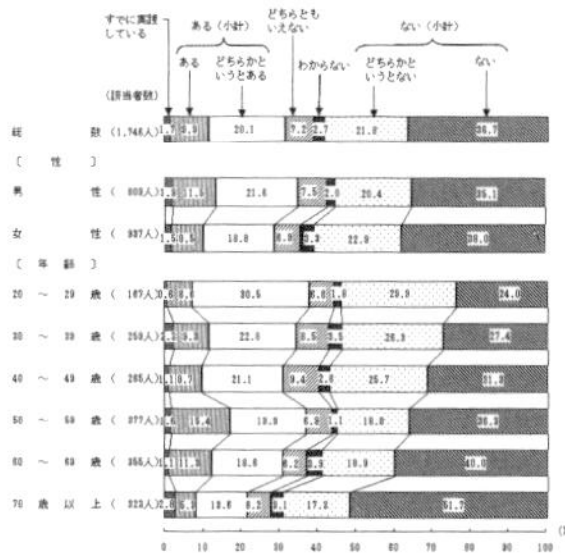

都市住民の田舎暮らし、農山漁村志向の高まり
出展：内閣府大臣官房政府広報室 2005年
都市と農山村漁村の共生・対流に関する世論調査

■都会と農村をつなぐソーシャルビジネス

「えがおつなげて」が行う都会と農村をつなぐソーシャルビジネスについてお話ししたいと思います。

「えがおつなげて」が活動拠点とする増富地域は、高齢化率が六二％です。高齢化率とは六五歳以上の人がその地域で何割を占めているかを示すものです。若者が減り、中学校はすでに廃校となり、小学校は廃校になることが決定しています。この小学校では三〇年ほど前までは在校生が四〇〇人いたところが現在では七人まで減少しています。また、高齢化や担い手不足などの理由により、耕作されずに放置された農地の割合を示す耕作放棄率が六二・三パーセントと半分以上の農地が耕作放棄地となっています。このような地域に「えがおつなげて」の活動拠点があります。

農村は過疎高齢化といった課題に直面している一方で、都会側の農村に対する関心が非常に高まっています。二〇〇五年に内閣府が行った社会調査によると都市住民の三割が田舎暮らしをしてみたい、農業をしてみたいという農村志向を持っているということを示しています。都市側では農村に憧れを持っている人たちが増えているという現状です。

この若者の農村志向に注目し、都市の若者を開墾ボランティアとして増富地域に招き、耕作放棄地の開墾作業を行ってもらうという企画を実施しました。これによ

食品企業との連携　新商品　豆大福

開墾ボランティア

り年間約五〇〇人もの都会からの若者が開墾ボランティアに参加し、現在までに四・五ヘクタールの耕作放棄地が農地として復活しました。復活した農地は「えがおつなげて」の農場「えがおファーム」として農産物の生産、販売に加えて、種まき、草取り、収穫などの農業体験を年間通じて実施しています。

このようにして開始された「えがおつなげて」の都会と農村をつなぐソーシャルビジネスは、現在では、①農村ボランティアによる農地開墾、農業経営　②限界集落でのグリーンツーリズム　③企業との連携による農村の再生事業　④大学との連携による農村エネルギー研究　⑤都会と農村の交流人材の育成、の五本柱で事業を行っています。

■食品系企業との連携

企業と連携して農村に仕事を創出するという活動についてお話しします。

農村の最も大きな課題は魅力的な仕事がないということです。農村には都会に比べ仕事が少ないために、農村住民は都会に流れてしまっているのが現状です。そこで農村に仕事を創出することが大変重要となってきます。ここで注目したのが企業との連携事業でした。企業は農産物の販売ルートや商品の開発力、資金力などの経営の能力を持っています。これを農村と結び付けることにより農村に仕事を創出できるのではと考えました。

実際に、食品企業と連携し、企業活動の一環として、そこで働く社員の皆さんに増富地域での開墾作業に参加してもらい、その食品企業が原料として使用する農産物の生産を種まきから草取り、収穫まで行ってもらうという活動を行っています。山梨県内の食品企業で活動が開始され、社員の皆さんに農地の開墾作業を行ってもらい復活した農地では、地域の特産品である花豆と青大豆を生産しています。この生産された農産物を使用して青大豆からは豆大福、花豆からは花豆モンブランが新商品として開発され、この二つの商品はヒット商品になりました。商品がヒット商品になりたくさん販売されることにより、農村では農作業生産の拡大、結果として農村での仕事の創出に繋がりました。

■三菱地所株式会社との農と食分野での連携（以下三菱地所）

これまでは食品系企業との連携のお話をしましたが、それ以外の企業についてもお話ししたいと思います。

三年前より大手不動産会社の三菱地所と連携して事業を行っています。この企業においてはCSR活動の一環として、バスツアーを組んで社員の皆さんに遊休農地の開墾に来てもらいました。畑だけではなく棚田の開墾も行ってもらいました。こ

三菱地所との連携　棚田の再生
（開墾前）

三菱地所との連携　棚田の再生
（開墾後）

の棚田は増富地域住民の心のよりどころとなる存在でもあり、地元の人にも参加してもらい棚田を復活させることができました。復活した農地では、お田植え体験ツアーを行い三菱地所グループの社員に限らず、三菱地所グループのお客様にも参加してもらっています。

また、開墾して復活した棚田で酒米を作り、その酒米で純米酒を仕込むという企画も行っています。仕込まれた純米酒は、東京丸の内の飲食店等で取り扱ってもらっています。

このような活動をとおして、復活した農地で、お米や大豆、とうもろこしなどの農産物を生産しています。また、これらの農産物を東京丸の内にある新丸ビルの飲食店にメニュー開発を行ってもらい、そのお店に来たお客様に提供するというイベントを開催しました。この活動は、さらに広がりを見せ、同じ新丸ビルの飲食店で、増富を含めた山梨県の農産物を使ったメニュー開発が行われ、そのメニューが同様にお客様に提供されるといったイベントにも発展しました。

このような形で、遊休農地が活用された結果、新しい商品が生まれ、それが都会で流通するという状況ができました。三菱地所との都市と農村を繋ぐ取り組みは、「農」と「食」をつなぐ事業として発展を見せています。

■三菱地所との森林資源分野での連携

三菱地所とのさらなる連携事業として、森林と建築を繋ぐ活動も行っています。三菱地所グループでは使用する木材の国産化を考えている一方で、日本の木材の輸入構造により、山梨県の豊かな森林資源が有効活用されていないという状況がありました。そこで三菱地所グループの社員のみなさんに実際に山梨県の森林に入ってもらい間伐体験に参加してもらいました。そして、体験を通じて山梨県の森林資源の活用について検討を重ね、山梨県産材を使用した2×4住宅の構造材を開発しました。これらの普及が進めば、山梨県の木材供給量も向上していきます。

このように「えがおつなげて」は企業と連携し、農村で活用されていない農地や森林などの資源を企業の経営資源と融合させながら、農村に仕事を創出していくという活動を行っています。現在「えがおつなげて」では八社の企業と連携事業を行っていますが、この企業との連携事業は現在「えがおつなげて」の主力事業となっています。

■自然エネルギー資源の活用

現在、地球温暖化が問題になっていますが、自然エネルギー資源の活用についてもお話しさせていただきます。

京都議定書という国際条約が締結され、各国のCO_2削減についても目標が設定されるなか、太陽光発電や風力発電、小水力発電といった自然エネルギー資源を有効活用しようという気運が世界的に高まってきました。

山梨県北杜市は日照時間とミネラルウォーターの販売供給量が日本一を誇るなど、有望な自然エネルギー資源がたくさんあります。ところが活用されていないのが現状です。「えがおつなげて」ではこれらを有効活用するため、農村の河川に小型水力発電を設置し、実験研究から製品開発も行い小型水力発電機の販売会社も作りました。しかし、この製品は河川法という法律により勝手に設置ができません。現在は製品開発までで販売はせずに法律の規制緩和における活動を行っています。

また日本の森林資源については、戦後日本は植林をした結果、森林の蓄積量は膨大なものとなっています。植林した木は間伐がされますが、その間伐された木がほとんど使われず、そのまま放置されていたり、穴を掘って埋められているというのが現状です。これらの間伐材を使い、山梨県内の温泉施設で温泉を温める燃料として灯油の代わりに有効活用するというプロジェクトも開始しました。

このように農村にある自然エネルギー資源を地域で活用していこうという活動も行っています。

農村では住人が少ないため、エネルギーの消費量も少量です。その一方で太陽光、水力やバイオマス、木材などエネルギー資源は非常に豊富にあります。このため農村はエネルギーを一〇〇パーセント自給することも十分可能だと言えます。今後五年から一〇年を目途に、私たちの地域をエネルギー自給の村にしようという目標を立て活動を行っているところです。

■都市と農村をつなぐ組織

私がこの活動を開始して一五年、NPOを設立して一〇年になります。このような活動を通して、山梨県内のみならず、長野県や千葉県、茨城県、栃木県といった様々な地域と関係が深くなってきました。これらの首都圏周辺の農村地域の方々と首都圏地域が一緒になって連携しながら、都市と農村の交流を進めて行こういう組織「関東ツーリズム大学」を設立しました。「関東ツーリズム大学」では農村地域として、桃やぶどうの産地である山梨県の南アルプスキャンパス、綿花の栽培を行う長野県の小諸キャンパス、茨城県の里美キャンパス、栃木県の那須キャンパス、千葉県のキャンパス、埼玉県の小川町キャンパスなどの計一三の農村地域でキャンパスができています。

また、都会と農村をつなぐ「都市のキャンパス」という位置づけで、東京で丸の内キャンパスという活動を開始しました。この丸の内キャンパスでは、東京丸の内の持つビジネスパワーと農村地を結びつけるマッチングを目的としています。丸の内キャンパスでは農村側からプレゼンテーターとして来てもらい、丸の内を中心に活躍するビジネスマンの前でプレゼンテーションを行うというものを継続的に行っています。前回は山形県の町役場職員の方が農村プレゼンテーターとなり、参加したビジネスマンの前で農村の農産物や様々な特産品の実物を見せながらプレゼンテーションを行ってもらいました。特産品を作っても売り先がなく困っているという農村の直面する課題について、参加したビジネスマンの皆さんに売り先を一緒に考えてもらうという内容のものでした。その結果、現在までに様々な販路の開発がされました。

また、「関東ツーリズム大学」に対し、関西、中京地域の食品企業の社長、食品製造機械会社の社長、大学の先生といった人たちが集まり一年ほどの準備期間を経て「NPO法人名神ツーリズム大学」が設立されました。「NPO法人名神ツーリズム大学」は、名古屋から京都、大阪といった名神の都市部とその周辺の農産物を結びつける組織です。まだ設立されたばかりですので、これから本格稼働していくところです。

このような都市と農村をつなぐ活動の成果として、その活性化の効果が農村のみならず、行政、企業、大学、都市住民などさまざまなところに行き渡っていく様子がわかるかと思います。

▪リーマンショックを機に新たな動き

私たちの活動に転機が訪れたのは二〇〇八年に起こったリーマンショック後です。アメリカのリーマンブラザーズが経営破綻をして以来、世界中で金融恐慌が起きました。その影響で、世界の経済がガタガタになりました。日本も同様に輸出産業がガタガタになりました。その結果、日本は国内で作ったものを外に対して販売する外需頼みでは雇用は守れない、内需型産業を作らないと雇用が失われてしまう、ということが急激に言われるようになりました。同時にこの時期から私たちの活動が急激に注目を集めるようになりました。

ニューヨークのウォールストリートジャーナルという金融新聞に「えがおつなげて」の活動が掲載されました。「Solution to Japan's Jobless problem send city workers back to the land. 日本の雇用が無くなった問題の解決策として、都会から農村にワーカー、労働者がバックしている」というものでした。ニューヨークはリーマンショック後、失業者にあふれていました。そのような中、農村でその雇用が確保できないかといったことが世界中で言われるようになりました。アメリカだけではなくイギリスのBBCラジオの取材も入りました。日本の限界集落にアメリカやイギリスからわざわざ取材にくることは、普通はあり得ないことです。ただし、あり得ないことが世界で起きていたのです。それが経済破綻と雇用不安です。それが背景となって、農村に活路を見出そうとしている様子がここからわかると思います。

その頃から「えがおつなげて」への企業の方からの問い合わせが増えてきました。そこで「えがおつなげて」では企業の皆さんに参加者を募り、山梨県の遊休農地を視察するツアーを開始しました。実際に、企業を対象に遊休農地の視察ツアーを実施したところ四九社からの参加がありました。

■都市と農村をつなぐ人材の重要性

都市と農村は一度繋がりをもつと様々な展開の可能性を持っています。様々なビジネスが発生する可能性もあります。その中で課題となってくるのは「都市と農村の繋ぎ役」の不足です。都市と農村を繋ぎ、事業の企画ができ運営ができる、マネージメントコーディネーターの存在が大変重要だと思います。この存在があれば、農村の資源が活用され、様々なビジネスが発生し、それに伴い雇用も発生する可能性もあります。ですから、現在私は、都市と農村の繋ぎ役を育てる人材育成に力を注いでいて、「えがおの学校」という名前で、山梨県のみならず、福島県、三重県、福岡県などに研修会場を設け、毎年約五〇～一〇〇名の人に都市と農村の繋ぎ方を学んでもらっています。

もし、農村に存在する様々な資源と都市が、新しい繋がりを始めれば、日本全体でどれくらいの新しい産業が生まれるだろうということを試算してみたところ、一〇兆円という計算結果でした。そんな規模の産業が生まれる可能性が十分にあります。それにより約一〇〇万人の雇用が生まれます。一〇兆円の内訳は以下の通りです。農業生産に加え販売、農産加工の開発などを行うことで三兆円。また、都市部の人が農村部に訪れる観光交流で二兆円。森林資源を建築や不動産分野に活用することにより二兆円。農村にある自然エネルギー資源を活用して二兆円。さらに教育やＩＴ、メディア、出版等々といったソフト産業分野と農村資源を結びつけることで一兆円です。

また現在、こんな構想のもとで、「えがお大学院」という事業を立ち上げました。「えがお大学院」事業は、全国から農山漁村を活性化する起業プランを募集し、その中で四〇名の優秀なプランを選びだし、その四〇名の方々に起業資金を支援するという事業です。また、起業資金を支援するのみならず、経営の専門家が起業家の経営のコンサルタント支援を行うというものです。

以上が、都市と農村をつなぐソーシャルビジネスの事例の紹介です。

今後、農村資源を活用した都市と農村を繋ぐ事業は大きな成長分野だと確信しています。皆さんでこのような事業に関心のある方は、今後もぜひ情報収集を心がけていただければ、たいへんありがたいと思います。

ご静聴ありがとうございました。

第11章　マスコミからの環境情報発信

中村浩彦（なかむらひろひこ）
朝日新聞社記者

朝日新聞甲府総局次長。1968 年、兵庫県宝塚市生まれ。早稲田大学大学院理工学研究科修了。1994 年、朝日新聞社入社。新潟支局、東京本社科学グループつくば支局長などを経て現職。環境問題のほか宇宙開発やスポーツ科学、医療などを担当。宇宙飛行士の野口聡一さんが搭乗した 2005 年の米スペースシャトル飛行などを取材した。

朝日新聞は、世界中で起きている地球温暖化や環境破壊などの環境問題をルポする「地球異変」という企画を続けています。私も二〇〇七年にブラジル・アマゾンの熱帯雨林の現状を取材に行きました。

アマゾンの異変を取材

日本から見ると地球の裏側に当たるアマゾン地域で、今、何が起きているのでしょうか。アマゾンというと、広大な熱帯雨林の中にたくさんの動植物が生息しているというイメージがあると思います。実際、そのイメージ通りで、日本の国土の約一三倍の面積の熱帯雨林が広がっていました。上空をセスナ機で飛びましたが、三時間以上飛んでもずっと緑の森が続いていました。緑色の風景が果てしなく続くので、ふと、帰る方向が分からなくなるような感覚を覚えました。

熱帯雨林の真ん中を世界最大の流域面積を誇るアマゾン川が流れています。その上流にマナウスという都市があります。約二〇〇万人が住む大都市です。マナウス近郊で、茶褐色に濁ったソリモンエス川と黒く濁ったネグロ川が合流してアマゾン川になります。それぞれの川が流れてくる地域により土壌の性質や栄養素の量が違うため、川の色も異なった色になるのです。二本の川が合流した後も、茶褐色の水と黒い水は何十キロも混じり合わずに流れていきます。自然の不思議を実感しまし

【写真1】　見渡す限り続くブラジル・アマゾンの熱帯雨林（ロンドニア州のアマゾン川源流域）。

【写真2】　アマゾン最大の都市、マナウスの下流で茶褐色のソリモンエス川と黒く濁ったネグロ川が合流しアマゾン川になる（アマゾナス州）。

【写真4】色とりどりの野菜が並ぶ市場（アマゾナス州マナウス）

【写真3】魚市場には様々な魚が並ぶ（アマゾナス州マナウス）。

た。

広大な森の中を幾筋もの支流が蛇行して流れています。試しに釣りをしてみました。竹竿の先の針にサイコロ大の牛肉をつけて川に放り込むと、何匹もピラニアが群がってきて、数秒で釣り上げられました。また、ピンク色のイルカの姿も見ました。アマゾンカワイルカです。現地ではピンクイルカとも呼ばれていて、姿を見ると幸せになるという言い伝えもあります。中国のヨウスコウカワイルカとインドのガンジスカワイルカは絶滅危機にあります。ピンクイルカも数は減っており、保護が叫ばれていました。

マナウスの市場をのぞくと、一メートル以上の古代魚ピラルクやピラニアなど数え切れない種類の魚が並んでいました。色鮮やかなフルーツもありました。どれもアマゾンの恵みです。アマゾンには約六万種類の植物が生えており、一〇〇〇万種類以上の昆虫や三〇〇種類以上の哺乳類、一八〇〇種類以上の鳥がいると言われています。これは現在、発見されているものの数です。今でも、毎年、新種が見つかっています。こうした美しい自然を見るのは楽しいものです。

しかし、それだけでは取材になりません。環境記者として美しいアマゾンに忍び寄る破壊の現状を広く伝えなければなりません。

緑の絨毯のような熱帯雨林の上空をセスナ機で飛んでいると、ところどころで、森がはぎ取られたように無くなっている光景が見られました。地面が黒く焦げ、

【写真5】 違法に伐採され焼かれた熱帯雨林。上空から見ると、緑の絨毯にできた黒いシミのようだ（ロンドニア州のアマゾン川源流域）。

【写真6】 熱帯雨林を一直線に切り裂く道路。道路の開通により破壊は奥地へと進んでいく（ロンドニア州）。

【写真7】違法に伐採され焼かれた熱帯雨林は、やがて牧場へと姿を変える（ロンドニア州）。

【写真8】地平線まで続く大豆畑。焼き畑の煙で視界が悪い（マトグロッソ州）。

うっすらと煙が立ち上っている所もありました。人間が川をボートでさかのぼってきて奥地の森に入り込み、勝手に火をつけたのです。もちろん違法です。六月から九月にかけての乾期には、アマゾンのいたる所で森が焼かれて上空に煙が立ち込めます。視界が悪くなり、国内線の旅客機の運航に支障がでるほどです。そんなにも煙が出るほど豊かな自然を育む熱帯雨林が焼かれているのです。

熱帯雨林の破壊には順序があります。まず、木材用の木が伐採されます。特に、マホガニーなど高値がつく木が狙われます。利用できる木が無くなると、違法伐採業者はさらに奥地の森へと向かいます。残された伐採された跡地は、切り株などが焼かれて牧場へと姿を変えます。森を焼いてできた広大な牧場が無数にあり、アマゾン全体で数千万頭の肉牛が飼われています。

しかし、同じ土地で長く牧畜を続けると牧草が生えなくなり、効率が悪くなります。牧場主は新たな土地を目指します。残った牧場は今度は畑に変わります。見渡す限り続く広大な畑で、大豆栽培が行われています。ブラジルの大豆栽培は一九八〇年ごろから急激に拡大してきました。日本も資金援助や専門家の派遣などで後押ししました。その結果、北米と並ぶ大豆産地が形成され、大豆の国際価格の安定に貢献しました。その一方で、森林破壊の激しさを増したのです。

生産した木材や農作物を運ぶためには輸送路は不可欠です。幹線道路が森を貫き、そこから私道が勝手に奥地へと伸びていきます。私道は枝状に広がり、周囲にさら

【写真10　道路をはって横断するナマケモノ。猛スピードの車が何台も横を通りすぎていった（アマゾナス州）。

【写真9】 アマゾン地域を南北に通る幹線道路を、大豆を満載にしたトラックが列をなして走る（マトグロッソ州）。

【写真11】 アマゾン川支流の港では大豆を満載にした運搬船が出航を待っていた（ロンドニア州ポルトベーリョ）。

【写真12】 銃を携行して森をパトロールする環境警察（ロンドニア州ポルトベーリョ）。

に農地ができます。衛星写真で見ると、こうした道路が熱帯雨林の真ん中で魚の骨のようにくっきりと浮かび上がってみえます。「フィッシュボーン」と呼ばれています。こうした道路を、車で走っていた時のことです。前方の道路の真ん中にうずくまる黒い物体を発見し、あわてて車を止めました。一匹のナマケモノでした。道路をゆっくりと横断していました。見ている最中も、猛スピードで走ってきた車が慌てて避けていきました。ナマケモノは一〇分近くかかって、やっと反対側の森へと去っていきました。道路脇で死んでいる動物を何頭も見ました。道路により生息地の森が分断され、仕方なく道路を横断する野生動物が事故に遭うのです。

開発の影響を受けているのは動物だけではありません。森の中には文明社会から隔絶された状態でずっと生活している先住民が何十万人も住んでいます。森を焼いた煙が村を襲い、先住民の肺をむしばみます。先住民用の病院は一〇〇床ほどあるベッドがいつも満員の状態でした。開発の波は人間をも圧迫しているのです。

アマゾンの破壊の話は、飛行機で三〇時間もかかるような、日本から見ると地球の裏側の話です。だからといって、日本とは無関係の問題だと片付けていいのでしょうか。アマゾンの幹線道路を大型トラックが列をなして走っていました。積み荷は大豆です。アマゾン川支流の積み出し港では、輸出業者の倉庫で大豆が出荷を待っていました。大豆はアマゾン川の本流の港でさらに大きな貨物船に積み替えられ、アマゾン川を下って大西洋に出ます。それからパナマ運河を通って太平洋側に

【写真13】 環境警察の裏庭で、森から迷い出たピューマが保護されていた（ロンドニア州ポルトベーリョ）。

【写真14】 保護されたジャガーを見る子供たち。環境警察の隊員が森の大切さを話す（ロンドニア州ポルトベーリョ）。

【写真16】小学校での出前授業。

【写真15】 小学生用の環境教材「地球は今」。

出て、日本までやってくるのです。日本まで四五日の行程です。ブラジルはアジア市場に注目しており、そのために輸送時間を短縮したいという思惑がありました。パナマ運河を経由せず、直接、太平洋の港から運び出せれば時間が短縮できます。熱帯雨林を切り開いて、隣国のペルーへとつながるルートが整備されました。このルートを通ればアジアまで三〇日余りしかかかりません。グローバル社会では、地球の裏側の話でも決して私たちの生活とは無関係ではないのです。

ブラジルの人たちも手をこまねいている訳ではありません。環境破壊を取り締まる環境警察が、銃を手に森の中をパトロールして取り締まりに励んでいます。焼かれた場所や製材所を調べたり、大型トラックを止めてチェックしたりして、一生懸命に熱帯雨林を守ろうとしていますが、なかなか違法伐採は無くなりません。

環境警察の本部に行くと敷地内にオリが並んでいました。中にはジャガーやピューマ、サルなどが飼われていました。破壊された森の中で傷ついているところを保護されたのです。その動物を地元の小学校の子供たちが見学に来ていました。環境警察の隊員が、なぜ、この動物が保護されているのか説明していました。単なる遠足ではありません。森の大切さを伝えるための環境授業です。

■環境教育の教材を作成

私たち新聞記者は取材に行って記事を書くのが仕事です。約一カ月のブラジル出張で二〇本ほどの記事を書きました。同行したカメラマンは二〇〇〇枚以上写真を撮っています。しかし、新聞に掲載した写真は三〇枚くらいです。新聞に掲載できなかった写真や取材の内容は、これまではほとんどが「お蔵入り」になっていました。

地球異変の企画では、ブラジルだけでなく世界中に何人もの記者が足を運び、現在進行形で起きている環境問題を取材しています。集めたデータや写真は膨大です。お蔵入りにするには、あまりにももったいない。そこで、こうした素材を使って皆さんに環境問題を伝えるツールができないかと考えました。特に地球温暖化問題は世代を超えた問題です。新聞を読んでいない子供たちに直接伝えられるようなツールを作りたいと思いました。そうしてできたのが小学生向けの環境教材「地球は今」です。A4版一六ページの副読本とDVDがセットになっています。

副読本は、子供たちが親しみやすいように写真や図をたくさん用いて、地球で今どんなことが起きているのかを伝えます。小学校の先生にも編集作業に加わっていただき、どのような構成にすれば子供たちの興味をひくかをアドバイスしていただきました。DVDは、写真をスライドショー形式で編集し、動画のように見えるようになっています。各地域別に一〇分程度のストーリーになっています。

新聞紙面上で教材を活用して下さる学校を募集しました。全国の約三六〇〇校から申し込みがあり、三〇万人分の副読本を無料で配布しました。実際に学校に取材に行くと、社会科や理科、総合学習など様々な授業で活用していただいていました。

この教材の意義を先生にお聞きすると、「まさに今、地球で起きていることがダイレクトに伝わってくる点です」との答えをいただきました。教科書は教科書検定を通過しなければならないため、学校現場に届くまでに時間がかかります。その点、副読本なら検定を通さず、現在進行している事象を伝えることができます。多くの子供たちが世界で進んでいる環境問題に目を向け、環境を守るために自分が何をできるかを考える機会になってくれたらうれしいです。

■出前授業で直接伝える

子供たちに直接、環境問題を伝えるために、出前授業に出かけることも多くなりました。二〇一〇年は国際生物多様性年でしたので、国内で問題になっている外来種についてお話ししました。

例えば、七〇〇種以上が輸入許可されている外国産のクワガタ、カブトムシの問題です。子供たちに人気で、東南アジアを中心にアフリカ、インドなどから年間一〇〇万匹ほどが輸入されています。

繁殖させて幼虫を育てている愛好家もいて、国内に何億匹いるか分からない状態です。きちんと管理がされていればいいのですが、最近、野外で外国産のクワガタが採取される例が報告されており、在来種と交雑する危険性が指摘されています。日本の生態系の遺伝的多様性が脅かされているのです。こうした昆虫を好むのは子供が圧倒的に多い。子供たちに問題を直接伝えることが大切だと思います。

また、私たちの生活と関係しているのがアライグマの問題です。外来生物法により特定外来生物に指定され駆除の対象になっていますが、すでに全国で繁殖が確認されている状態です。農作物被害は年間で何億円にも達するほか、文化財が傷つけられたり、住宅の屋根裏に潜り込んで糞尿被害が出たりしています。例えば、茨城県では二〇〇五年以降に、常磐自動車道の沿線で目撃例や捕獲例が増えています。外来生物法ができてペットとして飼えなくなったため、首都圏の人が常磐自動車道を使って緑豊かな茨城県南部に放しに来て、それが繁殖して増え始めたと考えられています。

クワガタにしてもアライグマにしても、ペットとして飼えなくなったからといって日本の自然の中に放していいのでしょうか。飼ったなら最後まで責任を持たなければならない。自然に放すことが環境に悪いことだと、きちんと伝えなければならない。そういう思いで記事を書き、さらに、直接、伝えるために学校に足を運んでいます。

ブラジルの環境警察の署長が「破壊を取り締まるだけでは森は守れない。教育により子供たちの環境に対する意識を高めることが森を守ることにつながる。時間はかかるが努力をおこたってはいけない」と話していました。本当にその通りだと思います。環境に対する意識を高めるために、これからもいろいろな場面で情報を発信していきたいと思っています。

第12章　企業におけるCSR——日本コカ・コーラ株式会社の取り組み

小澤紀美子（こざわきみこ）

今、世界的潮流として「持続可能な社会」をめざす企業の取り組みも重要な課題となってきている。そこで本稿では、寄付講座として開設された「環境教育論」のご支援をいただいている企業のCSRの事例として、日本コカ・コーラ株式会社の取り組みを紹介したい。

1　なぜ企業にCSRが求められるのか

21世紀に入り、環境への関心が高まり、温暖化や異常気象の状況に不安をつのらせる人々が増えてきている。このままでは未来が「持続不可能」なのではという危惧感が高まってきている。そこで産業界においては、「持続可能な発展」が求められてきている。その世界的潮流でのとらえ方は、谷本寛治（参1）にもとづくと次のようになる。

①一九七〇年代は、二〇世紀産業社会のあり方からの反省によって、具体的には経済成長が中心課題で環境・社会は与件としての枠組みで考えられてきた。

②一九九〇年代は、グローバリゼーションが進展し、NGOなど新しい社会運動が活発化していく中で経済と環境・社会がバランスのある発展をしていく必要があるという議論が高まってきた。

③二一世紀に入り、持続可能な発展を社会全体で求められることになり、経済は環境・社会と相互に依存関係にあるという概念が成り立ってきている。

すなわち今日の地球環境問題は、グローバル化の波により、環境・経済・社会が相互に依存関係にあり、一企業内や産業界、地域内における対処療法だけでは解決できない複合的な課題が出てきているのである。日本学術会議「日本の展望——学術からの展望」報告の「環境分野の展望」（参2）においても、「世界各地には、『地球公共財』に準じる地域に即したコモンズ（共有地）が数多く存在していた。近代化、工業化の進展に伴い、これらのコモンズは、その多くが崩壊に見舞われた。…20世紀が省みることのなかった「地球公共財」の持続的維持について規範を創り出し、これを道しるべとし、具体的行動に移していくことが重要である。」と指摘するように、多様な主体やセクターが連携して、「未来の責任」と「未来のビジョン」を共有し、持続可能な社会づくりにむけて「未来へのシナリオ」を構築していかなければならないのである。

このことは、「政府だけですべてに対応出来ないし、さらに企業だけ、市場にまかせて解決するわけではない、またＮＰＯ／ＮＧＯの力だけでも十分ではない」ので、「社会を構成する各セクターに新しい役割や責任が求められる」（参1）ようになり、各セクターを越えた「協働」が求められ、最も大きい経済主体である企業に

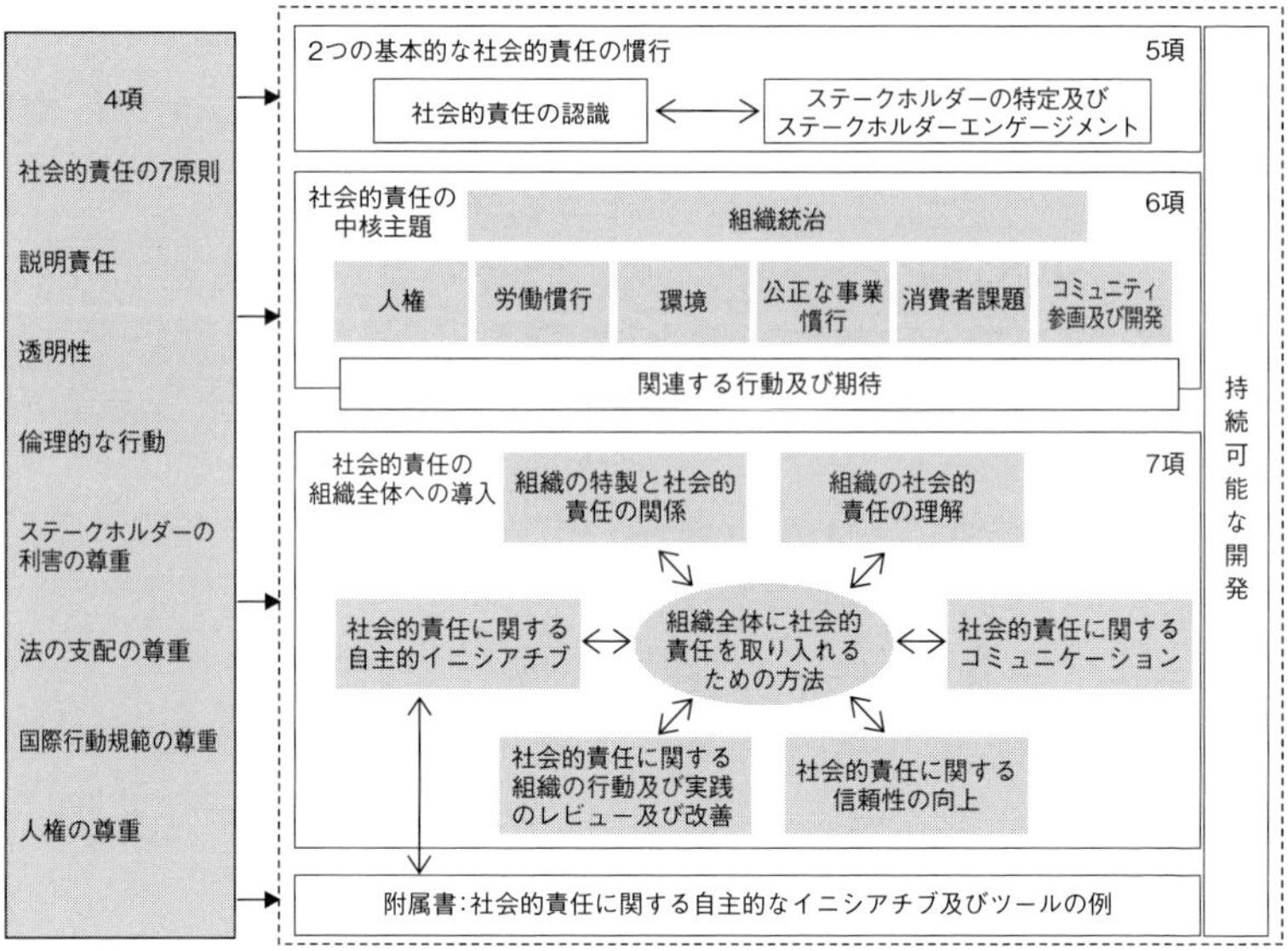

図-1　ISO26000の図式による構成概要

対してCSRとしての役割が求められるようになってきたのである。さらに社会を構成するあらゆるセクターが協働して持続可能な社会づくりに向かうことが求められるようになってきているのである。

　グローバル化した社会的な課題に対し国際的規約としてのISO26000が発行され（二〇一〇年一一月）、あらゆる組織（政府・行政、企業、事業者、労働団体、研究機関、消費者団体、メディア、NPO・NGO、投資家など）がSR（社会的責任）を求められるようになったのである。ここでいう「社会的責任」は、次の四つの透明かつ倫理的な行為を通じて、組織の決定及び活動が社会及び環境に及ぼす影響に対する組織の責任―①「持続可能な発展」、健康及び社会の繁栄への貢献、②「ステークホルダーの期待」への配慮、③適用されるべき法律の遵守、国際的な行動規範の尊重、④組織全体で統合され、組織の「関係の中で」実践される行動―と定義されている（参3）。

　具体的な構成は図-1に示すようになっている（参4）。

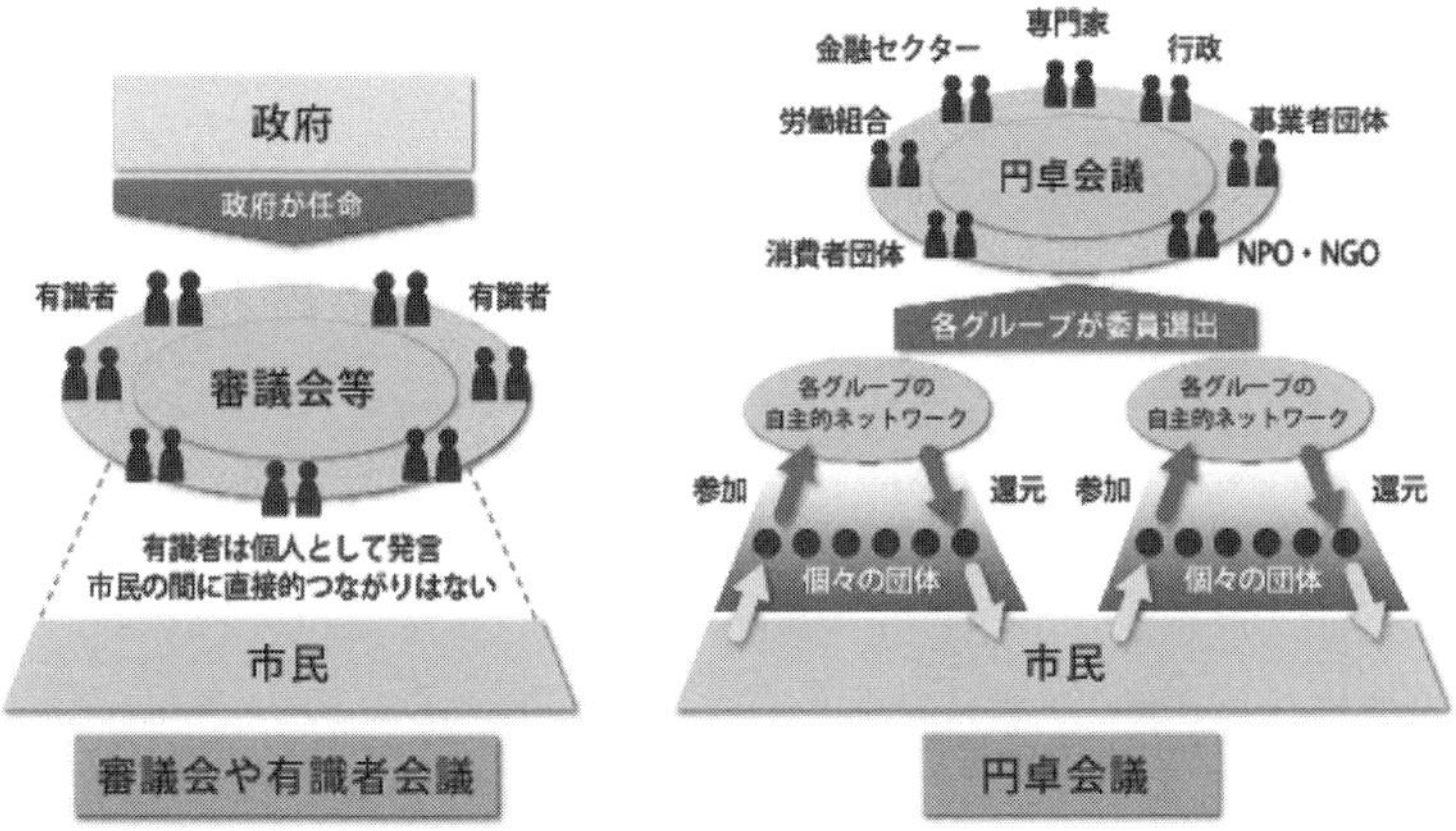

図-2　円卓会議のイメージと従来からの審議会・有識者会議との違い

こうした動向を受けて日本では、閣議で「長期的戦略指針『イノベーション25』（二〇〇七年六月）が決定され、その中で、社会システムの変革戦略の一貫として国民の安全・安心の確保のため、法令や規制の枠組みを超えた企業などの自主的な取り組みを促す環境を整備することを目的として「円卓会議」を開催することがうたわれた。さらに同じ時期に国民生活審議会でも同趣旨の提言がなされ、「消費者行政推進基本計画」（閣議決定：二〇〇八年六月二七日）に円卓会議の設置が決定されたのである。具体的な名称は「安全・安心で持続可能な未来に向けた社会的責任に関する円卓会議」であるが、通称は「社会的責任に関する円卓会議」である。ここに国内初の「マルチステークホルダー会議」が設置されることになったのである。

円卓会議の運営のイメージは次に示すようになる。従来からの審議会や有識者会議とは異なる運営方式で、目下、協働プロジェクトが展開されている（図－2・参5）。

2　コカ・コーラシステムにおけるCSR

では日本コカ・コーラ株式会社の企業としてのCSR、社会的責任としての枠組みはどのようなものであろうか。

日本コカ・コーラ株式会社は事業の発展を目指す上で社会の持続可能性（サスティナビリティー）に取り組むことは不可欠であるという考えのもと、清涼飲料メーカーの事業と関わりの深い、消費者個人の生活、コミュニティ、地球環境の持続可能性を重視した世界共通の七つの重点分野における取り組みをボトラー社および関連会社と協力して推進している。

二〇一三年の日本コカ・コーラ株式会社のサスティナブル・レポートから紹介したい（参6）。このレポートは、世界のコカ・コーラシステム共通のサスティナブル戦略に基づき、七つの重点分野各領域における昨年の実績と今年の目標を記載していて、サスティナビリティー推進の「見える化」を図っていて、誰が見てもわかりやすいレポートとなっている。さらに、海外のコカ・コーラシステムの取り組み紹介の部分では、世界共通の戦略のもと、各国さまざまな特徴のある事例が紹介されている。

具体的には、図－3に示す四つの領域の事業活動であり、図－4に示すように各領域毎の重点的に取り組む七つの項目をあげている。

具体的な取り組みとしては次のように事業を展開している。

① 温暖化防止・エネルギー削減 ⇓ 製造過程でできた廃棄物の再資源化の取り組み―コカ・コーラの廃棄物の七割を占めるコーヒーかすや茶かすをメタ

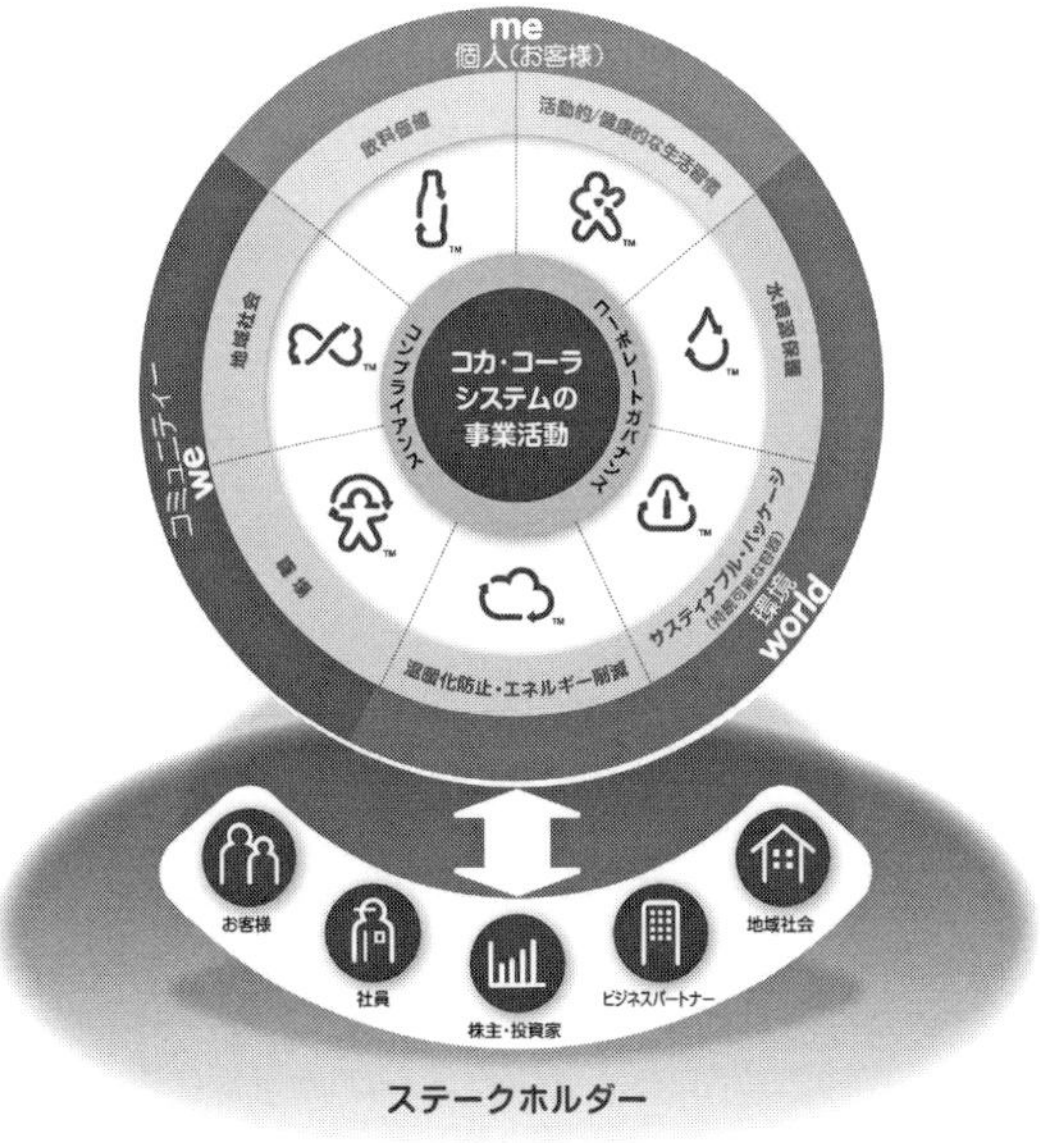

図-3　コカ・コーラシステムの事業活動

ン発酵処理設備によってバイオガスエネルギーとして再利用している。

② 消費電力削減・CO_2排出量のカット ⇒ エネルギー使用量の大きい自動販売機の省エネ化の取り組みとして二〇一五年までに四五％CO_2排出量削減（対二〇〇四年比）を行い、さらに省エネ化を実現するために電力使用ピーク時間帯の冷却運転をストップする「ピークカット」機能や必要な部分だけ冷やす「ゾーンクーリング」、内臓コンピュータ自身が分析し節電機能を制御する「学習省エネ」機能、冷却時に発生する排熱をホット製品の加熱に利用する「ヒートポンプ」機能などの自動販売機の開発を行っている。

③ 容器の軽量化 ⇒ 製品の容器を軽量化し、さらに容器の素材として再生可能な植物由来の素材を使用し、次世代型PETボトル「プラントボトル」として使用し、サステナブル・パッケージ（持続可能な容器）やユニバーサルデザインに取り組み、原油使用量削減と輸送時の環境負荷低減効果をはかっている。

④ 水資源保護 ⇒ 二〇二〇年までに製品製造に使用した量と同等量の水を自然に還元し実質的な水資源使

市場	［飲料価値］ Beverage Benefits お客様のあらゆるライフスタイルやニーズに合う製品をお客様が信頼できる品質でご提供することに努めます。
	［活動的/ 健康的な生活習慣］ Active Healthy Living 心身の健康と健全なライフスタイルを提案する清涼飲料メーカーとして、飲料製品に関する情報提供、飲料を通じた正しい水分補給や食育に関する啓発活動、ならびに活動的で健康的な生活習慣づくりを支援するため、さまざまなスポーツ事業の支援などを通じて人びとが運動やスポーツに親しむ機会を幅広く提供します。
環境	［温暖化防止・エネルギー削減］ Energy and Climate CO_2をはじめとする温室効果ガスの排出を抑え、その影響を軽減することに努め、飲料業界のリーダーとなることを目指します。
	［サスティナブル・パッケージ（持続可能な容器）］ Sustainable Packaging 革新的な技術を追求し続け、必要最小限の自然資源でパッケージをつくることを目指します。また飲用後のパッケージ素材を製造過程に戻して再利用するシステムの構築にも取り組んでいます。
	［水資源保護］ Water Stewardship 製品を製造する時の水の使用量を削減し、製造時に使用した水をリサイクルして安全に元の環境に戻します。私たちのゴールは、製品に使用した水と同等量の水を還元することです。
社会	［地域社会］ Community 地域社会が健全でない限り、私たちのビジネスの成長は得られません。私たちは、それぞれの地域社会でつながりを大切にし、地域のニーズに応える必要があります。
職場	［職場］ Workplace 私たちのビジネスに関わるすべての人が多様で開かれた環境のもとで働ける職場を目指します。一人ひとりが力を発揮するのに最適な環境づくりに取り組みます。

図-4　コカ・コーラシステムが取り組むサスティナビリティー重点分野

用量をゼロにする「ウォーター・ニュートラリティー」達成を目指し、工場の水使用量の削減や排水管理の徹底、水資源保護として森による水源涵養事業を行っている。

　こうした原則を世界のコカ・コーラが共有し、二〇一五年の中期目標の達成を目指して、製造部門、物流・輸送部門、販売部門、オフィス部門の全ての部門で温暖化防止・エネルギー削減を実施し、環境パフォーマンスの進捗状況を踏まえて二〇一五年目標の中間見直しを行い、二〇二〇年を目標年とする中・長期的目標策定というプロセスで取り組んでいる。

3 コカ・コーラ教育・環境財団の取り組みとその概要

3-1 財団の概要

日本全国で地域をフィールドとした環境教育や環境保全活動が二一世紀に入って活発化してきており、多様な企業がかかわってきている。例えば、環境意識の啓発や森づくりなどの環境保全の実践活動で助成金を出すなど多様な形態で進められてきている。その中にあって、コカ・コーラ環境教育賞は一九九四年の早期に創設されている事業である。環境ボランティア活動の助成・支援を通して、環境教育・環境保全活動を促進することを目的として創設されており、日本全国で子どもたちと共に活動している団体・個人を顕彰している。二〇〇九年から小・中学生を対象にした「活動表彰部門」と高校生および大学生を対象にした「次世代支援部門」の二つの部門で環境保全活動や環境教育実践を顕彰しており、二〇一三年で二〇回目の顕彰事業となっている（参7）。

なお、本事業の運営は、公益財団法人コカ・コーラ教育・環境財団として実践されている。もともとのコカ・コーラ環境教育財団として運用されていた財団と日本コカ・コーラボトラーズ育英会を一元化して、二〇一一年から公益化を図り、コカ・コーラの多様な社会活動の事業を一元化して進めてきており、現在の事業は四部門から成っている。

写真1　雨遠別小学校
コカ・コーラ環境ハウス

①環境教育を通じての地域社会、さらには国際社会において次世代リーダーとなる人材育成支援→コカ・コーラ環境教育賞、大学ネットワーク支援、コカ・コーラ環境ハウスの運営支援
②青少年に対する教育支援としての奨学支援と国際交流の機会の提供
③スポーツを通じた次世代の育成と指導者育成
④復興支援→東日本大地震被災地の支援を目的にコカ・コーラ復興支援基金を設立しての事業

3-2　雨遠別小学校　コーラ環境ハウス

北海道栗山町にある雨遠別小学校は一九三六年に木造校舎として新築され、現存する二階建て小学校として増毛小学校と共に北海道内最古の木造小学校として一九九八年まで使用されていた。廃校後、雨をしのいできた旧校舎の再生を目指し、NPO法人雨煙別学校が設立され、公益財団法人コカ・コーラ教育・環境財団の支援を受け、次世代育成に向けた宿泊研修施設とすべく校舎再生（改修）工事が進められ、延一五〇〇人程の町民がボランティアで工事に参加し、「雨煙別小学校　コカ・コーラ環境ハウス」として再生されたのである。二〇〇九年、雨遠別小学校は「雨遠

写真2　コカ・コーラ環境フォーラム

別小学校 コカ・コーラ環境ハウス」（写真1）としてコカ・コーラ教育・環境財団と、北海道栗山町とともに環境教育などを行う宿泊型施設として再生され、二〇一〇年四月にグランドオープンし一般の方々も使用可能な施設として活用が開始されている。栗山町の豊かな自然環境や農業環境を活かした体験型環境教育プログラムを展開し、次世代を担う青少年の育成を目指して開校している。

北海道夕張郡栗山町では、このプロジェクトを『新しい公共』の栗山モデルとしてNPO雨遠別学校を中心に、コカ・コーラ教育・環境財団の社会的貢献CSRと全国の発進力・ブランド力の力を借りて協働し、さらに学校教育を含めた「ふるさと教育」を実践するなど、交流事業を拡大していく拠点としても活用している。栗山町の児童・生徒は宿泊型の学習も展開している。なお、この施設では、東海大学教養学部自然環境課程の二月の冬の環境保全実習でも利用している。

3－3　コカ・コーラ環境フォーラム

コカ・コーラ環境教育賞は先にも述べたように一九九四年から開始されており、第一五回までの応募者の内、受賞した団体の構成の変遷をまとめたのが、図－5である。図から、地域のNPO／NGOの取り組みが減少し、学校教育での取り組みが顕彰される傾向にあり、高等学校の取り組みが受賞する傾向が読み取れる。このことからも、

活動実績	これまで行ってきた具体的な活動内容
地域密着	地域社会との連携または地域社会への貢献
組織	指導者の教育方法および小中学生の主体的な関わり
継続性	活動年数および活動頻度
発展性	活動を通した子供たちの成長および今後の成長の期待
情報発信	外部への積極的な情報発信（活動の共有）

表-1　活動表彰部門の選考基準

企画性	独自性があり、他の企画と比べて目新しさを感じさせるもの
実現性	スケジュールや予算など、企画を実現する可能性が高いもの
公益性	将来的に社会に貢献できる要素を含んでいるもの
主体性	応募者である高校生や大学生が主体となっている企画であるもの
汎用性	社会において幅広く活用性があるもの

表-2　次世代部門の選考基準

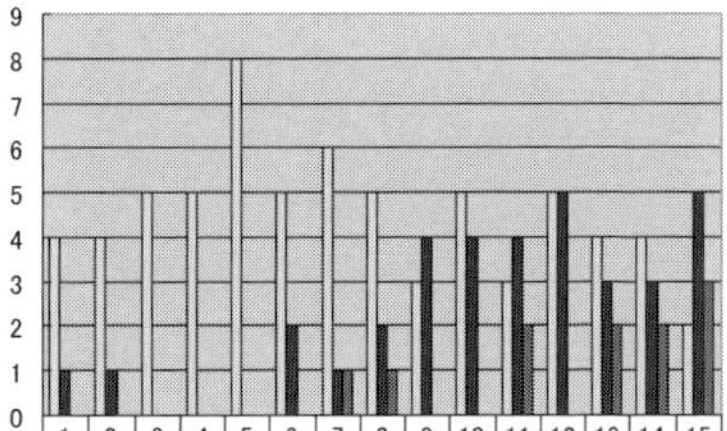

	1	2	3	4	5	6	7	8	9	10	11	12	13	14	15
地域の会／NPO・NGO	4	4	5	5	8	5	6	5	3	5	3	5	4	4	2
小・中学校	1	1	0	0	0	2	1	2	4	4	4	5	3	3	5
高校	0	0	0	0	0	0	1	1	0	0	2	0	2	2	3

図-5　コカ・コーラ環境教育賞　受賞団体の変遷

一六回目から「次世代部門」が設置されたことも頷ける、といえよう。具体的には、コカ・コーラ環境教育賞設置から一六回目を迎えて、「活動表彰部門」と「次世代部門」の二部門で実施している。応募団体の書類審査をへてノミネートされた団体が雨遠別小学校環境ハウスでプレゼンテーションを行い、審査員がその発表を評価して、最終審査を行うものである。その選考基準は表－1、表－2のようになっている。なお、二〇一〇年から毎年、雨遠別小学校 コカ・コーラ環境ハウスで受賞にノミネートされた方々の発表・表彰を行う「コカ・コーラ環境フォーラム」（写真－2）を開催している。フォーラムの具体的な構成は、（1）環境教育に関する活動で顕著な実績を修めた全国の団体・個人を顕彰、及び環境教育に関する先進的な企画を支援する「コカ・コーラ環境教育賞」の最終選考会及び表彰式式典、（2）環境教育を中心とした宿泊型体験施設として再生した廃校、「雨煙別小学校 コカ・コーラ環境ハウス」を拠点とした自然体験プログラム、（3）ゲストによるトークショーなど、大勢の方々に参加いただき自然環境保全や環境教育の啓発を行っている。

3-4　次世代部門受賞事例の紹介

次世代部門のイメージを第一六回で受賞した山形県置賜農業高校の事例「資源循環型農業の創出と地域生物資源循環システムの構築活動」を取り上げ、次世代（高校生・大学生）の実践が地域の活性化や地域モデルの提言に繋がっていることを紹介したい。

地域で産業として行っているワインの絞りかすに注目して地域社会への貢献を目指したもので、高等学校の授業の「課題研究」として取り組んだ「MOTTAINAIプロジェクト」である。先輩たちから引き継いでワインの絞りかすに米ぬかやおからを混ぜた食品残渣の飼料化の取り組みであり、その飼料を豚や牛、鶏に与え、肉質の影響を科学的な根拠を示しながら進めている。単純に考えても、ポリフェノールが多く含まれ大人が身体によいとして飲んでいるワインの絞りかすに、まだ多くポリフェノールが含まれていると考えるのはもっともなことである。ただし、絞りかすだけではタンパク質とエネルギーが不足しており、水分の調整も必要なことから同じ残渣の豆腐かすと米ぬかを利用する工夫をしている。この食品残渣の有効活用により、輸入飼料に比較して約三〇%のCO_2排出を削減するという効果も算出している。生物資源の循環だけではなく、低コスト飼料の生産を産官学連携の研究会とも協働して進めていることは、持続可能な地域づくりビジネスモデルの提案ともいえる。ワインの搾りかすを家畜のエサにリサイクルする取り組みによって、地域産業廃棄物の減量化に挑みながら、製造したリサイクル飼料を畜産農家に供給しており、コカ・コーラ環境教育賞受賞後、二〇一〇年にはリデュース・リユース・リサイクル推進協議会から内閣総理大臣賞を受賞している。

その取り組み内容と特徴をコカ・コーラ教育・環境財団のホームページから（参8）まとめると次のようになる。

① 地域の生物資源循環と温暖化防止 ⇓ 山形県内の食品産業廃棄物量は年間二・五万トン、本校が位置する県南部の置賜地域でも三〇〇〇トンが排出されている。この廃棄物、つまり食品残渣は、これまでは産業廃棄物として廃棄されており、この腐敗過程でトンあたり一五四kgのメタンガスが発生する。しかし、メタンの温暖化効果はCO_2の二一倍であり、約三・二トンのCO_2を排出したことになる。私達は昨年が四トン、今年は一五トンのリサイクル飼料を製造することによって、食品残渣の減量化に取り組み、地域の資源循環によるゼロエミッションを実現し、地球温暖化防止の意識高揚に貢献する。

② 飼料の低コスト化と環境産業の起業による地域産業の振興 ⇓ 食品残渣のリサイクル飼料は、穀物を原料にした配合飼料の一〇分の一の製造コストである。穀物需要の緊張によって乱高下する配合飼料に変えて二〇〜三〇%給与できるリサイクル飼料は、畜産農家の経営コスト軽減と経営改善を生む。と

同時に、輸入穀物量の低減にも寄与し、フードマイレージの点からも注目されている。さらに、多頭飼育農家が実施する自動給餌システムに対応できるリサイクル飼料の乾燥化によって、大量受注も見込まれ、リサイクル飼料の起業化が期待されている。以上、私達の活動を継続することによって、農業並びに環境産業面での地域産業振興が図られる。

③　資源循環型農業の創出と地域資源循環システムの構築 ⇒ 食品加工業者から排出された残渣を家畜の飼料として給与し、家畜から排泄された堆肥を農地に還元し、農地から生産された果実や野菜類を食品加工原料として利用するという、資源循環型農業が創出される。また、リサイクル飼料の給餌というエコロジーな飼育法や、残渣が有する機能性物質の効果などによって家畜生産物のブランド化が実現する。さらに、食品加工産業や農家、農協や産廃業者、そして県や畜産試験場と受賞校が一体となった地域資源循環システムの構築が前進している。

さらにこの高校生の取り組みは、地域や県、東北地区などのバイオマスフォーラムや環境シンポジウムなどで事例発表を行ったり、出前授業で小中学生への環境教育、小中学生を対象にしたバイオマスリサイクルの紙芝居や、コントを自分たちで創作自演するとともに、「小中学生でもできる資源循環」に関するワークショップを開催している。

写真3　東海大学環境キャラバン隊

なお、第一六回次世代部門では東海大学チャレンジセンター環境キャラバン隊も受賞している。「環境教室開催や街頭イベントの実施による環境啓発活動」である。小中学校を対象とし、キャラバンで三都市を巡り環境啓発活動を実施（写真3）。これらの活動に伴う環境負担の一層の低減を図り併せて教育効果を高めるため、移動用のマイクロバスの屋根にソーラーパネルを設置するとともに、環境教室で使用する電力を自前で伝達し、より環境にやさしいキャラバンを展開している活動である。受賞後も、東海大学環境キャラバン隊は教養学部自然環境課程の学生に引き継がれ、環境ハウスがある北海道栗山町の小学校に出向いて環境教育の授業を継続して行っている。

3-5　大学ネットワーク

コカ・コーラ教育・環境財団は「環境マインドを持った次世代のリーダー」育成を目指し、二〇〇八年後期から東海大学など五大学にて、「環境教育」をテーマにした寄付講座を開設（開設や展開は各大学で異なる）するほか、大学生によるさまざまな環境への取り組みを支援している。

一方、コカ・コーラ環境教育賞を受賞した内容をプログラム事例「環境教育のすすめ―コカ・コーラ環境教育賞　事例集」としてまとめられている（写真4）。

写真4 「環境教育のすゝめ ーコカ･コーラ環境教育賞 事例集」

二〇一一年開催の「コカ・コーラ学生環境サミット」に参加した五大学一二名の大学生が中心となってまとめたもので、「コカ・コーラ環境教育賞」から優れた事例を紹介し、学校や地域を訪問し、自分でインタビューをした成果などを学校現場での環境教育に役立てていただくため、制作したもの。環境教育の指導経験が少ない小中学校の指導者や、今後、環境教育の実践を目指す方々に環境教育の魅力を伝え、環境教育の実施を促すことを目的にしている。

この事例集では、全国の小学生から大学生までの顕著な環境教育・活動を顕彰する「コカ・コーラ環境教育賞」の受賞団体から選定した一四団体を取材した内容を収録している。作成にかかわった学生は環境教育を行う指導者、参加する生徒の思いや意欲に焦点を当てた事例集が少ないという点に着目し、誌面では、環境教育活動に携わる指導者の想いや環境教育への考えをまとめたインタビュー、団体の一日の活動スケジュールと指導のポイントなど、これから環境教育に取り組む小中学校の指導者にとって、参考となる情報を紹介している。

なお、東海大学ではコカ・コーラ教育・環境財団寄付講座として多彩なゲストティーチャーに参加していただいて「環境教育論」、体験型授業「環境保全演習」（その内容が本著）の授業を展開するだけでなく、一般向け公開講座としても二〇一〇年から年に一回開催している。そのテーマが「海」の時にはゲストとしてサカナくんに、「森」がテーマの時には、作家のC・W・ニコル氏による「多様性は可能性〜森のサステナビリティー〜」をテーマにした基調講演や、NPO法人「自然塾丹沢ドン会」の片桐務理事をアドバイザーにお迎えしたパネルディスカッションも行ってきている。こうした取り組みから環境教育は小・中・高等学校、大学に限らず生涯学習としての取り組みの重要性も認識していただく機会ともなっている。

参考文献

（1）谷本寛治「持続可能な社会を目指す、企業とステイクホルダーの新たな関係と社会的責任」『CEL（Culture,Energy and Life）』2011.March
（2）日本学術会議「日本の展望―学術の展望　『環境分野の展望』」二〇一〇年四月
（3）関正雄「ISO26000　あらゆる社会にとっての社会的責任（SR）を考える」NPO法人こども環境活動支援協会「環境活動支援情報誌りぃふ」Vol.29
（4）日本企画協会編「日本語訳　ISO26000：2010　社会的責任に関する手引き」2011
（5）http://www.sustainability.go.jp/forum/about/organization.html　より
（6）Coca-Cola　I　Sustainability report 2012
（7）http://www.cocacola-zaidan.jp/
（8）http://www.cocacola-zaidan.jp/activity/env-prize/16th/a_01.html
（9）http://www.cocacola-zaidan.jp/summary/pdf/env_edu_book.pdf

最終章　環境知性として次世代リーダーに求められる資質・能力

小澤紀美子（こざわきみこ）

■1 なぜ、環境教育で次世代育成が求められるのか

二一世紀に入り、環境への関心がより一層高まり、温暖化や異常気象状況に不安をつのらせ、このままでは「持続不可能」になるのではという危機感が増し、誰でもが、一様に「環境教育が重要だから推進しなければならない」といいます。第1章で述べましたように、今日の地球環境の課題は、自然保護や従来の公害問題とは異なり、環境・経済・社会が相互に依存関係にあり、一企業内や産業界、地域内における対処療法だけでは解決できない複雑な様相を呈しています。そのために高等教育において、人材育成の観点からも環境教育は次世代リーダーとしての資質をもつよう系統的に学ぶ機会が不可欠となってきているのです。

そこで危機的な状況にある環境問題に緊急に対処しなければならないという認識を共有するにとどまらず、一人ひとりがかけがえのない人類共通の財産である地球環境の持続性を実現するよう環境を保全・改善し、次の世代に良好な環境や資源を引き継いでいく責任を自覚していくことが求められています。

本講座では、環境教育を環境問題（problem）について（about）学ぶことではなく、「人と人、人と自然、人と地域、人と文化、人と地球との関係性の再構築」にむけての学習・教育であり（参1）、「今につながる過去に学び、今を知り、未来から学び・創る」教育ととらえて講義を展開してきました。すなわち「持続可能な社

会や地域の創造」に向け、現在の社会経済活動やライフスタイル、そしてそれを支える社会システムを根本的に変革していく「未来を創る力」を育成することとして、自ら学ぶこと、生涯を通して学ぶ視点も含めて展開してきました。

日本学術会議「日本の展望――学術からの展望」報告の「環境分野の展望」（参2）において、「世界各地には、『地球公共財』に準じる地域に即したコモンズ（共有地）が数多く存在していた。近代化、工業化の進展に伴い、これらのコモンズは、その多くが崩壊に見舞われた。……二〇世紀が省みることのなかった『地球公共財』の持続的維持について規範を創り出し、これを道しるべとし、具体的行動に移していくことが重要である。」と指摘していますように、多様な主体やセクターが連携して、持続可能な社会や地域づくりへ向けて責任ある主体的な行動が求められているのです。

さらに「持続可能な開発のための教育の10年」の中間年の国際会合でのボン大会（参3）で、現代の世界が直面している課題として、「貧困と不平等、紛争、世界経済金融、食糧危機及び世界の飢餓の問題、持続不可能な生産と消費のパターン、気候変動など」を挙げ、さらに「これらの相互に結びついた開発及びライフスタイル上の問題は、持続不可能な社会を作り出すような価値観に起因している」と指摘していますように、「人間と環境が共生する」方策を見出していくためには、「変革のために人々をエンパワーするような共通の献身」と「教育及び生涯にわたる学習を通じて、持続可能な社会を支えるような確たる価値観に基づいたライフスタイルの達成」をめざしていかなければならないのです。

■2　環境人材で求められる次世代リーダーとしての資質とは

「持続可能性」を脅かしているのは、人間活動そのものであり、社会を構成する市民、事業者、行政などすべてのセクターが「持続可能性」にむけて「自らの暮らしや生産活動、社会活動のあり方」を見直していかなければならない、といえます。

森田ら（参4）が一九七九年以降の論文を「持続可能な発展とその指標」の視点から分析して、持続可能性には、自然条件を重視して規定されたもの（生物多様性、環境の容量範囲内での生活、天然資源の保全など）、世代間の公平を強調したもの（環境資源や経済成長の将来世代との公平性）、社会的正義や生活の質などの高次の観点（南北問題、社会、人権、文化、価値など）が含まれている、としています。そうした概念を取り入れて教育の課題を考え、展開していくことが不可欠です。

日本の学校教育は伝統的に知識や技能を教師から伝達する、結果のみを重視する「何を学んだ」かを重視し、「どう学ぶ」かといった視点からの教育が行われてこなかった、といえます。これからの学びは試験に応ずるために一方的に知識や文化を注入（伝達）するのではなく、一人ひとりの考えの道筋や興味・関心が異なることを前提として、思考態度や探求の方法をそれぞれ豊かに醸成すること、主体的に学び続ける能力を育成することが求められています。

すなわち「知識伝達型」あるいは「知識注入型」の教育から、学習のプロセスを重視し、教師も共に学ぶ「探究創出表現型」の学習観へ変革していく理念のもと、学校教育では二〇〇二年に「総合的な学習の時間」が創設され、環境教育、情報、健康・福祉、国際理解などは総合的な学習の時間と各教科が連携して取り組むことが求められたのです（参5）。しかし大学教育では、一九九一年の大学大綱化に伴い、教養科目は削減され、より一層、専門分野に特化したカリキュラム構成で展開されるようになり、各専門科目を系統的に学び、総合化・統合化していくのは学び手に委ねられてきたのです。

教員免許法では「総合演習」などの科目で「人間尊重・人権尊重の精神はもとより、地球環境、異文化理解など人類に共通するテーマや少子・高齢化と福祉、家庭のあり方など我が国の社会全体に関するテーマについて」適切に指導することができるように「総合演習」が創設されました。課題の発見、解決への段取り、対外交渉能力の育成、プレゼンテーション能力の育成、他者と協力して課題に取り組む組織の中でのリーダーシップの体験などを通しての能力育成ですが、東海大学教養学部人間環境学科自然環境課程で進めている取り組みそのものとも言えます。

ところで現在の学生の皆さんが受けてきた現行の学校カリキュラムは、「要素

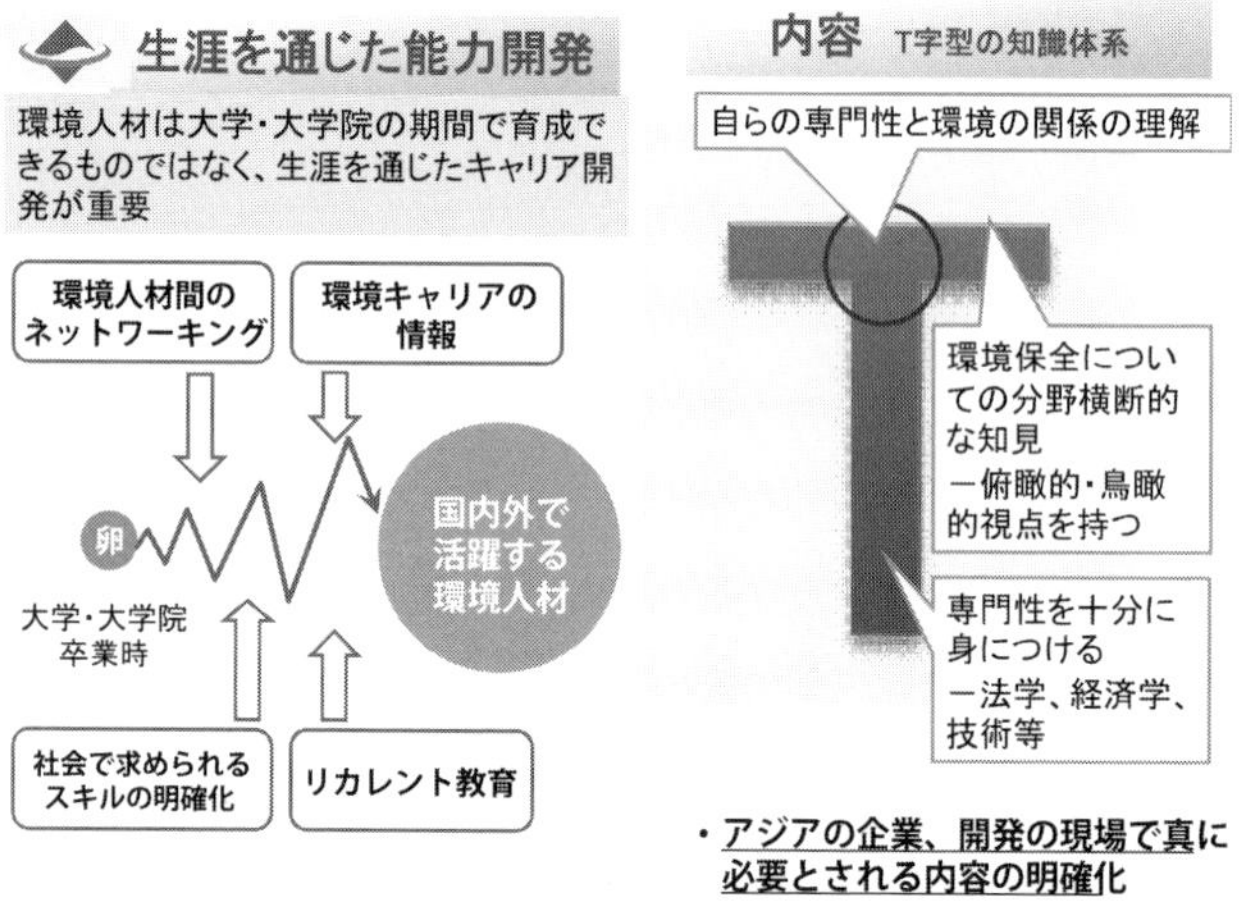
生涯を通じた能力開発
環境人材は大学・大学院の期間で育成できるものではなく、生涯を通じたキャリア開発が重要
環境人材間のネットワーキング
環境キャリアの情報
卵
大学・大学院卒業時
国内外で活躍する環境人材
社会で求められるスキルの明確化
リカレント教育
内容 T字型の知識体系
自らの専門性と環境の関係の理解
環境保全についての分野横断的な知見
ー俯瞰的・鳥瞰的視点を持つ
専門性を十分に身につける
ー法学、経済学、技術等
・アジアの企業、開発の現場で真に必要とされる内容の明確化

図−1　生涯を通しての能力開発

（部分）の総和」が全体の知識になるという枠組みで各教科や教科の内容が組み立てられています。したがって教科書に記述されている事実を「教え込む」（知識注入）という投入―産出型モデルで展開されており、産出された結果の「知識量」を「学力」としてテストではかるのが近代学校システムといえます。ブラックボックスの中の構造、つまり、児童・生徒一人ひとりの思考過程や価値観の違い、あるいは学ぶ側の自己と環境との相互作用による変容の過程は無視されているのです（参6）。

日本の知識注入型教育は大学入学の受験が終わり、一年もたつと大半忘れてしまう、量的に測定可能な尺度にもとづく知識の量を重視しています。こうした受験学力育成型の教育からは、環境問題や他の横断的な課題 issues（問題解決にむけて代替案のもと論争が必要な課題）への取り組みの能力の育成は危うい、といえます。

第8章の授業で、環境省が展開している環境人材に求められる三大要素として「強い意欲」「専門性」「リーダーシップ」をあげています（8章図3−1、参7）。こうした能力の育成は、その能力の性質上、生涯を通じて育成していくことが求められます（図−1）。

＊強い意欲：持続可能な社会づくりの複雑さ・多面性を理解しつつ、それに取り組む強い意欲
＊専門性：環境以外の専門分野（法律、経営、技術等）の専門性と、専門性と環境との関係を理解し、環境保全のための専門性を発揮する力
＊リーダーシップ：経済社会活動に環境保全を統合する構想・企画力、関係者を説得・合意形成し、組織を動かす力、ビジネス、政策、技術等を環境、経済、社会の観点から多面的にとらえる俯瞰的な視野

そこで、本講座ではこうした要素を取り入れた「次世代リーダーに求められる資質」として、

①複眼的思考力、②専門性、③戦略性、
④柔軟性、⑤リーダー性、⑥連携力

の六つの視点で提言していきます。具体的には、次のようになります。

（1）多面的理解と複雑性の理解

まず、環境問題は諸要因が複雑に絡み合っているので、システム思考により、それらの現状や要因の相互関係性を見いだしていきます。さらに課題解

決にむけてのヴィジョンやシナリオを構築していくようアプローチし、文化の多様性を尊重し、科学的に依拠できる情報の提供や十分な対話により批判的な思考が出来るように展開していく必要があります。→すなわち「複眼的思考力、専門性」です。

（2）専門性の発揮

次に、未来のヴィジョンを共有し、そこに至る柔軟な発想力と思考・洞察力を専門的な見地から発揮し、問題解決をしていくことと、問題解決への解決策は一つではなく、いくつかのオルタナティブ（代替策）を発想し、社会的想像力を育むプロセスが重要であり、プロセスを見通すことのできるスキルを育成していくことです。すなわち社会のあり方についての議論には、絶対正しい唯一の解があるわけではないので、一人ひとりが持続可能な社会の姿やそれに至る道筋を考え、議論していくプロセスそのものが、環境教育の基本的な方法と言えます。→すなわち「専門性、戦略性」です。

（3）リーダーシップ性の導入

さらに探究性や実践を重視する参加型・対話型教授と学習のプロセスを取り入れ、環境にかかわる気づきを喚起し、知識を獲得し、共有していく環境教育の展開を行います。「かかわり」「つながり」を重視する統合的なアプローチ、すなわち共感性を重視したアプローチをとることが重要です。こうした協働的な学びにより学習者自ら答えを導き出すと共に（批判性・問題解決力）、さまざまな主体間の連携・協働を生みだし、「意味ある参加」（学習者の価値観や態度が社会参画）に向かう展開を導くことができるのです。↓すなわち「柔軟性、リーダー性、連携力」です。

それぞれの骨格をカタチづけていく「貯金型能力」を主体的に学びとるだけでなく、ものごとの相互関係や相互関連性を見通して「関係づける能力」も育成していくことが不可欠です。

3　環境教育の進め方

環境教育の進め方として、以下のように考えていくことが重要です。

①環境問題は様々な分野と密接に関連しているので、ものごとを相互関連的、かつ、多角的にとらえていく総合的な視点が不可欠であること。
②すべての世代において、多様な場において連携をとりながら総合的に行われること。
③活動の具体的な目標を明確にしながら進め、活動自体を自己目的化しないこと。

図–2
「環境学習 ── 指導者向けプログラム集：水・廃棄物・大気・みどり・食・エネルギー・地域」(CD-ROM)

④環境問題の現状や原因を単に知識として知っているということだけではなく、実際の行動に結びつけていくこと。
⑤そのためには課題発見、分析、情報収集・活用などの能力が求められるので、学習者が自ら体験し、感じ、わかるというプロセスを取り込んでいくこと。
⑥日々の生活の場の多様性を持った地域の素材や人材、ネットワークなどの資源を掘り起こし、活用していくこと。
⑦地域の伝統文化や歴史、先人の知恵を環境教育に生かしていくこと。

この考え方は、中央環境審議会企画政策部会に設置された環境教育小委員会で議論され、一九九九年一二月に「これからの環境教育・環境学習──持続可能な社会を目指して」中央環境審議会（参8）に答申されたもので、「トビリシ原則」を基底としたものです（資料編参照）。

また、内容としては、①自然の仕組み（自然生態系、天然資源及びその管理）②人間の活動が環境に及ぼす影響（人間による自然の仕組みの改変）③人間と環境のかかわり方（環境に対する人間の役割・責任・文化）④人間と環境のかかわり方の歴史・文化、を系統性と順次性を視野に入れて展開していくことが重要です（図–2、参9）。

こうした文脈を継承して、二〇〇二年「持続可能な開発に関する世界首脳会議」（ヨハネスブルク地球サミット）において、日本からの提言で「持続可能な開発のた

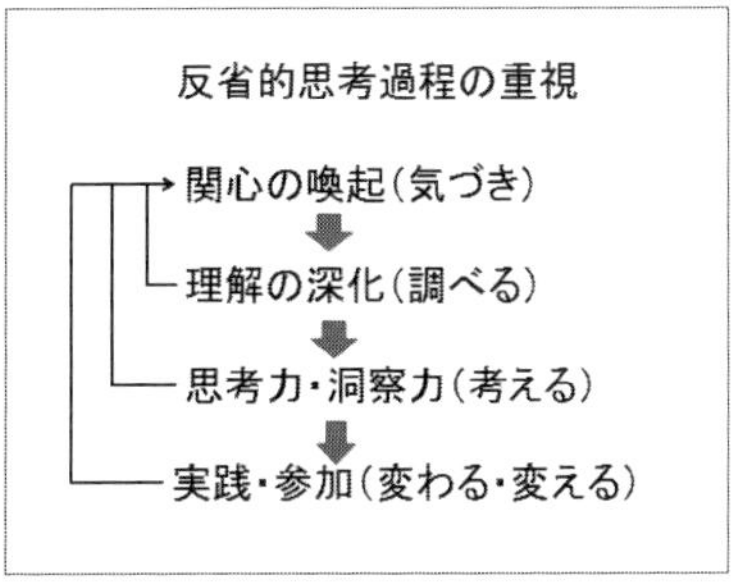

図-3
反省的思考過程
〈J. デューイ〉

めの教育の10年（ＥＳＤ）」が位置づけられています。しかし、日本では、トビリシ原則の「経済的、政治的、生態学的な相互依存性」や「学際的アプローチ」、「教育の変革」についての議論はほとんど展開されていません。

そこで環境教育は、次のような展開が必要と考えます。まず、学習者の関心を喚起させ、その「気づき」を次のステップの「調べる」（意欲・判断力）という学習活動へ導き、その事象の背景や問題の構造を「探る」、「考える」（思考力）活動へと導き、解決のための代替策を洞察し、学習者自ら答えを導き出すと共に（批判性・問題解決力）、互いに協力しあう活動もとりいれ、様々な主体間の連携・協働の意義・意味を考えさせ、実践する（学習者の価値観や態度が社会参画に向かう）展開が必要である。具体的には、「関心の喚起（気づく）→理解の深化（調べる）→思考力・洞察力（考える）→実践・参加（変える・変わる）」といったステップの各段階でフィードバックを伴うスパイラルな学習過程をたどる方法論を用いて展開することです（図－３、参10）。

環境省の21世紀環境立国戦略（二〇〇七年六月一日閣議決定）で「統合的なアプローチ」が強調されていますが、ほとんど理解されていません。この21世紀環境立国戦略では、地球環境規模での環境問題の深刻化として、①気候変動問題という「地球温暖化の危機」、②大量生産・大量消費・大量廃棄の社会経済活動による「資源浪費による危機」、③開発などの人間活動による生物多様性の大幅な喪失という

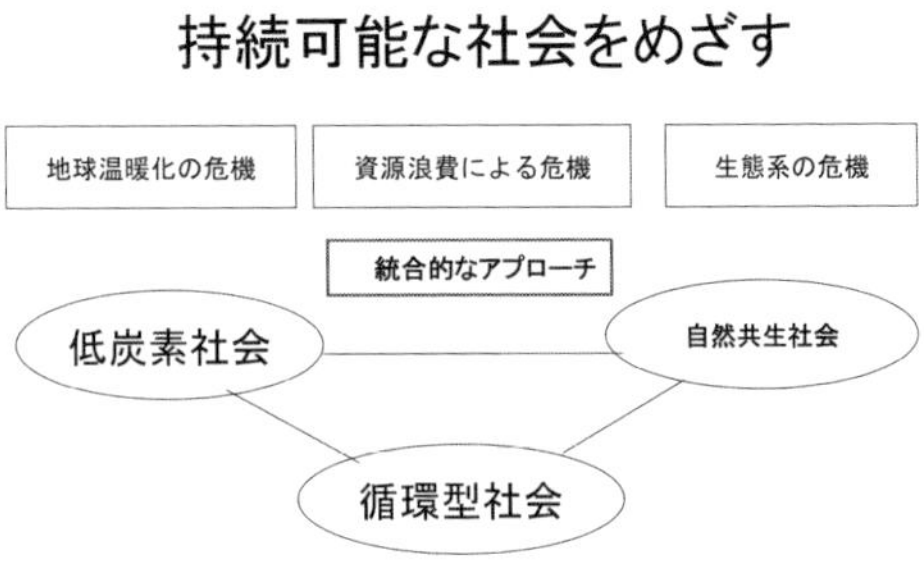

図-4
3つの危機と持続可能な社会をめざすアプローチの概念

「生態系の危機」、という「三つの危機」をあげ、「持続可能な社会」の構築が急務としています（図－4、参11）。具体的には、地球生態系と共生した持続的に成長・発展する経済社会を実現する「持続可能な社会」の構築として、低炭素社会〈温室効果ガス排出量の大幅な削減〉、循環型社会〈3Rを通じた資源循環〉、自然共生社会〈自然の恵みの享受と継承〉を実現していくとしています。そして、そのための戦略として、①気候変動問題の克服に向けた国際的リーダーシップ、②生物多様性の保全による自然の恵みの享受と継承、③3Rを通じた持続可能な資源循環、④公害克服の経験と智恵を活かした国際協力、⑤環境・エネルギー技術を中核とした経済成長、⑥自然の恵みを活かした活力あふれる地域づくり、⑦環境を感じ、考え、行動する人づくり、⑧環境立国を支える仕組みづくり、の八つの戦略が掲げられています。七番目にあるように環境教育も入っており、さらに全体として、地域であるいは国際的にもリーダー性を発揮していくこと、すなわち環境分野における次世代リーダーの資質をもつ人材育成が喫緊の課題として位置づけられているのです。

　さらに、学際的な性格を有する「環境教育」に資するには、専攻分野の違いを超え、学際的でシステム論的なアプローチによる研究・教育の体制が必要です。米国において、一九九四年秋にサンフランシスコで開催されたNational Forum on Partnerships Supporting Education about the Environment の会議でも、ブルントラント報告書によって明らかにされたSustainable Development の文脈上に位置づけられたいくつかの方法論にも通じていくのです（参12）。

具体的には、①学際的なアプローチ、②システムズ・シンキング、③探究性や実践性を重視する参加型アプローチ、④批判性や多元的な見方を重視する問題解決型アプローチ、⑤多文化共生の視座を基盤とするアプローチ、⑥「かかわり」「つながり」を重視する統合的（ホリスティック）なアプローチ、⑦様々なセクターとの連携性や協働性に基づくアプローチ、です。連携性や協働性は二〇一一年六月に改正された環境教育等促進法においても強調されている視点です。

このことは、二一期日本学術会議環境思想・環境教育分科会から提言されている「高等教育における環境教育の充実に向けて」（参13）でも次のように提言されていることからも自明といえます。

「環境教育は今日、人類全体にとって、あらゆる国家にとって不可欠な活動であり、人間の『生きる』という営み、その未来にむけての生存そのものに根本的に関わる営為である。　かつて、公害と自然保護といったテーマで構成されていた環境問題は、今や、地球温暖化や生物多様性等にみられるように、地球的規模で深刻化し、より社会科学的アプローチをも必要とするなど、その内容は非常に複雑、かつ、多様化してきており、およそ高等教育を受けるすべての者が、きちんと系統たてて学ばなければならないものとなっている。環境に関するしかるべき知識と問題意識や判断力は、「学士力」の基盤をなす不可欠の要素である。さらに、日本の若者が環境先進国の市民としてアジアをはじめ、世界に貢献していくためには、『環境教育』・『持続可能な開発のための教育』(Education for Sustainable Development=ESD）をより充実させ、推進していくことが必須である。

ところが、日本の高等教育においては、環境問題に関する正確な知識を学ぶ教育課程も、環境について総合的に研究できる人的組織的体制も十分とはいえない現状である。環境全般に関する研究や環境教育の意義への強い自覚が、政府に求められる。また、こうした問題に深く関係するものとして、学術そのものの在り方がある。現代の学術活動は、各専門領域の先端性・先導性を指標とし、多大な成果をあげてきた。しかし他方で、学術が本来具備すべき『知の全体性』を見失いがちな道を歩んできた。あらためて、自然と文化を包括する『広く大きな環境（フィールド）』のなかで、学術のありようの基盤を問い直す取り組みも強く求められる。

そうした中で、実際の環境体験の中で感性と知性を共に育む環境教育は、すべての教育の基本として、これからの学術を育むうえでその基本となる活動としても位置づけることができる。即ち環境教育は、現代日本の社会の中で、新たな学術と社会の在り方をデザインする（感性と知性を育てる）活動でもあると言える。」

少し長い引用ですが、まさに東海大学教養学部人間環境学科・人間環境学研究科が人材育成で狙いとしているところと合致するのです。

以上のように、環境問題は諸要因が複雑に絡み合っているので、システム思考により、それらの現象や要因を発見し、さらに課題解決にむけてのビジョンやシナリオを構築していくようアプローチし、文化の多様性を尊重し、科学的に依拠できる情報の提供や十分な対話により批判的な思考が出来るように展開していく必要があるのです。

さらに、探究性や実践性を重視する参加型・対話型教授と学習のプロセスを取り入れ、環境にかかわる気づきを喚起し、知識を獲得し、共有していく環境教育の展開を行う必要があります。「かかわり」「つながり」を重視する統合的なアプローチや、共感性を重視したアプローチをとることが重要であり、協働的な学びにより学習者自ら答えを導き出すと共に（批判性・問題解決力）、様々な主体間の連携・協働の生みだし、「意味ある参加」（学習者の価値観や態度が社会参画）に向かう展開を導くことができるのです。

国連による「持続可能な開発のための教育の10年」（参14）でユネスコがリードエイジェンシー（二〇〇四年）として提言したＥＳＤでの内容や方法、即ち、①システム思考と学際性・総合性の重視、②価値観やビジョン（原則）の共有、③批判的思考の重視とオルタナティブ（代替案）な構想力と問題解決能力の育成、④協働性の重視、⑤多様な方法による、⑥参加型のアプローチと意思決定、⑦地域とのかかわり、を重視するアプローチとも合致するのです。

「学び」とは「文化の伝承システム」であり、「地域を捨てる」ことではないのです。豊かな自然や資源、「生きられた空間」を生かしてこそ、観光客も訪れ、エコツーリズムも成り立つ。日本は、戦後一貫して「捨てる」文化を育ててきたのではないでしょうか。そのなれの果てが日本各地にみることができる画一的な「都市再生」です。東京や全国中核都市が都心の古い建物を壊し、生活文化をも捨て、無機的な超高層ビル群に変わりはて、高齢者や子どもの安全や安心を切り捨てた空間を生みだしてきています。一般廃棄物の八倍も排出される産業廃棄物が山林の自然を破壊し、周辺の地方都市をも中心へ巻き込んでいき、日本全体に醜く、同じような無機質な景観の都市を出現させているのです。その結果、「中心市街地活性化法」が制定されても地方にはシャッター通りが増え、経済格差が大きくなってきています。無機的で均質な空間は子どもの行動だけでなく大人をも荒々しくし、攻撃性を増長させているといえます。

学校知（科学知）と生活知（伝統知）を統合していく場が「地域」です。小・中学校、高等学校の「総合的な学習の時間」はこうした文脈に位置づけられて創設されたのです。教育を学校だけにお任せするのではなく、今や「教育」の主体を子どもや地域の大人に取り戻す契機なのではないでしょうか。変化の激しい時代であるからこそ、地域の記憶を共有し、「場の意味」（センス・オブ・プレイス）を媒介として子どもと大人が共に向き合う「学び」が場に求められていると考えます。したがって学びの場（空間）は「学校」だけでなく「地域（コミュニティ）」にも広がっていくのです。

二〇一一年の「三・一一」はこのことの重い「問い」をなげかけたはずです。自然と人間の持続可能な共生の意味づけについて、日本人の自然観や環境観を規定している環境思想・原理の枠組みを明らかにすることが問われているのです。

■4　東海大学教養学部人間環境学科の体験型・参加型実習

本章の3節で述べた環境教育の進め方は、大学教育でも展開が可能です。先に引用した21期学術会議の提言でも「環境人材育成に向けては、①持続可能な社会づくりを意識した内容、②コンテンツのつなぎ方に関する内容、③学びのプロデューサー育成を意識した内容であること、④実際のケーススタディに参加して、参加を通して学習するような内容であること、という基本的な枠組みが求められる。

特に、これまで大学・大学院教育で行われていた環境教育・環境学習に関する理論の講義、実際の社会的イシュー（争点）と学習者自らとの関係性（つながり）が理解できるような参加型学習やワークショップ等の教育方法によるスキル獲得のための講義等との連携や融合がうまく行えるように模索される必要がある。さらには、指導者のコミュニケーション能力や環境変化に関する感性の鋭敏さ、人間性向上に関する学習カリキュラムが、これからの環境人材育成においても必要と考えられる。」と述べています。

そこで以下に、東海大学教養学部の取り組みからその可能性を探ります。

教養学部人間環境学科自然環境課程は他の大学の多くで座学として展開されている環境教育が体験型・参加型学習として位置づけられています。具体的には、「体験型」科目として、一年次「環境学序論」二年次に「環境基礎演習」「環境体験演習」、二年次・三年次に「環境保全実習」を履修させ、四年次の「環境専門演習」「ゼミナール」「卒業研究」と継続させていきます。もちろん環境系の専門領域として環境教育論を始め、それぞれ実験科目を含めて二〇科目以上も設置されています（図－5を参照）。

これらのカリキュラムの基本構造は、まず学習者（学生）の関心を喚起させ、その「気づき」を次のステップの「調べる」（意欲・判断力を引き出す）という学習活動へ導き、その事象の背景や問題の構造を「探る」「考える」（思考力を引き出す）活動へと導き、解決のための代替案を洞察・推察し、学習者自ら解を導き出すと共に（批判性・問題解決力）、互いに協力し合う活動も取り入れ、さまざまな主体間の連携・協力の意義・意味を体感させながら考えさせ、実践する展開となっています。具体

人間環境領域科目

	自然環境課程	学科共通科目	社会環境課程
1年次	「環境倫理」 「環境教育論」	「環境学序論」	
2年次	「大気環境論」「水環境論」 「土壌環境論」「地球科学」	「環境基礎演習」 「環境体験演習」 Ⅰ・Ⅱ **「環境保全演習」**	「外国環境事情」 「環境政策論」 「福祉経営論」
3年次	「動物生態学」「植物生態学」「微生物生態学」「水生生物学」「生物資源論」「環境リスクと安全」「人間環境と化学物質」「環境エネルギー政策論」「資源リサイクル論」「環境芸術論」「地域環境論」「環境法」「環境影響評価論」「人口論」	**「環境保全演習」**	「NPO論」「地域福祉論」「環境経済論」「社会福祉概論」「居住福祉論」「環境管理論」「都市環境論」「環境協力論」「障がい者福祉論」「環境会計」「老人福祉論」「福祉経済論」「社会保障論」「マーケティング政策論」
4年次		「環境専門演習」Ⅰ・Ⅱ 「ゼミナール」Ⅰ・Ⅱ 「卒業研究」Ⅰ・Ⅱ	

図-5　東海大学教養学部人間環境学科（カリキュラム紹介（一部））

的にはJ・デューイの「反省的思考過程」としての「関心の喚起（気づく）→理解の深化（調べる）→思考力・洞察力（考える）→実践・参加（変える・変わる）」といった各段階でもフィードバックを伴うスパイラルなプロセス学習としての方法論を取り入れているのです。

環境体験演習のフィールドは、

Aコース：望星丸乗船体験によって人間生活と水環境を考える。

Bコース：農業体験によって諸問題を考える。

Cコース：NPO活動体験によって自然環境教育とNPOを考える。

Dコース：廃棄物処理施設見学を含めてゴミとリサイクルを考える。

です。一方、環境保全実習（宿泊研修）は、

H1コース：西表島の貴重な自然と保全活動を考える。

H2コース：相模川水系の水資源利用と水環境保全を考える。

H3コース：冬の北海道の暮らしと環境保全を考える。

です。このカリキュラムでは常に、「事前学習→フィールド

での体験と実習→事後の課題まとめ（ポスターまとめ）→公開の場で課程の教員、他学年学生、全学生にむけてオープンな場での発表と、どのような質問を受けて回答したかのまとめレポート」を繰り返させ、卒論研究、発表まで継続されています。こうしたプロセス重視型で体験型の教育プログラムは多大な労力を強いますが、教員の連携力と協働力でカリキュラムが確立されてきています。なお本プログラムの展開においては、各地域にある大学の研究センターの協力を得て進めているだけではなく、地元のNPOの協力のもとに進められています。

こうした取り組みからいえることは、坐学だけで展開されている大学では、日本全国の国立公園や各フィールドで自然体験活動を行っているNPOの協力を得て、そのフィールドでの体験学習を単位化して取り入れていく方策が考えられるといえます。さらに多様なフィールドでの学習やインターンシップの導入、あるいは夜間実施、週末実施も含めた柔軟な実施体制と他機関での履修の単位による教育体制づくりが求められているといえます。

■5　知の統合と知の変革にむけて

環境を軸とした「知の統合」を視野に入れた研究・教育については日本学術会議科学者コミュニティと知の統合委員会、対外報告「提言：知の統合――社会科学の

東海大学の建学の精神

若き日に汝の思想を培え
若き日に汝の体躯を養え
若き日に汝の智能を磨け
若き日に汝の希望を星につなげ

図-6

ための科学に向けて」（参15）が示すように、異分野領域間の不断の「対話」が求められています。さらに次ページ（図－7）に示すように、横断的な課題 issues に対応できる能力の育成としては、「手段としての勉強」ではなく「協働経験としての学び」による「学びの様式」の転換や変革が求められています（参16）。

高等教育で学ぶ学生も3章の高見映さんこと、ノッポさんが述べていますように体験を重ね、多くの文献を読んで各自に思考回路を活性化して、「未来を創る力プロセススキル（コミュニケーション能力、パターン分析力、批判性、論理的思考力と意思決定能力、自分とコミュニティへの責任、他者と共に働く能力）」の育成をめざしていただきたい。人が学ぶことは、「知ることを学ぶ」だけに限らず、「為すことを学び」「（他者と）共に生きることを学び」「人間として生きることを学ぶ」ことなのです（参17）。この精神は、東海大学の建学の精神に通じることです（図－6）。

孔子も「学びて思わざれば、則《すなわ》ち罔《くら》し。思いて学ばざれば、則《すなわ》ち殆《あや》うし。」（論語 為政第二 15より）（参18）と述べています。これらの言葉を環境教育論を通じて多様なゲスト講師の方々の講義を思い起こし、再考して下さい。

学びの様式の転換イメージ

	手段としての勉強	協働経験としての学び
内容	従来の教育 過去の歴史的文化 既存の教科内容 文脈から抽出された情報群	協働的な学び 現在の未来の課題 対話的探究により提起される身近な課題 状況に具体化される知恵
方法	教科内容の注入的な教授活動中心 受容的暗記中心 文化内容の伝達	共同的な学び合いの過程の重視 対話・参加・協働・表現という経験 文化創造の経験
教育関係	教える → 学ぶ 一方的な垂直関係	学び合う 相互的対話関係
学びの意義	個人的な利益の追求 手段としての学習 学歴取得、他者との競争、勝者	協働による存在感の獲得 自己実現としての学び（個性の発揮） 手ごたえのある学び（感性の動く学び） 批判的精神、協働の知恵、行動変容

＜広石英紀「市民教育としての協働経験の可能性」（「経験の意味世界をひらく–教育にとっての経験とは何か–」 2003）より一部抜粋

図–7　市民教育としての協働経験の可能性

参考文献

（1）日本学術会議　環境思想・環境教育分科会「提言　学校教育における環境教育の充実に向けて」平成二〇年（二〇〇八年）九月：筆者は委員長としてとりまとめた。http://www.scj.go.jp/ja/info/kohyo/pdf/kohyo-21-t135-4.pdf

（2）日本学術会議「環境分野の展望」『日本の展望——学術からの展望２０１０』平成二二年（二〇一〇年）四月　http://www.scj.go.jp/ja/info/kohyo/pdf/kohyo-21-tsoukai.pdf

（3）「国連　持続可能な開発のための教育の10年　JAPAN REPORT——２００５～２００８年の日本の経験と良い実践」Mar.2009

（4）森田恒幸・川島康子・イサム＝イノハラ　地球環境に配慮した経済的目標体系：「持続可能な発展」とその指標体系、季刊環境研究、第88号、一九九二年環境調査センター

（5）小澤紀美子「「総合学習の時間」と子どもの参画」、『子ども・若者の参画』、萌文社、二〇〇二年

（6）小澤紀美子「環境教育」『児童心理学の進歩　２００５年版』金子書房、二〇〇五年

（7）環境省「持続可能なアジアに向けた大学における環境人材ビジョン」二〇〇八年三月

（8）筆者は中央環境審議会企画部会「環境教育小委員会」委員長としてとりまとめた。

（9）環境省総合環境政策局「環境学習——指導者向けプログラム集：水・廃棄物・大気・みどり・食・エネルギー・地域」

（CD-ROM）二〇〇三年

（10）同右（6）

（11）環境省パンフレットより

（12）米国 "education for sustainability-an agenda for Action"：本レポートは、一九九四年秋にサンフランシスコで開催された "National Forum on Partnerships Supporting Education about the Environment" の報告書です。

（13）日本学術会議　環境思想・環境教育分科会「提言　高等教育における環境教育の充実にむけて」平成23年（二〇一一年）年九月：筆者は委員長としてとりまとめた。　http://www.scj.go.jp/ja/info/kohyo/pdf/kohyo-21-t135-4.pdf

（14）内閣府「国連持続可能な開発のための教育の10年」　http://www.mofa.go.jp/mofaj/gaiko/kankyo/edu_10/10years_gai.html

（15）日本学術会議　科学者コミュニティと知の統合委員会、対外報告「提言：知の統合——社会科学のための科学に向けて」平成19年（二〇〇七年）三月　http://www.scj.go.jp/ja/info/kohyo/pdf/kohyo-20-t34-2.pdf

（16）石田英記「市民教育としての協働経験の可能性」『経験の意味世界をひらく——教育にとって経験とは何か——』東信堂、二〇〇三年

（17）ユネスコ「21世紀教育国際委員会」報告書「学習：秘められた宝」ぎょうせい、一九九七年六月

（18）加地伸行全訳注「論語」講談社学術文庫、二〇〇四年

食堂

宿泊部屋

お風呂

洗濯機

キックアイスクリーム（バニラ味）の作り方

材料(2~3人分) 牛乳200ml、生クリーム200ml、砂糖100g、バニラエッセンス数滴 ※お好みにより、卵、チョコレートチップ、クッキー、フルーツヨーグルト、インスタントプリンの素などを加え、バリエーションアイスを作ることも可(班で相談して下さい)
必要なもの：雪(氷)、塩(たっぷり)、ジップロック、計量器
①ジップロックに材料全てを入れて混ぜる。 ※好みによりチョコやクッキーを入れる。 ②底の蓋を開け、雪をできるだけ詰め込み、120mlの塩を加え、蓋を閉める。 ③シリンダーの蓋を開け、材料をすべて入れ、蓋を閉める。 ※シリンダーに空気を残すこと！ ④ボールで遊ぶ。 ※転がす、シェイク、パスはOK、 ※地面に叩きつることは厳禁！ ⑤15~20分間ほど遊ぶとアイスクリームの出来上がり。

環境に優しい雪国づくり研究会

5日目

7:00　起床	
7:45　朝食	学生配膳支援
8:30　準備	プレゼンテーション準備
9:00　WS⑤	各グループ発表=1グループ40分(25分+質疑応答15分)(適宜途中休憩を入れる):栗山教育委員会・栗山町・NPO法人雨遠別学校・コカ・コーラ教育・財団からの評価などの意見交換会 記録係=東海大学教員
12:00　昼食	学生配膳支援・環境ハウス各部屋清掃
13:30　ふりかえり	大学に戻ってレポート作成用の記録づくり準備
14:30　ハウス出発	マイクロバスにて移動
16:00　解散	新千歳で現地解散　→　各自自由行動(自己責任になります)

必ず準備するもの（非常に寒い時期です。宿泊部屋は暖かいが、廊下などは寒い。）

健康保険証(コピー不可)、外套、スキー又はスノボーウェアーと手袋、軍手、耳も保温できる毛糸の帽子やマフラー、ズボン下、ババシャツ、厚手のセーター、タオル最低2枚、セカンドバック(リュック)、日焼け止め、バスタオル、ドライヤー、デジカメ、USBメモリー、宿泊用パジャマや歯ブラシ(コカ・コーラ環境ハウスは、ホテルではありませんので、合宿のつもりで事前準備をして下さい。洗濯機は利用可能。乾燥機は使えますが業務用のため環境ハウス竹中さんにまとめてお願いする(学生個別では使用できません)。洗剤は各自で準備して下さい。)
大学準備(パソコン3台、模造紙、ポストイット、マーカー(8色入り)5箱、セロテープ5本、USB対応SDカードリーダー、長靴、アイスクリーマー2個)、NPO法人雨遠別学校準備(スノーシュウ、生き物足跡カード、プロジェクター、スクリーン、アイスクリーマー8台、朱墨、バケツ、ジョウロ)、教育委員会準備(ヘルメット、木枠)、夕張地域地図←栗山町に依頼(5グループ用)、色鉛筆、マグネットなど

事前&事後学習項目

①「雪に学び雪を楽しむ」〈PDF〉をメールの添付ファイルで配布する。全体ガイダンス時までに予習しておくこと！内容に関して意見を伺います。
②各自のテーマを考えておく、全体ガイダンスでヒアリングします。
③課題に対するA4レポートを提出すること　※提出締め切り日までにメールで以下アドレスまで送信すること。課題「北海道開拓の歴史と暮らし、栗山町の歴史・文化・自然に関する概要調査」:　課題受け付け専用メールアドレスへ
④Sプラザでのポスター&プレゼンテーション発表は、2012年4月下旬~5月中旬の予定
→ポスター発表後、大学が取りまとめて、ポスターのファイルを栗山町へ提出する

	講義⑥	栗山町のまちづくり:栗山町担当者(財政・協働・経済・農業・芸術・スポーツ・参加型まちづくり等)
10:30	講義⑦	栗山町教育長と東海大学教員(対談方式 注2)〈ふるさと教育や栗山町のこれからの課題・展開について〉・終了後適宜意見交換会
12:00	昼食	学生配膳支援
13:00	講義⑧	雪の科学③:雪の結晶観察:ルーペ/スケッチブックにスケッチ・なぜ雪の結晶の形になるのか:東海大学教員〈準備:観察用ルーペ、スケッチブック、鉛筆を準備〉
	ワーク	〈雪玉づくりを教育委員会指導の下、学生のみで行う〉
	講義⑨	雪の科学④:雪の中はなぜ暖かいか?:東海大学教員
15:10	出発	マイクロバスにて移動
15:30	視察	「くりやまふれあいプラザ」〈栗山の生き物〉見学
16:30	出発	マイクロバスにて環境ハウスへ移動
16:50	到着	環境ハウス着
17:00	講義⑩+ワーク	タネの秘密,タネをつくろう(グループごとに着席):東海大学教員
18:00	夕食	学生配膳支援・栗山の野菜を使用
19:00	WS②	グループごとに行う
21:00	自由時間	※学生は順次風呂=大浴場女子、小浴場男子、 買い出し〈次の日のアイスクリームの材料など〉

4日目

7:00	起床	
7:45	朝食	学生配膳支援
9:00	WS③	グループ毎の課題・まとめワークショップ
10:00	雪国体験②	雪玉づくり、雪合戦準備〈適宜休憩〉 雪の科学⑤:アイスクリームづくり:栗山中学校教員 学生、NPO法人くりやま、農家の方々、教育委員会など
12:00	昼食	学生配膳支援
13:00	雪国体験③	国際ルールに準じた雪合戦・スノーチューブ等〈適宜休憩〉 約2:30くらいを目処に
15:30	WS④	グループごとに明日の発表準備
18:30	出発	マイクロバスにて移動
19:00	懇親会	栗山町・栗山教育委員会・栗山町民・コカ・コーラ教育・環境財団・その他関係者と教員・学生交流
21:00	自由時間	※学生は順次風呂=大浴場女子、小浴場男子

	意見交換会	北海道実習に期待すること:各自学生発表
21:00	自由時間	栗山町の方々も参加 ※この間、学生は順次風呂へ ※買い出し担当:教員、学生担当者

2日目

7:00	起床	
7:45	朝食	学生配膳支援・朝食後着替え
8:30	出発	ハサンベツ里山へマイクロバスで移動
9:00	雪国体験①	里山体験:ハサンベツ里山を中心とする生き物・自然観察 スノーシュウ等〈準備:NPO法人雨遠別学校〉
11:00	出発	ハサンベツ里山から小林酒造へマイクロバスで移動
11:10	到着・講義②	小林酒造専務による「産業と暮らし」に関する講義・意見交換・酒蔵の視察:地場産使用。なぜ、酒は冬場に醸造するか等の講義を受ける
12:30	昼食	小林酒造前そば屋にて
13:30	出発	湯地の丘へマイクロバスにて移動
14:00	到着	
	雪の科学①	雪の科学①:栗山農家大根の利雪視察と説明:湯地の丘自然農園株式会社、「付加価値のつけ方、流通との関係、温度計で雪の中の温度測定と雪の深さとの関係も知る、雪の結晶も観察する」
15:30	出発	マイクロバスにて環境ハウスへ移動 環境ハウス
16:00	宿舎到着	
	講義③	「北海道の自然の変遷〜チライのつく地名を通して〜」 NPO法人雨遠別学校
18:00	夕食	環境ハウス、学生配膳支援
19:00	講義④	参加型学習としてのワークショップの進め方:NPO法人当別エコロジカルコミュニテイ(+WS ①)
	(WS①	グループワークショップ①ファシリテーター=教員3名担当 学生を4〜5名1組の3グループに分ける
21:00	自由時間	※学生は順次風呂=大浴場女子、小浴場男子、買い出し

3日目

7:00	起床	
7:45	朝食	学生配膳支援
9:00	講義⑤	栗山の農と暮らし〈生活の営みを先人に学ぶ〉 農業などの6次産業化:NPO法人雨遠別学校と湯地が丘自然農園

ネットワークの力が増大する今日の世界において、私たちは自らの責任に応じ、この会議の勧告内容を推進していくことをここに誓います。求められるのは、国連システムと世界各国の政府が「環境教育」を支援し、「持続可能な開発のための教育」に関する適切な政策の枠組みを策定し、実行に移すことに全力を尽くすことです。

謙虚さと包容力と誠実さと人間性に対する強い感性とをもって持続可能性の原理を追求していく我々の行動に、すべての人々が参加することを切に求めます。希望の精神と熱意と行動に向けた努力をもって私たちはアーメダバードから前進していきます。
〈出典：http://www.esd-j.org/documents/ahmedabad_declaration_jp.pdf〉

▶2012年度東海大学栗山町「環境保全演習」内容

「北海道のくらし・自然・文化と環境保全を考える」

期間：2012年2月4泊5日
場所：雨煙別小学校　コカ・コーラ環境ハウス

〈スケジュール及び内容〉
1日目

10:30　羽田集合	空港第2ターミナル3番時計台前に集合 (集合時間までに各自手荷物を預けておくこと)
12:45　昼食	11:00発 → 12:35新千歳着(ANA)
13:30　新千歳出発	新千歳空港内
15:00　環境ハウス着	マイクロバスにて移動 ※環境ハウス到着前に栗山町にて買い出し部屋割と荷物整理など
15:30　開会式　挨拶	東海大学講座主任、コカ・コーラ教育・環境財団、栗山町教育委員会、NPO法人雨遠別学校、栗山町ハサンベツ里山計画実行委員会
注意事項及びその他	演習全般：教員、環境ハウスでの注意事項に関して：施設管理者コカ・コーラ教育・環境財団の取り組みと環境ハウスについて：コカ・コーラ教育・環境財団
16:30　雪国体験説明	雪合戦用の壁・雪玉作りとルールの学習・壁作り作業：栗山町教育委員会
18:00　夕食	学生配膳支援
19:00　講義①	栗山町のまちづくりと歴史(開拓の歴史を含む)・地形・自然・文化・環境保全・農・食・暮らし全般：栗山町博物館館長、NPO法人雨遠別学校

です。昔ながらのローカルで伝統的な生活様式から学ぶことにより、地球や生命が維持されているシステムを慈しみ、敬意を表するようになりますし、こうした知恵を急速に変容していく世界に適用することもできるのです。そして社会全体にとっての善に配慮した上で、個人や共同体、国家、さらにはグローバルな次元において選択をできるようになるのです。すべての者が誇りをもつことができるような可能性のある未来は日常の行動によって形づくられると、若者を含めた個人や市民社会、政府、ビジネス界、融資のパートナー、その他の組織が認識するようになるのです。

人間の生産と消費はこれまでにも増して止め処を知りません。そのために、地球上の生命を維持しているシステムは急速にむしばまれ、生きとし生けるものの命が輝く可能性も消失しています。ある人々にとっては許容範囲であると当然視されている生活の質も、他の人々にとっては権利の剥奪に等しいことも珍しくありません。裕福なものと貧しいものとの格差は開く一方です。気象上の異変、生物多様性の喪失、健康を脅かす危機の増大、そして貧困。これらが示唆するのは、持続不可能な開発モデルとライフスタイルです。持続可能な未来に向けたオルタナティブなモデルとビジョンは確かに存在し、それらを現実のものとする迅速な行動が求められています。人権やジェンダーの公正、社会正義、健康的な環境はグローバルなレベルで緊急に実現すべき責務として認められる必要があります。「持続可能な開発のための教育」はこうした変容をもたらすために極めて重要です。

マハトマ・ガンディーはこう語りました。「私の人生そのものを私のメッセ―ジとしよう」。我々がここに掲げた例はいずれも重要です。持続可能な生活のあり方を探求するに際して実質的な中身と活力をもたらすのは自分たちの行動を通してなのです。創造性と想像力をもって、私たちは自らの生活の依拠する価値観、また選択と行動のもとである価値観を考え直し、変えることが必要です。

再考が求められるのは、自分たちの手段と方法とアプローチであり、政治と経済であり、関係性とパートナーシップであり、教育の真の基盤と目的であり、私たちの生活と教育がどう関わっているのかということです。ものごとを選択する際に拠り所にし、鼓舞されるのは、これまで私たちが見てきた多くの成果、つまり「地球憲章」や「ミレニアム開発目標」を含めた成果です。

「環境教育」の歩みを経て、支持され、擁護されるようになったのは「持続可能な開発のための教育」です。このような教育のプロセスは現実に対して適切であり、呼応するものであり、責任をもてるものでなくてはなりません。これまでにも増して確実性と信頼を得るために、研究は奨励されるべきであり、さらなる効果的な学習方法と知識の共有を明らかにしていく必要があります。

私たちは誰もが学習者であり、また教師でもあります。「持続可能な開発のための教育」が促すのは、私たちの教育に対する見方の変化です。つまり、機械的な伝達手段としての教育から生涯にわたるホスリティックで包括的なプロセスとしての教育への変化です。パートナーシップを打ち立て、多様な経験と共有すべき知見を分かち合い、持続可能性のビジョンをよりよいものにしていくことを、私たちは誓います。

23. 政府・主要団体・教育界・国連機関、およびその他の国際横関特に国際金融機関などのすべてのアクターがアジェンダ21 ── 第36章の実施に対し貢献し、また特に国連持続可能開発委員会（UNCSD）の「教育、パブリック・アウェアネスおよび訓練についての作業計画」に対して貢献するよう勧告する。
24. 教員研修プログラムや、新しい実践的取り組みを認知し共有することを、特に重点を置いて強化し、漸次的に新たな方向づけを行うべきである。このためには学際的な教育方法や、教育プログラムの成果を評価することについての研究に支援がなされるべきである。
25. UNESCOやUNEPを含む国際機関が、国際NGO、主要団体、その他のアクターと協力して、持続可能性のための教育やパブリック・アウェアネス及び訓練について、特に国や地域レベルにおいて、優先順位を与えるよう勧告する。
26. UNESCOのもとで「テサロニキ国際賞」をつくり、隔年で環境と持続可能性のための模範的な教育プロジェクトに対して、この賞を授与するよう勧告する。
27. 提案された教育過程の実施・進捗状況の評価を行うために、10年後の2007年に国際会議が開かれるよう勧告する。

われわれは以下のように謝意を表する。
28. UNESCOと協力してテサロニキで国際会議を開催したギリシャ政府に謝意を表する。

われわれは以下のように要求する。
29. ギリシャ政府が、この会議の成果を1998年4月に開かれる第6回国連持続可能開発委員会UNSCD）に伝えるように要求する。

〈引用：阿部治・市川智史・佐藤真久・野村康・高橋正弘「環境と社会に関する国際会議：持続可能性のための教育とパブリック・アウェアネス」におけるテサロニキ宣言, 環境教育, 8(2), 71-74. 1999〉

▶アーメダバード宣言（2007）：

行動への呼びかけ暮らしのための教育：教育を通した暮らし（2007年11月28日採択）

翻訳：日本ホリスティック教育協会運営委員 / 聖心女子大学准教授
永田佳之

私たちは次のような世界をここに想い描きます。それは、私たちの労働と生活のあり方が地球の生きとし生けるものすべてに至福（well-being）をもたらすような世界です。人間のライフスタイルが生態系の保全や経済的・社会的正義、持続可能な暮らしとありとあらゆる命に対する敬意に沿うようになるのは、教育を通してであると私たちは信じます。教育により私たちは次のようなことを学びます。すなわち、コンフリクトを予防し、解決すること、文化的な多様性を尊重するようになること、思いやりのある社会を創ること、そして平和裡に暮らすこと内在している。

11. 環境教育は今日までトビリシ環境教育政府間会議の勧告の枠内で発展し、進化して、アジェンダ21や他の主要な国連会議で議論されるようなグローバルな問題を幅広く取り上げてきており、持続可能性のための教育としても扱われ続けてさた。このことから、環境教育を「環境と持続可能性のための教育」と表現してもかまわないといえる。
12. 人文科学、社会科学を含むあらゆる教科領域が、環境と持続可能な開発に関わる諸問題を扱うことが必要とされている。持続可能性を扱うことは、全体的で学際的なアプローチ、つまり個々の独自性を確保した上で多様な学問分野や制度を一つに集めるようなアプローチを必要とする。
13. 環境と持続可能性のための基本的な内容と行動の枠組みは一般的には適切なものであるが、これらの様々な要素を教育のための行動にあてはめる際には、とりわけ地方、地域または国内の状況を考慮する必要があるだろう。アジェンダ21－第36章で要求されているような教育の新たな方向づけには、教育界のみならず政府機関、経済組織そしてその他すべてのアクターが含まれていなければならない。

我々は以下のことを勧告する。

14. 世界中の政府および指導者は、一連の国連会議でなされてきたコミットメントを尊重し、持続可能な未来を達成するために教育に課せられた役割を果たせるよう、必要な取り組みをするよう勧告する。
15. 環境と持続可能性のための具体的な目的をもった学校教育の行動計画および、学校外教育の戦略が、国および地方レベルで入念に仕上げられるよう勧告する。教育は地域ごとのアジェンダ21のイニシアティヴに必要不可欠な要素であるべきである。
16. 持続可能な開発のための国家評議会とそれに値する機関が、教育やパブリック・アウェアネスおよび訓練を、省庁や主要団体・他の組織間のより良い調整を含めた、行動の中心的役割として位置づけるよう勧告する。
17. 営利的セクターだけでなく、政府や国際・地域・国の財政担当機関が、より多くの資産を使って、教育および人々の認識を高める為に投資を増やすことを勧告する。支持をより多く、より目に見える形で増やすために、持続可能性のための教育特別基金を創設する事を考慮するべきである。
18. すべてのアクターがその貯蓄からの一定額の投資を、環境保全の過程から、環境教育、情報、パブリック・アウェアネス及び訓練計画へと振り分けるべきである。
19. 科学界が、教育とパブリック・アウェアネスを高める為のプログラムの内容が正確で、最新の情報に基づいている事を確実にする役割を、積極的に果たすよう勧告する。
20. メディアが、複雑な諸問題をよりわかりやすく意味のある情報に変えて人々に伝える一方で、重要なメッセージを広めるための知識や方法を流通させることに敏感になり、またそれを促すよう勧告する。新しい情報システムが有する全ての力をこの目的のために適切に使うべきである。
21. 学校が、持続可能な未来のためのニーズを満たすようなカリキュラムの調整を行うように奨励され、支援されるよう勧告する。
22. コミュニティや国、地域、国際レベルにおいて環境や持続可能性の諸問題により多くの人が深く関われるように、NGOに十分な制度上および財政上の支援があたえられるよう勧告する。

ク・アウェアネス ―」において、政府機関、国際政府機関、NGO および市民社会を含めた 83 カ国からの参加者である我々は、以下の宣言を満場一致で採択する。

我々は以下のことを銘記する。

2. 『ベオグラード国際環境教育専門家会議（1975)』、『トビリシ環境教育政府間会議(1977)』、『環境教育と訓練に関するモスクワ会議（1987)』、『環境と開発に関する教育およびコミュニケーションのためのトロント世界大会（1992)』での勧告および行動計画は依然として有効であるが、十分に検討がなされていない。
3. 国際社会の中で認識されているように、リオサミット後の 5 年間、十分な進展がなされていない。
4. このテサロニキ会議は 1997 年に開催された多数の国際的・地域的・国内の会合、特にインド・タイ・カナダ・メキシコ・キューバ・ブラジル・ギリシャおよび地中海地域で行われた会合からの成果に基づいている。
5. 教育とパブリック・アウェアネスのヴイジョンは、主要な国連会議によってさらに発展され、価値を高められ、強化されてきている。主要な国連会議とは、『国連環境開発会議（リオ, 1992)』、『世界人権会議（ウイーン, 1993)』、『国連世界人口開発会議（カイロ, 1994)』、『世界社会開発サミット（コペンハーゲン, 1995)』、『世界女性会議（北京, 1995)』、『国連人間居住会議（イスタンブール, 1996)』、『第 19 回特別国連総会（1997)』である。1996 年に国連持続可能開発委員会（UNCSD）で採択された特別作業計画およびこれらの会議でだされた行動計画は、政府、市民社会（NGO、青年、企業、教育界)、国連機関およびその他の国際機関によって実施される。

我々は以下のことを再確認する。

6. 持続可能性を達成するために、多くの重要なセクター内で、及び消費と生産パターンの変化を含む急速で抜本的な行動とライフスタイルの変化の中において、取り組みの大掛かりな調整と統合が求められている。このために、適切な教育とパブリック・アウェアネスが法律、経済および技術とともに、持続可能性の柱の一つとして認識されるべきである。
7. 貧困は、教育およびその他の社会サービスの普及をより困難にさせ、人口増加と環境破壊をもたらす。つまり、貧困の緩和は持続可能性のための本質的な目標であり、不可欠な条件でもある。
8. 持続可能性に向け認識を高め、代替案を模索し、消費と生産のパターンを含む行動様式とライフスタイルを変えるために、集団的な学習過程、パートナーシップ、参加の平等、継続的な対話が政府、地方政府、学者、企業、消費者、NGO、メディアおよびその他アクターの間に求められている。
9. 教育には、世界中の全ての女性・男性に、自分たち自身が生活していく上で必要な能力、個人として選択をし責任をもつ能力、地理・政治・文化・宗教・言語・性の違いによる環境なしに生活を通して学ぶ能力を身につけさせる上で、不可欠な役割がある。
10. 持続可能性に向けた教育全体の再構築には、全ての国のあらゆるレベルの学校教育・学校外教育が含まれている。持続可能性という概念は、環境だけではなく、貧困、人口、健康、食糧の確保、民主主義、人権、平和をも包含するものである。最終的には、持続可能性は道徳的・倫理的規範であり、そこには尊重すべき文化的多様性や伝統的知識が以上を踏まえ、以下に示す取組を重点的に実施していく。

①テレビ、ビデオ、パンフレットからポスター、記念切手に至るまで様々な媒体を活用した情報提供、意識啓発事業を積極的に展開するほか、環境月間、自然に親しむ運動、環境保全に功労のあった者の表彰の実施等、国民に対する各種行事への参加機会のより一層の確保を図るとともに、環境に与える影響を最小限に留めながら自然にふれることを目的とした観光であるエコツーリズムについて国内外での推進策を検討する。これらの事業が地方においても活発に行われるよう、地方公共団体間のネットワークの整備や、地方公共団体職員の研修の一層の充実を図る。

②環境基本法において、6月5日（世界環境デー）が「環境の日」と定められたことを受け、国及び地方公共団体は、国民及び事業者の間に広く環境の保全についての関心と理解を深めるとともに、積極的に環境の保全に関する活動を行う意欲を高めるような環境の日の趣旨にふさわしい事業を実施するよう努める。

③省資源・省エネルギー型のライフスタイルを啓発するために、全国各地において、省エネルギー月間、リサイクル推進月間等を中心に作文・ポスター・標語等のコンクール、講演会、シンポジウム、研修会、消費者啓発講座の開催や各種普及啓発パンフレット等の作成配布など、省資源・省エネルギー国民運動の一層の推進を図る。

C. 訓練（研修）の促進

環境保全施策を効果的に推進するためには、その役割を担う人材を計画的かつ継続的に育成して、実施体制を充実強化する必要がある。

以上を踏まえ、以下に示す取組を重点的に実施していく。

①国及び地方公共団体の担当職員に対しては、行政及び技術の両面における研修を実施してその資質の向上を図ることに加え、近年環境保全分野における国際協力へのニーズが増大していることに対応するため、途上国からの研修員の研修を担当する人材や途上国へ派遣されて協力活動を行う人材を育成するなど、国際協力体制の充実強化を図る。

②環境保全のための国民の自主的な取組を活性化するため、その活動の中心となる指導者について、地方公共団体や関係の民間団体と協力して研修を行う。また、自然解説活動の推進のため、ボランティアの育成や自然解説活動に係る専門的知識や技術を有する指導者を養成するシステムを確立する。

〈出典：http://www.erc.pref.fukui.jp/info/a21.html〉

▶ テサロニキ宣言

環境と社会に関する国際会議：持続可能性のための教育とパブリック・アウェアネス

（ギリシャ，テサロニキにおいて 1997 年 12 月 8-12 日）

1. 1997 年 12 月 8-12 日に、UNESCO とギリシャ政府によってギリシャ、テサロニキにおいて開催された「環境と社会に関する国際会議 ── 持続可能性のための教育とパブリッ

セクションⅣ　実施手段

第36章　教育、意識啓発、および訓練（研修）の推進

A. 持続的開発に向けた教育の再編成

地球環境問題を始めとする現在の環境問題を解決するためには、国民や事業者によって自主的かつ積極的に環境への負荷を低減するための取組が進められ、経済社会システムを変えていくための働き掛けが行われることが不可欠である。

国民や事業者のこれらの自主的な取組を促進するためには、各主体によって、人と環境との関わりなどについての基本的な知識が修得され、その理解が深められ、環境保全のための望ましい行動がとられるよう、地域、家庭、学校、企業等や豊かな自然といった様々な場を通じ、人々の生涯にわたって、環境教育、環境学習が進められていくことが求められている。

以上を踏まえ、以下に示す取組を重点的に実施していく。

①国民の環境教育に資する情報基盤を充実し、様々な媒体を活用して提供を図るとともに、環境保全活動を推進するための人材の育成や環境学習等の拠点の整備を進める。また、地域環境保全基金等を活用した地方公共団体の環境教育事業の充実を図るため、環境教育に関する地方公共団体間のネットワークの充実を図るとともに、環境教育に関するモデル市町村事業を進める。

②豊かな自然の中でのふれあいを通じた環境教育、自然教育については、身近な自然を活用した自然教育の推進拠点や、国立・国定公園の優れた自然の中での自然体験滞在拠点を整備するとともに、これらにおける自然解説活動の充実を図るため、自然解説に係る専門的人材やボランティアの育成及び管理運営体制の充実を図る。

③学校における環境教育については、従来から児童生徒の発達段階に応じて指導してきたところであり、平成元年3月の学習指導要領の改訂によりその内容の充実を図っており、教師用指導資料の作成・配布、教員の指導力の向上を図るための環境教育シンポジウム・研究協議会の開催等の取組を一層進める。

④また、効果的な環境教育手法の開発に必要な調査研究の充実を図るとともに、環境白書等の環境教育・環境学習の推進に資する各種情報の整備に努める。

⑤さらに、非政府組織（NGO）等の民間団体が実施する環境教育活動についても、国民に対する多様な学習機会を確保するため、引き続き支援を行う。

B. 意識啓発の推進

国民や事業者における環境に関する理解を深めるためには、環境教育・環境学習の推進とともに、広報活動など様々な手段による各主体の意識啓発が不可欠である。

【目次】

を尊重して考え、実践する（学習者の価値観や態度が社会参画に向かう）展開が必要である。

〈体験的な学習の重視〉

・自然体験、生活体験、社会体験の多様な体験型学習によって、さらに地域間での交流体験を共有していくアプローチで環境教育を進め、知識や環境問題への理解を解決行動に向かわせるために、継続的に実践体験をおこなう。

・活動の具体的な目標を明確にしながら進め、活動自体を自己目的化しないこと。さらに環境問題の現状や原因を単に知識として知っているということだけではなく、環境問題は様々な分野と密接に関連しているので、ものごとを相互連関的かつ多角的にとらえていく総合的な視点を取り入れ、実際の行動に結びつけて進めていく。

〈連携性・協働性の重視〉

・環境教育・環境学習は持続可能な社会づくりをめざして、相互に関連し合う領域や世界を視野に入れて横断的・学際的なアプローチで行う。さまざまなセクターとの連携性や協働性にもとづくアプローチで行う。

・環境教育で育成する能力には課題発見、分析、情報収集・活用などが求められるので、学習者が自ら体験し、感じ、わかるというプロセスを取り込んでいくこと。日々の生活の場の多様性を持った地域の素材や人材、ネットワークなどの資源を掘り起こし、活用していくこと。

・効果的な学習方法、教材、プログラムを開発し、活用、共有していく。また、そのための財源や連携して開発していく仕組みを創り、実践していく。さらに、環境教育を行うあらゆる場での人材の育成と、研修の充実を図っていく。

〈教育機関や関連機関での連携〉

・幼稚園・保育所や学校における環境教育をより一層推進する。学校を環境と共生したエコスクールとしていくこと、「総合的な学習の時間」に限定せず、あらゆる教科に環境の視点を織り込み、各教科と「総合的な学習の時間」との連携をはかりながら進めていく。そのためのコーディネータとしての環境教育専任教員を設置し、さらに高等教育機関においても環境教育を授業科目として設置していく。

・行政における環境教育・学習の強化のために、行政の環境部局にかぎらず教育委員会や行政内部での環境リテラシーを高め、関連する各組織間の施策や事業の連携をはかる。市町村運営の環境学習施設においても実施していく。

▶「アジェンダ 21」行動計画

1992 年にリオデジャネイロで開催された国連環境開発会議で採択された「アジェンダ 21」に基づき、日本政府が策定した 21 世紀に向けて持続可能な開発を実現するための具体的な行動計画である。第 36 章に「教育、意識啓発、研修の推進」について記述されている。

以下に目次とその章構成、さらに第 36 章を示す。

続可能な社会づくりにむけて、環境的側面にのみならず、社会文化的な関係性、経済的な意味づけを考慮して行動できる市民を育成することにある。

・未来のビジョンを共有・創造し、そこに至る柔軟な発想力と思考・洞察力により問題解決をしていくこと、解決策は一つではなく、いくつかのオルタナティブ（代替策）を発想し、社会的想像力を育むプロセスが重要であり、プロセスを見通すことのできるスキル［コミュニケーション能力、パターン分析能力、批判性、論理的思考と決定能力、自分とコミュニティへの責任（シチズンシップ）、他者と共に働く能力］を育成していく。

〈環境教育の対象〉

・乳幼児から生涯を通してすべての年齢層に対して、学校教育、学校外教育を問わず継続的に、多様な学習環境を活用して環境教育を行う。さらに発達を考慮して、各年齢層に対して、それぞれの段階において、関連性をもたせながら展開していく。

〈環境教育の主体〉

・さまざまな地域の主体をつないで環境教育を進めていく。具体的には、学校と地域の連携、家庭の環境学習の支援、家庭、学校、行政、企業、マスメディアが参加し、協働して地域社会における環境教育を展開していく。

〈環境教育の内容〉

・①自然の仕組み（自然生態系、天然資源及びその管理）②人間の活動が環境に及ぼす影響（人間による自然の仕組みの改変）③人間と環境のかかわり方（環境に対する人間の役割・責任・文化）④人間と環境のかかわり方の歴史・文化を系統性と順次性を視野に入れて展開していく。

・日本の環境教育の原点である公害を踏まえて展開していくこと、地域のもつ「場所の意味」（sence of place）を考えさせ、地域の伝統文化や歴史、先人の知恵も環境教育に生かしていく。すなわち環境教育が取り扱う内容も、自然のみならず、社会、経済などをはじめとする極めて幅広い分野に広がっていくことが求められる。

〈環境教育の方法〉

・社会のあり方についての議論には、絶対正しい唯一の解があるわけではないので、一人ひとりが持続可能な社会の姿やそれに至る道筋を考え、議論していくプロセスそのものが環境教育といえる。

・環境問題はさまざまな要因が複雑に絡み合っているので、システム思考により、それらの現象や要因を発見、気づき、さらに課題解決にむけてのビジョンやシナリオを構築していくようアプローチし、文化の多様性を尊重し、科学的に依拠できる情報の提供や十分な対話により批判的な思考が出来るように展開していく。

・さらに探求性や実践性を重視する参加型・対話型教授と学習のプロセスを取り入れ、環境にかかわる気づきを喚起し、知識を獲得し、共有していき、「かかわり」「つながり」を重視する統合的なアプローチ、すなわち共感性を重視したホリスティックアプローチをとる。

・具体的には、学習者の関心を喚起させ、その「気づき」を次のステップの「調べる」（意欲・判断力）という学習活動へ導き、その事象の背景や問題の構造を「探る」、「考える」（思考力）活動へと導き、解決のための代替策を洞察し、学習者自ら答えを導き出すと共に（批判性・問題解決力）、互いに協力しあう活動もとりいれ、様々な主体間の連携・協働の意義・意味

1992	環境教育指導資料-小学校編(文部省)	国連環境・開発サミットinブラジル(アジェンダ21)
1993	環境基本法制定	世界人権会議開催
1994	環境基本計画(環境庁)	国連人口・開発会議開催 社会開発世界サミット開催
1995	こどもエコクラブ発足	第4回世界女性会議開催
1996	第15期中央教育審議会第1次答申	
1997	日本環境教育フォーラム発足	「環境と社会」国際会議開催(於:テサロニキ)
1998	特定非営利活動促進法の制定	
1999	小中学校学習指導要領改訂「総合的な学習の時間」創設 中央環境審議会「これからの環境教育・環境学習」答申	
2000	自然体験活動推進協議会発足 環境省:新「環境基本計画」策定	
2002	小・中学校で「総合的な学習の時間」開始	ヨハネスブルグ・サミット「持続可能な開発に関する首脳会議」(WSSD)
2003	「環境の保全のための意欲の増進及び環境教育の推進に関する法律」制定・公布	
2004	環境教育推進法の基本方針策定(5省庁)	
2005		国連「持続可能な開発のための教育の10年〈DESD〉」スタート
2006	第三次環境基本計画-環境から拓く新たなゆたかさの道	
2007	新環境教育指導資料(小学校編) 21世紀環境立国戦略	トビリシEE30周年記念会議〈於:アーメダバード〉
2008	ESD円卓会議開始	
2009	ジャパンレポート〈2009. 3〉	
2010	愛知ターゲット	DESD政府間中間会議〈ドイツ・ボン〉 国連生物多様性の10年
2011	環境教育推進法改定→環境教育促進法	
2012	環境教育促進法基本方針策定	リオ＋２０
2014	ESD円卓会議:ジャパンレポート ESDユネスコ世界会議〈愛知県・名古屋市、岡山市〉あいち・なごや宣言	ESDユネスコ世界会議11.10～11.12〈愛知県・名古屋市、岡山市〉

▶環境教育ガイドライン(小澤試案)

〈環境教育のねらい〉

・環境教育のねらいは、人と自然、文化、歴史、地域、経済、社会、地球との関係を学び、持

▶環境教育に関する年表

	国　内	国　内
1931	国立公園法制定	
1948		国際自然保護連合IUCN設立 (環境教育という用語初出)
1951	日本自然保護協会発足	
1962		世界自然保護基金WWF発足
1964	東京都小中学校公害対策研究会発足	
1967	公害対策基本法制定 全国小中学校公害対策研究会発足	イギリス　プラウデン報告書 (環境を題材)
1969	小・中学校学習指導要領改訂 (小学校の指導要領に「公害」の用語初出)	スウェーデン　初等教育学習要領改訂 (環境問題重視)
1970	高等学校学習指導要領改訂	アメリカ合衆国　環境教育法制定
1971	日教組全国教研集会「公害と教育」分科会発足 環境庁設置	
1972	自然環境保全法制定	ストックホルム国連人間環境会議 UNEP(国際環境計画)発足
1973	自然環境保全基本方針閣議決定 環境週間設定(毎年6月)	
1975	全公研「全国小中学校環境教育研究会」に名称変更	ベオグラード国際環境教育会議 (ベオグラード憲章)
1977	(財)日本環境協会設定 小・中学校学習指導要領改訂 (環境問題重視)	トビリシ環境教育政府間会議
1978	高等学校新学習指導要領改訂 (環境問題重視) 日本自然保護協会「自然観察指導員」養成開始	
1980		IUCN, WWF, UNEP「世界環境保全戦略」発表
1982	文部省「自然教室」開始	第10回UNEP管理理事会特別会合 (ナイロビ宣言)
1984	教育課程審議会答申(「生活科」設置等)	
1986	環境庁「環境教育懇談会」設置	
1987	臨時教育審議会最終答申 (自然体験学習の推進等)	環境と開発に関する世界委員会 (WCED)「我ら共有の未来」発表
1988	環境庁環境教育懇談会報告「みんなで築くよりよい環境を求めて」発行	
1989	小・中・高等学校学習指導要領改訂	
1990	日本環境教育学会発足	アメリカ合衆国　環境教育推進法
1991	環境教育指導資料-中・高等学校編 (文部省)	

資料編

▶ 環境教育の原理としての「トビリシ宣言」1977年

1) 環境の全体性－自然と人工、技術と社会（経済、政治、文化、歴史、倫理、審美）の側面－を考慮すること

2) 学校教育、学校外教育を問わず、就学前から生涯にわたって継続されること

3) 全体を見通したバランスのとれた視野を得るために、各学問分野に依拠しつつ、学際的なアプローチをとること

4) 学習者が他の地域における環境状況について理解を得られるよう、自分たちの住む地域、国全体、アジアなどの地域全体、国際的な視点から、主要な環境問題を取り上げること

5) 歴史的な視野を取り入れつつも、現在と未来の環境の状態に焦点を当てること

6) 環境問題の解決と予防のためには、地域、国、国際的な協力の必要性と重要性を啓発すること

7) 開発や経済の計画において、環境の側面をきちんと考えてみるようにすること

8) 学習活動を計画する際に学習者が役割を担ったり、意思決定や決定結果を受け入れる機会を提供すること

9) 環境に対する感性、知識、問題解決技能、価値観の明確化は、各年齢に応じたものとするが、早期段階では、自分たちの住む地域における環境への感性の形成を重視すること

10) 学習者が、環境問題の現象や原因を発見できるように手助けすること

11) 環境問題が複雑に絡み合っていることを強調し、そのために批判的思考や問題解決技能の開発の必要性を重視すること

12) 実践活動や直接体験を重視しながら、環境について、そして環境から学び教える広範な手法を活用するとともに、多様な学習環境を活用すること

持続《じぞく》可能《かのう》な社会《しゃかい》を創《つく》る環境教育論《かんきょうきょういくろん》

——次世代《じせだい》リーダー育成《いくせい》に向《む》けて

2015年7月5日　第1版第1刷発行

編著者　小澤紀美子

出版企画　東海大学教養学部人間環境学科自然環境課程

発行者　橋本敏明

発行所　東海大学出版部
〒257-0003　神奈川県秦野市南矢名3-10-35
TEL 0463-79-3921　FAX 0463-69-5087
URL http://www.press.tokai.ac.jp
振替 00100-5-46614

D T P　株式会社桜風舎

印刷所　港北出版印刷株式会社

製本所　誠製本株式会社

ISBN978-4-486-02038-7